建筑施工企业安全生产管理人员继续教育培训教材

建筑施工企业安全生产管理

贾联　徐仲秋　等编

中国环境出版社·北京

图书在版编目（CIP）数据

建筑施工企业安全生产管理/贾联，徐仲秋等编．—北京：中国环境出版社，2013.6（2015.4 重印）
（建筑施工企业安全生产管理人员继续教育培训教材）
ISBN 978－7－5111－1471－6

Ⅰ.①建…　Ⅱ.①贾…②徐…　Ⅲ.①建筑工程—工程施工—安全生产—法规—中国—技术培训—教材　Ⅳ.①D922.549

中国版本图书馆 CIP 数据核字（2013）第 106983 号

出 版 人　王新程
责任编辑　高　峰
文字编辑　王海冰
责任校对　尹　芳
封面设计　彭　杉

出版发行　中国环境出版社
（100062　北京市东城区广渠门内大街 16 号）
网　　址：http：//www. cesp. com. cn
联系电话：010－67112765（编辑管理部）
010－67112739（第三图书出版中心）
发行热线：010－67125803　010－67113405（传真）
印装质量热线：010－67113404
印　　刷　北京市联华印刷厂
经　　销　各地新华书店
版　　次　2013 年 5 月第一版
印　　次　2015 年 4 月第四次印刷
开　　本　787×1092　1/16
印　　张　14.5
字　　数　345 千字
定　　价　39.00 元

前　言

近年来，建设工程安全生产法律、法规及部门规章安全技术标准相继出台，为建设行业安全生产提供了有力的法律依据。建设行业各级管理人员既是生产经营活动的承担者，也是生产安全事故的责任者，只有不断学习和掌握现行的安全生产法律、法规文件，严格遵守和执行各项安全管理制度，才可能最大限度地提高企业安全生产水平，把不安全因素和事故隐患降到最低限度。

根据住房和城乡建设部相关文件规定，施工企业从业人员每年应接受一次安全培训，其中法定代表人、生产经营负责人、项目经理不少于30学时，专职安全管理人员不少于40学时，其他管理人员和技术人员不少于20学时。

因此，编写一本针对施工企业管理人员安全教育培训的教材十分必要，本教材基于上述目的，依据最新颁布的安全生产法律、法规及各项规范而编写，内容涵盖了施工企业安全管理的主要环节，便于培训人员通过学习，进一步强化安全生产意识，提高安全生产管理水平。

本教材可作为建筑工程施工现场专业人员继续教育培训教材，同时也可作为从事建筑业、房地产业等工程建设和管理人员的安全教育用书。

由于编者水平有限，教材中一定存在不足之处，恳请读者批评指正。

2013年3月

目 录

第一篇　建设工程安全生产法律法规概述

第一章　建筑安全生产法律法规制度

一、建筑工程安全生产法律法规体系

在建筑活动中，施工管理者必须遵循相关的法律、法规及标准，同时应当了解法律、法规及标准各自的地位及相互关系。我国建筑安全生产法律法规体系分为以下几个层次：

（一）建筑法律

建筑法律一般是全国人民代表大会及其常务委员会对建筑管理活动的宏观规定，侧重于对政府机关、社会团体、企事业单位的组织、职能、权利、义务等，以及建筑产品生产组织管理和生产基本程序进行规定，是建筑法律体系的最高层次，具有最高法律效力，以主席令形式公布。例如中华人民共和国主席令第 46 号《中华人民共和国建筑法》。

（二）建筑行政法规

建筑行政法规是对法律条款进一步细化，是国务院根据有关法律中授权条款和管理全国建筑行政工作的需要制定的，是法律体系中第二层次，以国务院令形式公布。

例如国务院第 393 号《建设工程安全生产条例》。

（三）建筑部门规章

建筑部门规章是国务院各部委根据法律、行政法规颁布建筑行政规章，其中综合规章主要由住房和城乡建设部发布。部门规章对全国有关行政管理部门具有约束力，但它的效力低于行政法规，以部委第几号令发布。例如建设部令第 81 号《实施工程强制性标准监督规定》。

（四）地方性建筑法规

地方性建筑法规是省、自治区、直辖市人民代表大会及其常务委员会，根据本行政区的特点，在不与宪法、法律、行政法规相抵触的情况下制定的行政法规，仅在地方性法规所辖行政区域内有法律效力。

（五）地方性建筑规章

地方性建筑规章是地方人民政府根据法律、法规制定的地方性规章，仅在其行政区域内有效，其法律效力低于地方性法规。例如北京市人民政府令第 72 号《北京市建设工程施工现场管理办法》。

（六）国家标准

国家标准是需要在全国范围内统一的技术要求，由国务院标准化行政主管部门制定发布。国家标准分为强制性标准和推荐性标准，强制性标准代号为“GB”，推荐性标准代号为“GB/T”。国家标准的编号由国家标准代号、国家标准顺序号及国家标准发布的年号组成，国家工程建设标准代号为 GB 5××××或 GB/T 5××××。例如《建设工程施工现场消防安全技术规范》（GB 50720—2011）。

（七）行业标准

行业标准是需要在某个行业范围内统一的，而又没有国家标准的技术要求，由国务院有关行政主管部门制定，并报国务院标准化行政主管部门备案。行业标准是对国家标准的补充，行业标准在相应国家标准实施后，应该自行废止。其标准分为强制性标准和推荐性标准。行业标准如：城市建设行业标准（CJ）、建材行业标准（JC）、建筑工业行业标准（JG）。现行工程建设行业标准代号在部分行业标准代号后加上第三个字母 J，行业标准的编号由标准代号、标准顺序号及年号组成，行业标准顺序号在 3000 以前为工程类标准，在 3001 以后为产品类标准。例如《建筑施工模板安全技术规范》（JCJ 162—2008）等。

（八）地方标准

地方标准是对没有国家标准和行业标准，但又需要在省、自治区、直辖市范围内统一的产品的安全和卫生要求，由省、自治区、直辖市标准化行政主管部门制定，并报国务院标准化行政主管部门备案。地方标准不得违反有关法律法规和国家行业强制性标准，在相应的国家标准行业标准实施后，地方标准应自行废止。在地方标准中凡法律法规规定强制性执行的标准，才可能有强制性地方标准。

（九）安全生产法律、法规体系

安全生产法律、法规体系如图 1-1-1 所示。

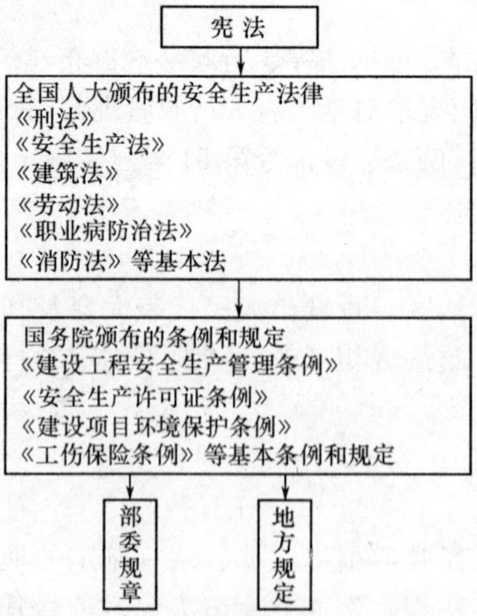

图 1-1-1　安全生产法律、法规体系示意

二、安全生产监督管理体系

《建筑工程安全生产管理条例》中明确规定了安全生产监督管理机构与职责。

国务院负责安全生产监督管理的部门依照《中华人民共和国安全生产法》的规定，对全国建设工程安全生产工作实施综合监督管理。

县级以上地方人民政府负责安全生产监督管理的部门依照《中华人民共和国安全生产法》的规定，对本行政区域内建设工程安全生产工作实施综合监督管理。

（一）国家安全生产监督管理局监督管理职责

（1）承担国务院安全生产委员会办公室的日常工作

具体职责：

1）研究提出安全生产重大方针政策和重要措施的建议；

2）监督检查、指导协调国务院有关部门和各省、自治区、直辖市人民政府的安全生产工作；

3）组织国务院安全生产大检查和专项检查；

4）参与研究有关部门在产业政策、资金投入、科技发展等工作中涉及安全生产的相关工作；

5）负责组织国务院特别重大事故调查处理和办理结案工作；

6）组织协调特别重大事故应急救援工作；

7）指导协调全国安全生产行政执法工作；

8）承办国务院安全生产委员会召开的会议和重要活动，督促、检查安全生产委员会会议决定事项的贯彻落实情况；

9）承办国务院安全生产委员会交办的其他事项。

（2）综合管理全国安全生产工作

组织起草安全生产方面的综合性法律和行政法规，研究拟订安全生产工作方针政策，制定发布工矿商贸行业及有关综合性安全生产规章规程，研究拟订工矿商贸安全生产标准，并组织实施。

（3）依法行使国家安全生产综合监督管理职权，指导、协调和监督有关部门安全生产监督管理工作；制定全国安全生产发展规划；定期分析和预测全国安全生产形势，研究、协调和解决安全生产中的重大问题。

（4）依法行使国家煤矿安全监察职权。依法监察煤矿企业贯彻执行安全生产法律、法规情况及其安全生产条件、设备设施安全和作业场所职业卫生情况；对不具备安全生产条件的煤矿企业依法进行查处；组织煤矿建设工程安全设施的设计审查和竣工验收。对设在各地的煤矿安全监察局及煤矿安全监察办事处进行管理。

（5）负责发布全国安全生产信息，综合管理全国生产安全伤亡事故调度统计和安全生产行政执法分析工作；依法组织、协调重大、特大和特别重大事故的调查处理工作，并监督事故查处的落实情况；组织、指挥和协调安全生产应急救援工作。

（6）负责综合监督管理危险化学品和烟花爆竹安全生产工作。

（7）指导、协调全国安全生产检测检验工作；组织实施对工矿商贸企业安全生产条件和有关设备（特种设备除外）进行检测检验、安全评价、安全培训、安全咨询等社会中介组织的资质管理工作，并进行监督检查。

（8）组织、指导全国安全生产宣传教育工作，负责安全生产监督管理人员、煤矿安全监察人员的安全培训、考核工作，依法组织、指导并监督特种作业人员（特种设备作业人员除外）的考核工作和生产经营单位主要经营管理者、安全管理人员的安全资格考核工作；监督检查生产经营单位安全培训工作。

（9）负责监督管理中央管理的工矿商贸企业安全生产工作，依法监督工矿商贸企业贯彻执行安全生产法律、法规情况及其安全生产条件和有关设备（特种设备除外）、材料、劳动防护用品的安全管理工作。

（10）依法监督检查新建、改建、扩建工程项目的安全设施与主体工程同时设计、同时施工、同时投产使用情况；依法监督检查生产经营单位作业场所职业卫生情况和重大危险源监控、重大事故隐患的整改工作，依法查处不具备安全生产条件的生产经营单位。

（11）拟订安全生产科技规划，组织、指导安全生产重大科学技术研究和技术示范工作。

（12）组织实施注册安全工程师执业资格制度，监督和指导注册安全工程师执业资格考试和注册工作。

（13）组织开展与外国政府、国际组织及民间组织安全生产方面的国际交流与合作。

（14）承办国务院交办的其他事项。

（二）国务院建设行政主管部门监督职责

国务院建设行政主管部门对全国的建设工程安全生产实施监督管理。国务院铁路、交通、水利等有关部门按照国务院规定的职责分工，负责有关专业建设工程安全生产的监督管理。

县级以上地方人民政府建设行政主管部门对本行政区域内的建设工程安全生产实施监督管理。县级以上地方人民政府交通、水利等有关部门在各自的职责范围内，负责本行政区域内的专业建设工程安全生产的监督管理。

建设部《建筑安全生产监督管理规定》（建设部令　第13号）对各级建设行政主管部门在建设工程安全生产监督管理中的职责作了明确规定。

（1）国务院建设行政主管部门对全国的建设工程安全生产实施监督管理主要表现在：

1）贯彻执行国家有关安全生产的法规、政策，起草或者制定建设工程安全生产管理的法规、标准，并监督实施；

2）制定建设工程安全生产管理的中、长期规划和近期目标，组织建设工程安全生产技术的开发与推广应用；

3）指导和监督检查省、自治区、直辖市人民政府建设行政主管部门对建设工程安全生产的监督管理工作；

4）统计全国建筑职工因工伤亡人数，掌握并发布全国建设工程安全生产动态；

5）负责对企业申报资质时的安全条件的审查，行使安全生产否决权；

6）组织建设工程安全生产大检查，总结交流安全生产管理经验，并表彰先进；

7）检查和督促工程建设重大事故的调查处理，组织或者参与工程建设重大事故的调查。

（2）县级以上地方人民政府建设行政主管部门对本行政区域内的建设工程安全生产实施监督管理主要表现在：

1）贯彻执行国家和地方有关安全生产的法规、标准和政策，起草或者制定本行政区域内建设工程安全生产管理的实施细则或者实施办法；

2）制定本行政区域内建设工程安全生产管理的中、长期规划和近期目标，组织建设工程安全生产技术的开发与推广应用；

3）建立建设工程安全生产的监督管理体制，制定本行政区域内建设工程安全生产监督管理工作制度，组织落实安全生产责任制；

4）负责本行政区域内建筑职工因工伤亡的统计和上报工作，掌握和发布本行政区域建设工程安全生产动态，制定事故应急救援预案，并组织实施；

5）负责对企业申报资质时的安全条件的审查，行使安全生产否决权；

6）组织和参与本行政区域内建设工程中施工生产安全事故的调查处理工作，并依照有关规定上报重大伤亡事故；

7）组织开展本行政区域内建设工程安全生产大检查，总结交流建设工程安全生产管理经验，并表彰先进；

8）监督检查施工现场、构配件生产车间等安全管理和防护措施，纠正违章指挥和违章作业；

9）组织开展本行政区域内施工企业的生产管理人员、作业人员的安全生产教育、培训等工作，监督检查施工企业对安全施工措施费的使用；

10）领导和管理建设工程安全监督管理机构的工作。

三、安全生产监督管理规定

《建筑工程安全生产管理条例》中明确规定：

（1）建设行政主管部门在审核发放施工许可证时，应当对建设工程是否有安全施工措施进行审查，对没有安全施工措施的，不得颁发施工许可证。

（2）建设行政主管部门或者其他有关部门对建设工程是否有安全施工措施进行审查时，不得收取费用。

（3）县级以上人民政府负有建设工程安全生产监督管理职责的部门在各自的职责范围内履行安全监督检查职责时，有权采取下列措施：

1）要求被检查单位提供有关建设工程安全生产的文件和资料；

2）进入被检查单位施工现场进行检查；

3）纠正施工中违反安全生产要求的行为；

4）对检查中发现的安全事故隐患，责令立即排除；重大安全事故隐患排除前或者排除过程中无法保证安全的，责令从危险区域内撤出作业人员或者暂时停止施工。

第二章　建筑工程安全生产法律法规概述

一、《中华人民共和国建筑法》概述

（一）立法目的

《中华人民共和国建筑法》（以下简称《建筑法》）从1998年3月1日起施行，2011年4月22日作相应修改，是我国第一部关于工程建设的大法，建筑市场管理、安全、质量三大内容构成整个法律的主框架，在第一条中就明确立法的目的是："为了加强对建筑活动的监督管理，维护建筑市场秩序，保证建筑工程的质量和安全，促进建筑业健康发展。"

（二）建筑安全生产管理基本规定

《建筑法》第六章用了整章篇幅明确了建筑安全生产方针、管理体制、安全责任制度、安全教育培训制度等规定，对强化建筑安全生产管理、规范安全生产行为、保障人民群众生命和财产的安全，具有非常重要的意义。

（1）坚持安全生产方针，建立健全安全生产责任制度和群防群治制度

《建筑法》在第三十六条中规定：建筑工程安全生产管理必须坚持安全第一、预防为主的方针，建立健全安全生产的责任制度和群防群治制度。

安全第一、预防为主的方针充分体现了国家对劳动者生命和财产安全的关心和保障；肯定了安全在建筑生产中的首要位置，安全生产责任制是建筑生产中最基本的安全管理制度，在本书第二篇中有详细介绍，群防群治制度体现在建筑安全生产中，就是充分调动广大职工的安全生产和劳动保护的积极性，加强安全生产教育，强化安全生产意识，广泛开展群众性安全生产检查监督工作，使遵章守纪成为每个职工身体力行的准则，把事故隐患消灭在萌芽状态。

（2）施工现场的安全管理制度

《建筑法》明确规定：

1）建筑施工企业应当在施工现场采取维护安全、防范危险、预防火灾等措施；有条件的，应当对施工现场实行封闭管理。

2）施工现场对毗邻的建筑物、构筑物和特殊作业环境可能造成损害的，建筑施工企业应当采取安全防护措施。

3）建设单位应当向建筑施工企业提供与施工现场相关的地下管线资料，建筑施工企业应当采取措施加以保护。

4）建筑施工企业应当遵守有关环境保护的安全生产方面的法律、法规的规定，采取控制和处理施工现场的各种粉尘、废气、废水、固体废物以及噪声、振动对环境的污染和危害的措施。

(3) 安全生产管理制度

1) 安全生产责任制度。建筑施工企业必须依法加强对建筑安全生产的管理，执行安全生产责任制度，采取有效措施，防止伤亡和其他安全生产事故的发生。

建筑施工企业的法定代表人对本企业的安全生产负责。

2) 制定安全技术措施制度。建筑施工企业在编制施工组织设计时，应当根据建筑工程的特点制定相应的安全技术措施；对专业性较强的工程项目，应当编制专项安全施工组织设计，并采取安全技术措施。

3) 安全生产教育制度。建筑施工企业应当建立健全劳动安全生产教育培训制度，加强对职工安全生产的教育培训；未经安全生产教育培训的人员，不得上岗作业。

4) 施工现场安全负责制度。施工现场安全由建筑施工企业负责。实行施工总承包的，由总承包单位负责。分包单位向总承包单位负责，服从总承包单位对施工现场的安全生产管理。

5) 意外伤害保险制度。建筑施工企业①应当依法为职工参加工伤保险，缴纳工伤保险费。②鼓励企业为从事危险作业的职工办理意外伤害保险，支付保险费。

6) 拆除工程安全保证制度。房屋拆除应当由具备保证安全条件的建筑施工单位承担，由建筑施工单位负责人对安全负责。

7) 事故救援及报告制度。施工中发生事故时，建筑施工企业应当采取紧急措施减少人员伤亡和事故损失，并按照国家有关规定及时向有关部门报告。

(4) 施工企业和作业人员的义务

建筑施工企业和作业人员在施工过程中，应当遵守有关安全生产的法律、法规和建筑行业安全规章、规程，不得违章指挥或者违章作业。

(5) 作业人员的权利

作业人员有权对影响人身健康的作业程序和作业条件提出改进意见，有权获得安全生产所需的防护用品。作业人员对危及生命安全和人身健康的行为有权提出批评、检举和控告。

二、《中华人民共和国安全生产法》概述

(2002年6月29日第九届全国人民代表大会常务委员会第二十八次会议通过，2002年6月29日中华人民共和国主席令第70号公布，自2002年11月1日起施行)

(一) 立法目的

《中华人民共和国安全生产法》(以下简称《安全生产法》) 在第一条就明确立法的根本目的是为了加强安全生产监督管理，防止和减少生产安全事故，保障人民群众生命和财产安全，促进经济发展。

我国实行社会主义市场经济以来，生产经营单位多种所有制形式并存，市场竞争日趋激烈，各经营主体在追求自身利润最大化的过程中，往往忽视甚至故意规避安全生产管理规定，以牺牲从业人员的健康甚至生命为代价牟取私利，从而造成事故频发，不仅对事故人员及其家属造成痛苦，对经营者本身造成损失，也对社会稳定带来不利影响。国家作为社会公共利益的维护者，必须运用法律手段建立强制性的保障安全生产维护劳动者安全的法律制度，对安全生产实施有力的监督管理。在日常生产经营活动中，特别是矿山企业、建筑施工

企业等高危行业的生产活动中存在着诸多不安全因素和隐患，如果对安全缺乏充分的意识，没有采取有效的预防和控制措施，各种潜在的危险就会显现，造成重大事故。由于生产经营活动的多样性和复杂性，人类要想安全避免安全事故，还不现实。但只要对安全生产给予足够的重视，采取强有力的措施，事故是可以预防和减少的。以国家法律的形式强制规范生产经营单位的安全生产能力，保障安全生产的法定措施，正是为了保障人民群众的生命和财产安全，保障经营活动健康正常运行，从而促进经济发展。

（二）《安全生产法》确立的基本法律制度

1. 生产安全责任事故追究制度

《安全生产法》在第十三条明确规定：国家实行生产安全事故追究制度，依照本法和有关法律、法规的规定，追究生产安全事故责任人员的法律责任。

《安全生产法》在以下条款中，对生产经营单位应承担的法律责任给予明确规定：

（1）生产经营单位的决策机构、主要负责人、个人经营的投资人不依照本法规定保证安全生产所必需的资金投入，致使生产经营单位不具备安全生产条件的法律责任。

《安全生产法》第八十条明确规定：生产经营单位的决策机构、主要负责人、个人经营的投资人不依照本法规定保证安全生产所必需的资金投入，致使生产经营单位不具备安全生产条件的，责令限期改正，提供必需的资金；逾期未改正的，责令生产经营单位停产停业整顿。

有前款违法行为，导致发生生产安全事故，构成犯罪的，依照刑法有关规定追究刑事责任；尚不够刑事处罚的，对生产经营单位的主要负责人给予撤职处分，对个人经营的投资人处 2 万元以上 20 万元以下的罚款。

（2）生产经营单位的主要负责人不履行本法规定的安全生产管理职责的法律责任。

《安全生产法》第八十一条明确规定：生产经营单位的主要负责人未履行本法规定的安全生产管理职责的，责令限期改正；逾期未改正的，责令生产经营单位停产停业整顿。

生产经营单位的主要负责人有前款违法行为，导致发生生产安全事故，构成犯罪的，依照刑法有关规定追究刑事责任；尚不够刑事处罚的，给予撤职处分或者处 2 万元以上 20 万元以下的罚款。

生产经营单位的主要负责人依照前款规定受刑事处罚或者撤职处分的，自刑罚执行完毕或者受处分之日起，五年内不得担任任何生产经营单位的主要负责人。

（3）生产经营单位未按照规定设立安全生产管理机构、配备安全生产管理人员及对有关人员未按照规定进行教育、培训和考核的法律责任。

《安全生产法》第八十二条明确规定：生产经营单位有下列行为之一的，责令限期改正；逾期未改正的，责令停产停业整顿，可以并处 2 万元以下的罚款：

（一）未按照规定设立安全生产管理机构或者配备安全生产管理人员的；

（二）危险物品的生产、经营、储存单位以及矿山、建筑施工单位的主要负责人和安全生产管理人员未按照规定经考核合格的；

（三）未按照本法第二十一条、第二十二条的规定对从业人员进行安全生产教育和培训，或者未按照本法第三十六条的规定如实告知从业人员有关的安全生产事项的；

（四）特种作业人员未按照规定经专门的安全作业培训并取得特种作业操作资格证书，上岗作业的。

（4）违反本法规定的违法行为的法律责任。

《安全生产法》第八十三条明确规定：生产经营单位有下列行为之一的，责令限期改正；逾期未改正的，责令停止建设或者停产停业整顿，可以并处5万元以下的罚款；造成严重后果，构成犯罪的，依照刑法有关规定追究刑事责任：

（一）矿山建设项目或者用于生产、储存危险物品的建设项目没有安全设施设计或者安全设施设计未按照规定报经有关部门审查同意的；

（二）矿山建设项目或者用于生产、储存危险物品的建设项目的施工单位未按照批准的安全设施设计施工的；

（三）矿山建设项目或者用于生产、储存危险物品的建设项目竣工投入生产或者使用前，安全设施未经验收合格的；

（四）未在有较大危险因素的生产经营场所和有关设施、设备上设置明显的安全警示标志的；

（五）安全设备的安装、使用、检测、改造和报废不符合国家标准或者行业标准的；

（六）未对安全设备进行经常性维护、保养和定期检测的；

（七）未为从业人员提供符合国家标准或者行业标准的劳动防护用品的；

（八）特种设备以及危险物品的容器、运输工具未经取得专业资质的机构检测、检验合格，取得安全使用证或者安全标志，投入使用的；

（九）使用国家明令淘汰、禁止使用的危及生产安全的工艺、设备的。

（5）未经依法批准擅自生产、经营、储存危险物品的法律责任。

《安全生产法》第八十四条明确规定：未经依法批准，擅自生产、经营、储存危险物品的，责令停止违法行为或者予以关闭，没收违法所得，违法所得10万元以上的，并处违法所得一倍以上五倍以下的罚款，没有违法所得或者违法所得不足10万元的，单处或者并处2万元以上10万元以下的罚款；造成严重后果，构成犯罪的，依照刑法有关规定追究刑事责任。

（6）生产经营单位违反有关危险物品管理的规定及进行危险作业未安排专门管理人员进行现场安全管理的法律责任。

《安全生产法》第八十五条明确规定：生产经营单位有下列行为之一的，责令限期改正；逾期未改正的，责令停产停业整顿，可以并处2万元以上10万元以下的罚款；造成严重后果，构成犯罪的，依照刑法有关规定追究刑事责任：

（一）生产、经营、储存、使用危险物品，未建立专门安全管理制度、未采取可靠的安全措施或者不接受有关主管部门依法实施的监督管理的；

（二）对重大危险源未登记建档，或者未进行评估、监控，或者未制定应急预案的；

（三）进行爆破、吊装等危险作业，未安排专门管理人员进行现场安全管理的。

（7）生产经营单位将生产经营项目、场所、设备发包或都出租给不具备安全生产条件的单位或者个人以及未与承包单位、承租单位签订安全生产管理协议等违反有关规定的行为的法律责任。

《安全生产法》第八十六条明确规定：生产经营单位将生产经营项目、场所、设备发包或者出租给不具备安全生产条件或者相应资质的单位或者个人的，责令限期改正，没收违法所得；违法所得5万元以上的，并处违法所得一倍以上五倍以下的罚款；没有违法所得或者违法所得不足5万元的，单处或者并处1万元以上5万元以下的罚款；导致发生生产安全事故给他人造成损害的，与承包方、承租方承担连带赔偿责任。

生产经营单位未与承包单位、承租单位签订专门的安全生产管理协议或者未在承包合同、租赁合同中明确各自的安全生产管理职责，或者未对承包单位、承租单位的安全生产统一协调、管理的，责令限期改正；逾期未改正的，责令停产停业整顿。

(8) 两个以上生产经营单位在同一作业区域内进行作业未签订安全生产管理协议或者未指定专职安全生产管理人员的法律责任。

《安全生产法》第八十七条明确规定：两个以上生产经营单位在同一作业区域内进行可能危及对方安全生产的生产经营活动，未签订安全生产管理协议或者未指定专职安全生产管理人员进行安全检查与协调的，责令限期改正；逾期未改正的，责令停产停业。

(9) 生产经营单位生产、经营、储存、使用危险物品的车间、商店、仓库及员工宿舍不符合有关安全要求的法律责任。

《安全生产法》第八十八条明确规定：生产经营单位有下列行为之一的，责令限期改正；逾期未改正的，责令停产停业整顿；造成严重后果，构成犯罪的，依照刑法有关规定追究刑事责任：

（一）生产、经营、储存、使用危险物品的车间、商店、仓库与员工宿舍在同一座建筑内，或者与员工宿舍的距离不符合安全要求的；

（二）生产经营场所和员工宿舍未设有符合紧急疏散需要、标志明显、保持畅通的出口，或者封闭、堵塞生产经营场所或者员工宿舍出口的。

(10) 生产经营单位与从业人员订立的协议或者减轻其对从业人员因生产安全事故伤亡应负的责任，生产经营单位的主要负责人、个人经营的投资人进行的处罚。

《安全生产法》第八十九条明确规定：生产经营单位与从业人员订立协议，免除或者减轻其对从业人员因生产安全事故伤亡依法应承担的责任的，该协议无效；对生产经营单位的主要负责人、个人经营的投资人处2万元以上10万元以下的罚款。

(11) 生产经营单位的从业人员不服从管理、违章操作，应承担相应的法律责任。

《安全生产法》第九十条明确规定：生产经营单位的从业人员不服从管理，违反安全生产规章制度或者操作规程的，由生产经营单位给予批评教育，依照有关规章制度给予处分；造成重大事故，构成犯罪的，依照刑法有关规定追究刑事责任。

(12) 生产经营单位主要负责人在发生重大生产安全事故时不立即组织抢救或者在事故调查处理期间擅离职守或者逃匿以及对生产安全事故隐瞒不报、谎报或者拖延不报应承担相应的法律责任。

《安全生产法》第九十一条明确规定：生产经营单位主要负责人在本单位发生重大生产安全事故时，不立即组织抢救或者在事故调查处理期间擅离职守或者逃匿的，给予降职、撤职的处分，对逃匿者处15日以下拘留；构成犯罪的，依照刑法有关规定追究刑事责任。

生产经营单位主要负责人对生产安全事故隐瞒不报、谎报或者拖延不报的，依照前款规定处罚。

《安全生产法》第九十二条明确规定：有关地方人民政府、负有安全生产监督管理职责的部门，对生产安全事故隐瞒不报、谎报或者拖延不报的，对直接负责的主管人员和其他直接责任人员依法给予行政处分；构成犯罪的，依照刑法有关规定追究刑事责任。

(13) 生产经营单位不具备本法和其他有关法律、行政法规和国家标准或者行业标准规定的安全生产条件，经停产停业整顿仍不具备安全生产条件的处罚。

《安全生产法》第九十三条明确规定：生产经营单位不具备本法和其他有关法律、行政法规和国家标准或者行业标准规定的安全生产条件，经停产停业整顿仍不具备安全生产条件的，予以关闭；有关部门应当依法吊销其有关证照。

（14）生产经营单位发生生产安全事故造成人员伤亡、他人财产损失应承担赔偿责任以及生产安全事故责任人不依法承担赔偿责任的处理。

《安全生产法》第九十五条明确规定：生产经营单位发生生产安全事故造成人员伤亡、他人财产损失的，应当依法承担赔偿责任；拒不承担或者其负责人逃匿的，由人民法院依法强制执行。

生产安全事故的责任人未依法承担赔偿责任，经人民法院依法采取执行措施后，仍不能对受害人给予足额赔偿的，应当继续履行赔偿义务；受害人发现责任人有其他财产的，可以随时请求人民法院执行。

2. 生产经营单位安全保障制度

《安全生产法》在第二章对生产经营单位的安全生产条件和加强安全生产管理以及管理人员安全生产职责都作了明确规定。

（1）生产经营单位的安全生产条件。《安全生产法》第十六条明确规定：生产经营单位应当具备本法和有关法律、行政法规和国家标准或者行业标准规定的安全生产条件；不具备安全生产条件的，不得从事生产经营活动。

（2）生产经营单位的主要负责人的安全生产职责。《安全生产法》第十七条明确规定：生产经营单位的主要负责人对本单位安全生产工作负有下列职责：

（一）建立、健全本单位安全生产责任制；

（二）组织制定本单位安全生产规章制度和操作规程；

（三）保证本单位安全生产投入的有效实施；

（四）督促、检查本单位的安全生产工作，及时消除生产安全事故隐患；

（五）组织制定并实施本单位的生产安全事故应急救援预案；

（六）及时、如实报告生产安全事故。

（3）安全生产资金。《安全生产法》第十八条明确规定：生产经营单位应当具备的安全生产条件所必需的资金投入，由生产经营单位的决策机构、主要负责人或者个人经营的投资人予以保证，并对由于安全生产所必需的资金投入不足导致的后果承担责任。

《安全生产法》第三十九条明确规定：生产经营单位应当安排用于配备劳动防护用品、进行安全生产培训的经费。

（4）安全生产管理人员的配备和考核。《安全生产法》第十九条明确规定：矿山、建筑施工单位和危险物品的生产、经营、储存单位，应当设置安全生产管理机构或者配备专职安全生产管理人员。

前款规定以外的其他生产经营单位，从业人员超过三百人的，应当设置安全生产管理机构或者配备专职安全生产管理人员；从业人员在三百人以下的，应当配备专职或者兼职的安全生产管理人员，或者委托具有国家规定的相关专业技术资格的工程技术人员提供安全生产管理服务。

生产经营单位依照前款规定委托工程技术人员提供安全生产管理服务的，保证安全生产的责任仍由本单位负责。

《安全生产法》第二十条明确规定：生产经营单位的主要负责人和安全生产管理人员必

须具备与本单位所从事的生产经营活动相应的安全生产知识和管理能力。

危险物品的生产、经营、储存单位以及矿山、建筑施工单位的主要负责人和安全生产管理人员，应当由有关主管部门对其安全生产知识和管理能力考核合格后方可任职。考核不得收费。

(5) 安全生产教育和培训。《安全生产法》第二十一条明确规定：生产经营单位应当对从业人员进行安全生产教育和培训，保证从业人员具备必要的安全生产知识，熟悉有关的安全生产规章制度和安全操作规程，掌握本岗位的安全操作技能。未经安全生产教育和培训合格的从业人员，不得上岗作业。

《安全生产法》第二十二条明确规定：生产经营单位采用新工艺、新技术、新材料或者使用新设备，必须了解、掌握其安全技术特性，采取有效的安全防护措施，并对从业人员进行专门的安全生产教育和培训。

《安全生产法》第二十三条明确规定：生产经营单位的特种作业人员必须按照国家有关规定经专门的安全作业培训，取得特种作业操作资格证书，方可上岗作业。

《安全生产法》第三十六条明确规定：生产经营单位应当教育和督促从业人员严格执行本单位的安全生产规章制度和安全操作规程；并向从业人员如实告知作业场所和工作岗位存在的危险因素、防范措施以及事故应急措施。

(6) 安全设施的"三同时"。《安全生产法》第二十四条明确规定：生产经营单位新建、改建、扩建工程项目（以下统称建设项目）的安全设施，必须与主体工程同时设计、同时施工、同时投入生产和使用。安全设施投资应当纳入建设项目概算。

(7) 安全条件论证和安全评价。《安全生产法》第二十五条明确规定：矿山建设项目和用于生产、储存危险物品的建设项目，应当分别按照国家有关规定进行安全条件论证和安全评价。

(8) 安全设计和施工。《安全生产法》第二十六条明确规定：建设项目安全设施的设计人、设计单位应当对安全设施设计负责。

矿山建设项目和用于生产、储存危险物品的建设项目的安全设施设计应当按照国家有关规定报经有关部门审查，审查部门及其负责审查的人员对审查结果负责。

《安全生产法》第二十七条明确规定：矿山建设项目和用于生产、储存危险物品的建设项目的施工单位必须按照批准的安全设施设计施工，并对安全设施的工程质量负责。

矿山建设项目和用于生产、储存危险物品的建设项目竣工投入生产或者使用前，必须依照有关法律、行政法规的规定对安全设施进行验收；验收合格后，方可投入生产和使用。验收部门及其验收人员对验收结果负责。

(9) 安全警示标志。《安全生产法》第二十八条明确规定：生产经营单位应当在有较大危险因素的生产经营场所和有关设施、设备上，设置明显的安全警示标志。

(10) 安全设备。《安全生产法》第二十九条明确规定：安全设备的设计、制造、安装、使用、检测、维修、改造和报废，应当符合国家标准或者行业标准。

生产经营单位必须对安全设备进行经常性维护、保养，并定期检测，保证正常运转。维护、保养、检测应当做好记录，并由有关人员签字。

(11) 特种设备以及危险物品的容器、运输工具管理。《安全生产法》第三十条明确规定：生产经营单位使用的涉及生命安全、危险性较大的特种设备，以及危险物品的容器、运输工具，必须按照国家有关规定，由专业生产单位生产，并经取得专业资质的检测、检验机构检测、检验合格，取得安全使用证或者安全标志，方可投入使用。检测、检验机构对检测、检验结果负责。

涉及生命安全、危险性较大的特种设备的目录由国务院负责特种设备安全监督管理的部门制定，报国务院批准后执行。

（12）对严重危及生产安全的工艺、设备的淘汰制度。《安全生产法》第三十一条明确规定：国家对严重危及生产安全的工艺、设备实行淘汰制度。

生产经营单位不得使用国家明令淘汰、禁止使用的危及生产安全的工艺、设备。

（13）危险物品管理。《安全生产法》第三十二条明确规定：生产、经营、运输、储存、使用危险物品或者处置废弃危险物品的，由有关主管部门依照有关法律、法规的规定和国家标准或者行业标准审批并实施监督管理。

生产经营单位生产、经营、运输、储存、使用危险物品或者处置废弃危险物品，必须执行有关法律、法规和国家标准或者行业标准，建立专门的安全管理制度，采取可靠的安全措施，接受有关主管部门依法实施的监督管理。

（14）重大危险源管理。《安全生产法》第三十三条明确规定：生产经营单位对重大危险源应当登记建档，进行定期检测、评估、监控，并制定应急预案，告知从业人员和相关人员在紧急情况下应当采取的应急措施。

生产经营单位应当按照国家有关规定将本单位重大危险源及有关安全措施、应急措施报有关地方人民政府负责安全生产监督管理的部门和有关部门备案。

（15）生产经营场所和员工宿舍管理。《安全生产法》第三十四条明确规定：生产、经营、储存、使用危险物品的车间、商店、仓库不得与员工宿舍在同一座建筑物内，并应当与员工宿舍保持安全距离。

生产经营场所和员工宿舍应当设有符合紧急疏散要求、标志明显、保持畅通的出口。禁止封闭、堵塞生产经营场所或者员工宿舍的出口。

（16）爆破、吊装作业管理。《安全生产法》第三十五条明确规定：生产经营单位进行爆破、吊装等危险作业，应当安排专门人员进行现场安全管理，确保操作规程的遵守和安全措施的落实。

（17）劳动防护用品。《安全生产法》第三十七条明确规定：生产经营单位必须为从业人员提供符合国家标准或者行业标准的劳动防护用品，并监督、教育从业人员按照使用规则佩戴、使用。

（18）安全检查。《安全生产法》第三十八条明确规定：生产经营单位的安全生产管理人员应当根据本单位的生产经营特点，对安全生产状况进行经常性检查；对检查中发现的安全问题，应当立即处理；不能处理的，应当及时报告本单位有关负责人。检查及处理情况应当记录在案。

（19）安全协作。《安全生产法》第四十条明确规定：两个以上生产经营单位在同一作业区域内进行生产经营活动，可能危及对方生产安全的，应当签订安全生产管理协议，明确各自的安全生产管理职责和应当采取的安全措施，并指定专职安全生产管理人员进行安全检查与协调。

（20）生产经营单位发包或者出租的情况下的安全生产责任。《安全生产法》第四十一条明确规定：生产经营单位不得将生产经营项目、场所、设备发包或者出租给不具备安全生产条件或者相应资质的单位或者个人。

生产经营项目、场所有多个承包单位、承租单位的，生产经营单位应当与承包单位、承租单位签订专门的安全生产管理协议，或者在承包合同、租赁合同中约定各自的安全生产管理职责；生产经营单位对承包单位、承租单位的安全生产工作统一协调、管理。

（21）发生重大生产安全事故后，单位主要主要负责人的职责。《安全生产法》第四十二条明确规定：生产经营单位发生重大生产安全事故时，单位的主要负责人应当立即组织抢救，并不得在事故调查处理期间擅离职守。

（22）工伤社会保险。《安全生产法》第四十三条明确规定：生产经营单位必须依法参加工伤社会保险，为从业人员缴纳保险费。

3. 从业人员的权利和义务制度

从业人员是实现安全生产最基本的要素，保证从业人员的安全保障权利，防止和减少事故的发生，是安全生产的前提。内容包括：

（1）从业人员与用人单位订立的劳动合同应包含劳动安全和防止职业危害的权利。《安全生产法》第四十四条明确规定：生产经营单位与从业人员订立的劳动合同，应当载明有关保障从业人员劳动安全、防止职业危害的事项，以及依法为从业人员办理工伤社会保险的事项。

生产经营单位不得以任何形式与从业人员订立协议，免除或者减轻其对从业人员因生产安全事故伤亡依法应承担的责任。

（2）了解其作业场所和工作岗位存在的危险因素、防范措施及事故应急措施的权利，对本单位的安全生产工作提出建议的权利。《安全生产法》第四十五条明确规定：生产经营单位的从业人员有权了解其作业场所和工作岗位存在的危险因素、防范措施及事故应急措施，有权对本单位的安全生产工作提出建议。

（3）对本单位安全生产工作中存在的问题提出批评、检举、控告的权利；拒绝违章指挥和强令冒险作业的权利。《安全生产法》第四十六条明确规定：从业人员有权对本单位安全生产工作中存在的问题提出批评、检举、控告；有权拒绝违章指挥和强令冒险作业。

生产经营单位不得因从业人员对本单位安全生产工作提出批评、检举、控告或者拒绝违章指挥、强令冒险作业而降低其工资、福利等待遇或者解除与其订立的劳动合同。

（4）发现直接危及人身安全的紧急情况时，停止作业或者在采取可能的应急措施后撤离作业场所的权利。《安全生产法》第四十七条明确规定：从业人员发现直接危及人身安全的紧急情况时，有权停止作业或者在采取可能的应急措施后撤离作业场所。

生产经营单位不得因从业人员在前款紧急情况下停止作业或者采取紧急撤离措施而降低其工资、福利等待遇或者解除与其订立的劳动合同。

（5）因生产安全事故受到损害时要求赔偿的权利；享受工伤社会保险的权利。《安全生产法》第四十八条明确规定：因生产安全事故受到损害的从业人员，除依法享有工伤社会保险外，依照有关民事法律尚有获得赔偿的权利的，有权向本单位提出赔偿要求。

（6）在作业过程中，严格遵守本单位的安全生产规章制度和操作规程，服从管理，正确佩戴和使用劳动防护用品的义务。《安全生产法》第四十九条明确规定：从业人员在作业过程中，应当严格遵守本单位的安全生产规章制度和操作规程，服从管理，正确佩戴和使用劳动防护用品。

（7）接受安全生产教育培训的权利。《安全生产法》第五十条明确规定：从业人员应当接受安全生产教育和培训，掌握本职工作所需的安全生产知识，提高安全生产技能，增强事故预防和应急处理能力。

（8）对事故隐患进行报告的义务。《安全生产法》第五十一条明确规定：从业人员发现事故隐患或者其他不安全因素，应当立即向现场安全生产管理人员或者本单位负责人报告；接到报告的人员应当及时予以处理。

4. 安全生产监督管理制度

完善的监督管理制度是《安全生产法》得以实施的重要保证，《安全生产法》在第四章明确规定了各级政府监督管理部门，以及其他相关部门，安全监督检查人员的职责、义务和权利。

（1）县级以上地方各级人民政府在安全生产监督管理方面应履行的职责。《安全生产法》第五十三条明确规定：县级以上地方各级人民政府应当根据本行政区域内的安全生产状况，组织有关部门按照职责分工，对本行政区域内容易发生重大生产安全事故的生产经营单位进行严格检查；发现事故隐患，应当及时处理。

（2）安全生产监督管理部门职责。《安全生产法》第五十四条明确规定：依照本法第九条规定对安全生产负有监督管理职责的部门（以下统称负有安全生产监督管理职责的部门）依照有关法律、法规的规定，对涉及安全生产的事项需要审查批准（包括批准、核准、许可、注册、认证、颁发证照等，下同）或者验收的，必须严格依照有关法律、法规和国家标准或者行业标准规定的安全生产条件和程序进行审查；不符合有关法律、法规和国家标准或者行业标准规定的安全生产条件的，不得批准或者验收通过。对未依法取得批准或者验收合格的单位擅自从事有关活动的，负责行政审批的部门发现或者接到举报后应当立即予以取缔，并依法予以处理。对已经依法取得批准的单位，负责行政审批的部门发现其不再具备安全生产条件的，应当撤销原批准。

《安全生产法》第五十五条明确规定，负有安全生产监督管理职责的部门对涉及安全生产的事项进行审查、验收，不得收取费用；不得要求接受审查、验收的单位购买其指定品牌或者指定生产、销售单位的安全设备、器材或者其他产品。

（3）安全生产监督管理职责的部门行政职权。《安全生产法》第五十六条明确规定，负有安全生产监督管理职责的部门依法对生产经营单位执行有关安全生产的法律、法规和国家标准或者行业标准的情况进行监督检查，行使以下职权：

（一）进入生产经营单位进行检查，调阅有关资料，向有关单位和人员了解情况。

（二）对检查中发现的安全生产违法行为，当场予以纠正或者要求限期改正；对依法应当给予行政处罚的行为，依照本法和其他有关法律、行政法规的规定作出行政处罚决定。

（三）对检查中发现的事故隐患，应当责令立即排除；重大事故隐患排除前或者排除过程中无法保证安全的，应当责令从危险区域内撤出作业人员，责令暂时停产停业或者停止使用；重大事故隐患排除后，经审查同意，方可恢复生产经营和使用。

（四）对有根据认为不符合保障安全生产的国家标准或者行业标准的设施、设备、器材予以查封或者扣押，并应当在 15 日内依法作出处理决定。

监督检查不得影响被检查单位的正常生产经营活动。

（4）承担安全评价、认证、检测、检验的机构应具备的资格条件及责任。《安全生产法》第六十二条明确规定：承担安全评价、认证、检测、检验的机构应当具备国家规定的资质条件，并对其作出的安全评价、认证、检测、检验的结果负责。

（5）新闻、出版、广播、电影、电视等部门有进行安全生产宣传教育的义务和有权对违反安全生产法律、法规的行为进行舆论监督。《安全生产法》第六十七条明确规定：新闻出版、广播、电影、电视等单位有进行安全生产宣传教育的义务，有对违反安全生产法律、法规的行为进行舆论监督的权利。

5. 事故应急救援和调查处理制度

《安全生产法》主要涉及事故应急救援和调查处理，主要内容包括：

（1）地方政府及高危行业应建立事故应急救援体系。《安全生产法》第六十八条明确规定：县级以上地方各级人民政府应当组织有关部门制定本行政区域内特大生产安全事故应急救援预案，建立应急救援体系。

《安全生产法》第六十九条明确规定：危险物品的生产、经营、储存单位以及矿山、建筑施工单位应当建立应急救援组织；生产经营规模较小，可以不建立应急救援组织的，应当指定兼职的应急救援人员。危险物品的生产、经营、储存单位以及矿山、建筑施工单位应当配备必要的应急救援器材、设备，并进行经常性维护、保养，保证正常运转。

（2）生产经营单位生产安全事故的报告和处理。《安全生产法》第七十条明确规定：生产经营单位发生生产安全事故后，事故现场有关人员应当立即报告本单位负责人。

单位负责人接到事故报告后，应当迅速采取有效措施，组织抢救，防止事故扩大，减少人员伤亡和财产损失，并按照国家有关规定立即如实报告当地负有安全生产监督管理职责的部门，不得隐瞒不报、谎报或者拖延不报，不得故意破坏事故现场、毁灭有关证据。

（3）事故上报调查处理的基本原则、主要任务。《安全生产法》第七十条明确规定：生产经营单位发生生产安全事故后，事故现场有关人员应当立即报告本单位负责人。

单位负责人接到事故报告后，应当迅速采取有效措施，组织抢救，防止事故扩大，减少人员伤亡和财产损失，并按照国家有关规定立即如实报告当地负有安全生产监督管理职责的部门，不得隐瞒不报、谎报或者拖延不报，不得故意破坏事故现场、毁灭有关证据。

《安全生产法》第七十一条明确规定：负有安全生产监督管理职责的部门接到事故报告后，应当立即按照国家有关规定上报事故情况。负有安全生产监督管理职责的部门和有关地方人民政府对事故情况不得隐瞒不报、谎报或者拖延不报。

《安全生产法》第七十二条明确规定：有关地方人民政府和负有安全生产监督管理职责的部门的负责人接到重大生产安全事故报告后，应当立即赶到事故现场，组织事故抢救。

任何单位和个人都应当支持、配合事故抢救，并提供一切便利条件。

三、《安全生产许可证条例》概述

（一）立法目的

《安全生产许可证条例》（以下简称《条例》）的根本目的就是为了严格规范安全生产条件，进一步加强安全生产监督管理，防止和减少生产安全事故，对危险性较大易发生事故的企业实行严格的安全生产许可证制度，提高高危行业的准入门槛，严格规范安全生产条例，将不具备安全生产条件的企业拒之门外，通过安全生产许可证制度，从源头上防止生产安全事故，赋予安全生产监管部门一个有效的监控手段，加强安全生产的监督管理力度，从而防止和减少安全生产事故，确保人民群众生命和财产，保障国民经济持续健康发展。

（二）《条例》适用范围

《条例》的第二条明确规定：国家对矿山企业、建筑施工企业和危险化学品、烟花爆竹、民用爆破器材生产企业（以下统称企业）实行安全生产许可制度。

企业未取得安全生产许可证的，不得从事生产活动。

据统计，矿山企业、建筑施工企业和危险化学品、烟花爆竹、民用爆破器材生产企业是发生事故和死亡人数最多的几个行业。矿山（含煤矿企业）每年死亡 9000 人左右，居首位；建筑施工企业每年死亡 2000～2500 人，居第二位；危险化学品生产企业每年死亡近 400 人，居第三位；烟花爆竹生产企业每年死亡近 200 人，列第四位。

上述几类企业每年因生产安全事故死亡的人数约占全国工矿企业因生产安全事故死亡总数的 80%，因此，将安全许可证的发放范围限定在上述几类企业，就加强了对这些企业的安全生产监管力度，提高高危行业的准入门槛，从一定程度上能抑制事故的发生，减少因生产安全事故造成的死亡人数。

（三）取得安全生产许可证的条件

《条例》第六条规定："企业取得安全生产许可证，应当具备下列安全生产条件：(1) 建立、健全安全生产责任制，制定完备的安全生产规章制度和操作规程；(2) 安全投入符合安全生产要求；(3) 设置安全生产管理机构，配备专职安全生产管理人员；(4) 主要负责人和安全生产管理人员经考核合格；(5) 特种作业人员经有关业务主管部门考核合格，取得特种作业操作资格证书；(6) 从业人员经安全生产教育和培训合格；(7) 依法参加工伤保险，为从业人员缴纳保险费；(8) 厂房、作业场所和安全设施、设备、工艺符合有关安全生产法律、法规、标准和规程的要求；(9) 有职业危害防治措施，并为从业人员配备符合国家标准或者行业标准的劳动防护用品；(10) 依法进行安全评价；(11) 有重大危险源检测、评估、监控措施和应急预案；(12) 有生产安全事故应急救援预案、应急救援组织或者应急救援人员，配备必要的应急救援器材、设备；(13) 法律、法规规定的其他条件。"

（四）建筑施工企业的发证机关

《条例》第四条规定："国务院建设主管部门负责中央管理的建筑施工企业安全生产许可证的颁发和管理。""省、自治区、直辖市人民政府建设主管部门负责前款规定以外的建筑施工企业安全生产许可证的颁发和管理，并接受国务院建设主管部门的指导和监督。"这就明确规定了建筑施工企业安全生产许可证两级管理原则：国务院建设主管部门负责中央管理的建筑施工企业安全生产许可证的颁发管理，其他建筑施工企业安全生产许可证的颁发管理，由省、自治区、直辖市人民政府建设主管部门负责，并接受国务院建设主管部门的指导和监督。

（五）安全生产许可证的申领

《条例》第七条规定："企业进行生产前，应当依照本条例的规定向安全生产许可证颁发管理机关申请领取安全生产许可证，并提供本条例第六条规定的相关文件、资料。安全生产许可证颁发管理机关应当自收到申请之日起 45 日内审查完毕，经审查符合本条例规定的安全生产条件的，颁发安全生产许可证；不符合本条例规定的安全生产条件的，不予颁发安全生产许可证，书面通知企业并说明理由。”

认真贯彻实施条例，必须做好现有企业安全生产许可证的办理工作。根据条例第 22 条的规定：条例施行前已经进行生产的企业，应当自本条例施行之日起 1 年内，依照条例的规定向安全生产许可证颁发管理机关申请办理安全生产许可证，逾期不办理安全生产许可证，或者经审查不符合条例规定的安全生产条件，未取得安全生产许可证，继续进行生产的，依照条例将给予责任停止生产，没收非法所得，并处 10 万元以上 50 万元以下的罚款；造成重大事故或其他严重后果，构成犯罪的，依法追究刑事责任。

（六）法律责任

《条例》对未取得安全生产许可证擅自进行生产；生产许可证有效期满未办理延期手续；转让、冒用或使用伪造的安全生产许可证的，都给予明确的法律规定。

第十九条 违反本条例规定，未取得安全生产许可证擅自进行生产的，责令停止生产，没收违法所得，并处 10 万元以上 50 万元以下的罚款；造成重大事故或者其他严重后果，构成犯罪的，依法追究刑事责任。

第二十条 违反本条例规定，安全生产许可证有效期满未办理延期手续，继续进行生产的，责令停止生产，限期补办延期手续，没收违法所得，并处 5 万元以上 10 万元以下的罚款；逾期仍不办理延期手续，继续进行生产的，依照本条例第十九条的规定处罚。

第二十一条 违反本条例规定，转让安全生产许可证的，没收违法所得，处 10 万元以上 50 万元以下的罚款，并吊销其安全生产许可证；构成犯罪的，依法追究刑事责任；接受转让的，依照本条例第十九条的规定处罚。

冒用安全生产许可证或者使用伪造的安全生产许可证的，依照本条例第十九条的规定处罚。

四、《建设工程安全生产管理条例》概述

（一）立法目的

《建设工程安全生产管理条例》（以下简称《条例》）自 2004 年 2 月 1 日起施行。《条例》的立法目的主要体现在两个方面：

1. 为了加强建设工程安全生产监督管理

由于建设工程具有施工环境及作业条件相对较差、施工人员素质相对较低、不安全因素及各种事故隐患相对较多的客观事实，因此强化安全生产监督管理，是保证工程质量和效益的前提。缺乏严肃和认真的监督机制，频发的安全事故不仅会影响到企业的效益，也直接关系到整个建筑业是否能持续健康的发展，甚至会影响到社会稳定的大局。《条例》对政府部门、有关企业及相关人员的安全生产和管理行为进行了全面规范，在第五章专门规定了建设工程安全管理的执法主体和相应职责。

2. 为了保证人民群众生命和财产安全

安全生产关系人民群众生命和财产安全，关系改革发展和社会稳定大局。胡锦涛总书记在党的十六届三中全会上强调：“各级党委和政府要牢牢树立‘责任重于泰山’的观念，坚持把人民群众的生命安全放在第一位，进一步完善和落实安全生产的各项政策措施，努力提

高安全生产水平。”《条例》强调“安全第一，预防为主”的方针，规定了各种措施和方法，来保护人民群众生命和财产安全，这也是《条例》最根本的目的。

(二)《条例》确定的基本管理制度

1. 安全施工措施和拆除工程备案制度

《条例》第十条、第十一条明确规定：建设单位应当自开工报告批准之日起15日内，将保证安全施工措施报送建设工程所在地的县级以上地方人民政府建设行政主管部门或者其他有关部门备案。建设单位应当在拆除工程施工15日前，将施工单位资质等级证明、拟拆除建筑物、构筑物及可能危及毗邻建筑的说明、拆除施工组织方案；堆放、清除废弃物的措施报送建设工程所在地的县级以上地方人民政府建设行政主管部门或其他有关部门备案。

2. 健全安全生产制度

《条例》第二十一条明确规定，施工单位主要负责人依法对本单位的安全生产工作全面负责。施工单位应当建立健全安全生产责任制度和安全生产教育培训制度，制定安全生产规章制度和操作规程，保证本单位安全生产条件所需资金的投入，对所承担的建设工程进行定期和专项安全检查，并做好安全检查记录。

施工单位的项目负责人应当由取得相应执业资格的人员担任，对建设工程项目的安全施工负责，落实安全生产责任制度、安全生产规章制度和操作规程，确保安全生产费用的有效使用，并根据工程的特点组织制定安全施工措施，消除安全事故隐患，及时、如实报告生产安全事故。

3. 特种作业人员持证上岗制度

《条例》第二十五条明确规定，垂直运输机械作业人员、起重机械安装拆卸工、爆破作业人员、起重信号工、登高架设作业人员等特种作业人员，必须按照国家有关规定经过专门的安全作业培训，并取得特种作业操作资格证书后，方可上岗作业。

4. 专项工程专家论证制度

《条例》第二十六条规定，施工单位应当在施工组织设计中编制安全技术措施和施工现场临时用电方案，对下列达到一定规模的危险性较大的分部分项工程编制专项施工方案，并附具安全验算结果，经施工单位技术负责人、总监理工程师签字后实施，由专职安全生产管理人员进行现场监督：

(1) 基坑支护与降水工程；

(2) 土方开挖工程；

(3) 模板工程；

(4) 起重吊装工程；

(5) 脚手架工程；

(6) 拆除、爆破工程；

(7) 国务院建设行政主管部门或者其他有关部门规定的其他危险性较大的工程。

对前款所列工程中涉及深基坑、地下暗挖工程、高大模板工程的专项施工方案，施工单位还应当组织专家进行论证、审查。

本条第一款规定的达到一定规模的危险性较大工程的标准，由国务院建设行政主管部门会同国务院其他有关部门制定。

5. 消防安全责任制度

《条例》第三十一条规定，施工单位应当在施工现场建立消防安全责任制度，确定消防安全责任人，制定用火、用电、使用易燃易爆材料等各项消防安全管理制度和操作规程，设置消防通道、消防水源，配备消防设施和灭火器材，并在施工现场入口处设置明显标志。

6. 施工单位管理人员考核任职制度

《条例》第三十六条规定，施工单位的主要负责人、项目负责人专职安全生产管理人员应当经建设行政主管部门或者其他有关部门考核合格后方可任职。

7. 施工自升式架设设施使用登记制度

《条例》第三十五条规定，施工单位应当自施工起重机械和整体提升脚手架、模板等自升式架设设施验收合格之日起30日内，向建设行政主管部门或者其他有关部门登记。登记标志应当置于或者附着于该设备的显著位置。

8. 意外伤害保险制度

《条例》第三十八条规定，施工单位应当为施工现场从事危险作业的人员办理意外伤害保险。

意外伤害保险费由施工单位支付。实行施工总承包的，由总承包单位支付意外伤害保险费。意外伤害保险期限自建设工程开工之日起至竣工验收合格为止。

9. 政府安全监督检查制度

《条例》第四十条明确规定，国务院建设行政主管部门对全国的建设工程安全生产实施监督管理。县级以上地方人民政府建设行政主管部门对本行政区域内的建设工程安全生产实施监督管理。

《条例》第四十一条明确规定，建设行政主管部门和其他有关部门应当将本条例第十条、第十一条规定的有关资料的主要内容抄送同级负责安全生产监督管理的部门。

《条例》第四十二条明确规定，建设行政主管部门在审核发放施工许可证时，应当对建设工程是否有安全施工措施进行审查，对没有安全施工措施的，不得颁发施工许可证。

建设行政主管部门或者其他有关部门对建设工程是否有安全施工措施进行审查时，不得收取费用。

《条例》第四十三条明确规定，县级以上人民政府负有建设工程安全生产监督管理职责的部门在各自的职责范围内履行安全监督检查职责时，有权采取下列措施：

（一）要求被检查单位提供有关建设工程安全生产的文件和资料；

（二）进入被检查单位施工现场进行检查；

（三）纠正施工中违反安全生产要求的行为；

（四）对检查中发现的安全事故隐患，责令立即排除；重大安全事故隐患排除前或者排除过程中无法保证安全的，责令从危险区域内撤出作业人员或者暂时停止施工。

《条例》第四十四条明确规定，建设行政主管部门或者其他有关部门可以将施工现场的监督检查委托给建设工程安全监督机构具体实施。

《条例》第四十六条明确规定，县级以上人民政府建设行政主管部门和其他有关部门应当及时受理对建设工程生产安全事故及安全事故隐患的检举、控告和投诉。

10. 危及施工安全工艺、设备、材料淘汰制度

《条例》第四十五条明确规定，国家对严重危及施工安全的工艺、设备、材料实行淘汰制度。

11. 生产安全事故应急救援制度

《条例》第四十八条明确规定，施工单位应当制定本单位生产安全事故应急救援预案，建立应急救援组织或者配备应急救援人员，配备必要的应急救援器材、设备，并定期组织演练。

《条例》第四十九条明确规定，施工单位应当根据建设工程施工的特点、范围，对施工现场易发生重大事故的部位、环节进行监控，制定施工现场生产安全事故应急救援预案。实行施工总承包的，由总承包单位统一组织编制建设工程生产安全事故应急救援预案，工程总承包单位和分包单位按照应急救援预案，各自建立应急救援组织或者配备应急救援人员，配备救援器材、设备，并定期组织演练。

12. 生产安全事故报告制度

《条例》第五十条规定，施工单位发生生产安全事故，要及时、如实向当地安全生产监督部门和建设行政管理部门报告。实行总承包的由总包单位负责上报。

（三）建设活动参与各方的安全责任

1. 建设单位的安全责任

《条例》在第七条、第八条、第九条中特别规定：建设单位应当在工程概算中确定并提供安全作业环境和安全施工措施费用；不得要求勘察、设计、监理、施工企业违反国家法律法规和强制性标准规定，不得任意压缩合同约定的工期；有义务向施工单位提供工程所需的有关资料，有责任将安全施工措施报送有关部门备案。

2. 施工单位的安全责任

施工单位在建设工程安全生产中处于核心地位，《条例》在第四章中对施工单位的安全责任做了全面、具体的规定。

（1）对施工单位资质的规定

《条例》第二十条明确规定，施工单位从事建设工程的新建、扩建、改建和拆除等活动，应当具备国家规定的注册资本、专业技术人员、技术装备和安全生产等条件，依法取得相应等级的资质证书，并在其资质等级许可的范围内承揽工程。

（2）施工单位主要负责人和项目负责人的安全责任

《条例》第二十一条明确规定，施工单位主要负责人依法对本单位的安全生产工作全面负责。施工单位应当建立健全安全生产责任制度和安全生产教育培训制度，制定安全生产规章制度和操作规程，保证本单位安全生产条件所需资金的投入，对所承担的建设工程进行定期和专项安全检查，并做好安全检查记录。

施工单位的项目负责人应当由取得相应执业资格的人员担任，对建设工程项目的安全施工负责，落实安全生产责任制度、安全生产规章制度和操作规程，确保安全生产费用的有效使用，并根据工程的特点组织制定安全施工措施，消除安全事故隐患，及时、如实报告生产安全事故。

（3）施工总承包和分包单位的安全生产责任

《条例》第二十四条明确规定，建设工程实行施工总承包的，由总承包单位对施工现场的安全生产负总责。

总承包单位应当自行完成建设工程主体结构的施工。

总承包单位依法将建设工程分包给其他单位的，分包合同中应当明确各自的安全生产方面的权利、义务。总承包单位和分包单位对分包工程的安全生产承担连带责任。

分包单位应当服从总承包单位的安全生产管理，分包单位不服从管理导致生产安全事故的，由分包单位承担主要责任。

（4）施工现场安全管理及作业和生活环境标准

《条例》第二十九条明确规定，施工单位应当将施工现场的办公、生活区与作业区分开设置，并保持安全距离；办公、生活区的选址应当符合安全性要求。职工的膳食、饮水、休息场所等应当符合卫生标准。施工单位不得在尚未竣工的建筑物内设置员工集体宿舍。

施工现场临时搭建的建筑物应当符合安全作用要求。施工现场使用的装配式活动房屋应当具有产品合格证。

《条例》第三十条明确规定，施工单位对因建设工程施工可能造成损害的毗邻建筑物、构筑物和地下管线等，应当采取专项防护措施。

施工单位应当遵守有关环境保护法律、法规的规定，在施工现场采取措施，防止或者减少粉尘、废气、废水、固体废物、噪声、振动和施工照明对人和环境的危害和污染。

在城市市内的建设工程，施工单位应当对施工现场实行封闭围挡。

（5）提供防护用品及书面告知危险岗位操作规程

《条例》第三十二条明确规定，施工单位应当向作业人员提供安全防护用具和安全防护服装，并书面告知危险岗位的操作规程和违章操作的危害。

（四）安全生产违法行为的处罚

1. 规定对注册执业人员资格的处罚

注册执业人员未执行法律、法规和工程建设强制性标准的，责令停止执业 3 个月以上 1 年以下；情节严重的，吊销执业资格证书，5 年内不予注册；造成重大安全事故的，终身不予注册；构成犯罪的，依照刑法有关规定追究刑事责任。

2. 规定对施工单位的处罚

《条例》在第六十二条至第六十六条中，对施工单位的各种安全生产违法行为规定了应当承担的行政、民事或法律责任及相应的经济赔偿。

《条例》第六十二条明确规定，违反本条例的规定，施工单位有下列行为之一的，责令限期改正；逾期未改正的，责令停业整顿，依照《中华人民共和国安全生产法》的有关规定处以罚款；造成重大安全事故，构成犯罪的，对直接责任人员，依照刑法有关规定追究刑事责任：

（1）未设立安全生产管理机构、配备专职安全生产管理人员或者分部分项工程施工时无专职安全生产管理人员现场监督的；

（2）施工单位的主要负责人、项目负责人、专职安全生产管理人员、作业人员或者特种作业人员，未经安全教育培训或者经考核不合格即从事相关工作的；

（3）未在施工现场的危险部位设置明显的安全警示标志，或者未按照国家有关规定在施工现场设置消防通道、消防水源、配备消防设施和灭火器材的；

（4）未向作业人员提供安全防护用具和安全防护服装的；

（5）未按照规定在施工起重机械和整体提升脚手架、模板等自升式架设设施验收合格后登记的；

（6）使用国家明令淘汰、禁止使用的危及施工安全的工艺、设备、材料的。

《条例》第六十三条明确规定，违反本条例的规定，施工单位挪用列入建设工程概算的安全生产作业环境及安全施工措施所需费用的，责令限期改正，处挪用费用20%以上50%以下的罚款；造成损失的，依法承担赔偿责任。

《条例》第六十四条明确规定，违反本条例的规定，施工单位有下列行为之一的，责令限期改正；逾期未改正的，责令停业整顿，并处5万元以上10万元以下的罚款；造成重大安全事故，构成犯罪的，对直接责任人员，依照刑法有关规定追究刑事责任：

（一）施工前未对有关安全施工的技术要求作出详细说明的；

（二）未根据不同施工阶段和周围环境及季节、气候的变化，在施工现场采取相应的安全施工措施，或者在城市市区内的建设工程的施工现场未实行封闭围挡的；

（三）在尚未竣工的建筑物内设置员工集体宿舍的；

（四）施工现场临时搭建的建筑物不符合安全使用要求的；

（五）未对因建设工程施工可能造成损害的毗邻建筑物、构筑物和地下管线等采取专项防护措施的。

施工单位有前款规定第（四）项、第（五）项行为，造成损失的，依法承担赔偿责任。

《条例》第六十五条明确规定，违反本条例的规定，施工单位有下列行为之一的，责令限期改正；逾期未改正的，责令停业整顿，并处10万元以上30万元以下的罚款；情节严重的，降低资质等级，直至吊销资质证书；造成重大安全事故，构成犯罪的，对直接责任人员，依照刑法有关规定追究刑事责任；造成损失的，依法承担赔偿责任：

（一）安全防护用具、机械设备、施工机具及配件在进入施工现场前未经查验或者查验不合格即投入使用的；

（二）使用未经验收或者验收不合格的施工起重机械和整体提升脚手架、模板等自升式架设设施的；

（三）委托不具有相应资质的单位承担施工现场安装、拆卸施工起重机械和整体提升脚手架、模板等自升式架设设施的；

（四）在施工组织设计中未编制安全技术措施、施工现场临时用电方案或者专项施工方案的。

《条例》第六十六条明确规定，违反本条例的规定，施工单位的主要负责人、项目负责人未履行安全生产管理职责的，责令限期改正；逾期未改正的，责令施工单位停业整顿；造成重大安全事故、重大伤亡事故或者其他严重后果，构成犯罪的，依照刑法有关规定追究刑事责任。

作业人员不服管理、违反规章制度和操作规程冒险作业造成重大伤亡事故或者其他严重后果，构成犯罪的，依照刑法有关规定追究刑事责任。

施工单位的主要负责人、项目负责人有前款违法行为，尚不够刑事处罚的，处2万元以上20万元以下的罚款或者按照管理权限给予撤职处分；自刑罚执行完毕或者受处分之日起，5年内不得担任任何施工单位的主要负责人、项目负责人。

第三章　建设单位安全责任

一、建设单位安全责任

建设单位在工程建设中处于主导地位，用法律手段规范建设单位的行为，对加强工程建设的安全生产管理十分必要，《建设工程安全生产管理条例》（以下简称《条例》）在第二章中明确规定了建设单位在工程建设中应承担的安全责任与应履行的义务。

《条例》第二章条文规定：

第六条　建设单位应当向施工单位提供施工现场及毗邻区域内供水、排水、供电、供气、供热、通信、广播电视等地下管线资料，气象和水文观测资料，相邻建筑物和构筑物、地下工程的有关资料，并保证资料的真实、准确、完整。

建设单位因建设工程需要，向有关部门或者单位查询前款规定的资料时，有关部门或者单位应当及时提供。

第七条　建设单位不得对勘察、设计、施工、工程监理等单位提出不符合建设工程安全生产法律、法规和强制性标准规定的要求，不得压缩合同约定的工期。

第八条　建设单位在编制工程概算时，应当确定建设工程安全作业环境及安全施工措施所需费用。

第九条　建设单位不得明示或者暗示施工单位购买、租赁、使用不符合安全施工要求的安全防护用具、机械设备、施工机具及配件、消防设施和器材。

第十条　建设单位在申请领取施工许可证时，应当提供建设工程有关安全施工措施的资料。

依法批准开工报告的建设工程，建设单位应当自开工报告批准之日起15日内，将保证安全施工的措施报送建设工程所在地的县级以上地方人民政府建设行政主管部门或者其他有关部门备案。

第十一条　建设单位应当将拆除工程发包给具有相应资质等级的施工单位。

建设单位应当在拆除工程施工15日前，将下列资料报送建设工程所在地的县级以上地方人民政府建设行政主管部门或者其他有关部门备案：

（一）施工单位资质等级证明；

（二）拟拆除建筑物、构筑物及可能危及毗邻建筑的说明；

（三）拆除施工组织方案；

（四）堆放、清除废弃物的措施。

实施爆破作业的，应当遵守国家有关民用爆炸物品管理的规定。

二、安全投入

《条例》在第二章第八条明确规定：

建设单位在编制工程概算时，应当确定建设工程安全作业环境及安全施工措施所需费用。

建筑安装工程费由直接费、间接费、利润和税金组成。

(一)直接费

直接费由直接工程费和措施费组成。

1. 直接工程费

直接工程费是指施工过程中耗费的构成工程实体的各项费用，包括人工费、材料费、施工机械使用费。

(1) 人工费。指直接从事建筑安装工程施工的生产工人开支的各项费用，具体项目如下。

①基本工资，指发放给生产工人的基本工资。

②工资性补贴，指按规定标准发放的物价补贴，煤、燃气补贴，交通补贴，住房补贴，流动施工津贴等。

③生产工人辅助工资，指生产工人年有效施工天数以外非作业天数的工资，包括职工学习、培训期间的工资，调动工作、探亲、休假期间的工资，因气候影响的停工工资，女工哺乳时间的工资，病假在六个月以内的工资及产、婚、丧假期的工资。

④职工福利费，指按规定标准计提的职工福利费。

⑤生产工人劳动保护费，指按规定标准发放的劳动保护用品的购置费及修理费，徒工服装补贴，防暑降温费，在有碍身体健康环境中施工的保健费用等。

(2) 材料费。指施工过程中耗费的构成工程实体的原材料、辅助材料、构配件、零件、半成品的费用。内容包括：

①材料原价(或供应价格)。

②材料运杂费，指材料自来源地运至工地仓库或指定堆放地点所发生的全部费用。

③运输损耗费，指材料在运输装卸过程中不可避免的损耗。

④采购及保管费，指为组织采购、供应和保管材料过程中所需要的各项费用。包括：采购费、仓储费、工地保管费、仓储损耗。

⑤检验试验费，指对建筑材料、构件和建筑安装物进行一般鉴定、检查所发生的费用，包括自设实验室进行试验所耗用的材料和化学药品等费用。不包括新结构、新材料的试验费和建设单位对具有出厂合格证明的材料进行检验，对构件做破坏性试验及其他特殊要求检验试验的费用。

(3) 施工机械使用费，指施工机械作业所发生的机械使用费以及机械安拆费和场外运费。

施工机械台班单价应由下列七项费用组成：折旧费；大修理费；经常修理费；安拆费及场外运费；人工费；燃料动力费；养路费及车船使用税。

2. 措施费

措施费是指为完成工程项目施工，发生于该工程施工前和施工过程中非工程实体项目的费用。具体内容包括：

(1) 环境保护费。指施工现场为达到环保部门要求所需要的各项费用。

(2) 文明施工费。指施工现场文明施工所需要的各项费用。

(3) 安全施工费。指施工现场安全施工所需要的各项费用。

(4) 临时设施费。指施工企业为进行建筑工程施工所必须搭设的生活和生产用的临时建筑物、构筑物和其他临时设施费用等。

临时设施包括临时宿舍、文化福利与公用事业构筑物、仓库、办公室、加工厂，以及规定范围内的道路、水、电、管线等临时设施和小型临时设施。

临时设施费用包括临时设施的搭设费、维修费、拆除费或摊销费。

(5) 夜间施工费。指因夜间施工所发生的夜班补助费、夜间施工降效、夜间施工照明设备摊销及照明用电等费用。

(6) 二次搬运费。指因施工场地狭小等特殊情况而发生的二次搬运费用。

(7) 大型机械设备进出场及安拆费。指机械整体或分体自停放场地运至施工现场或由一个施工地点运至另一个施工地点，所发生的运输费用以及机械在施工现场进行安装、拆卸所需的人工费、材料费、机械费、试运转费和安装所需的辅助设施的费用。

(8) 混凝土、钢筋混凝土模板及支架费。指混凝土施工过程中需要的各种钢模板、木模板、支架等的支、拆、运输费用及模板、支架的摊销（或租赁）费用。

(9) 脚手架费。指施工需要的各种脚手架搭、拆、运输费用及脚手架的摊销（或租赁）费用。

(10) 已完工程及设备保护费。指竣工验收前，对已完工程及设备进行保护所需费用。

(11) 施工排水、降水费。指为确保工程在正常条件下施工，而采取的各种排水、降水措施所发生的各种费用。

(二) 间接费

间接费由规费、企业管理费组成。

1. 规费

规费是指政府和有关权力部门规定必须缴纳的费用（简称规费），包括工程排污费、工程定额测定费、社会保障费。

(1) 工程排污费。指施工现场按规定缴纳的工程排污费。

(2) 工程定额测定费。是指按规定支付工程造价（定额）管理部门的定额测定费。

(3) 社会保障费。包括以下三项：

①养老保险费，企业按规定标准为职工缴纳的基本养老保险费。

②失业保险费，企业按照国家规定标准为职工缴纳的失业保险费。

③医疗保险费，企业按照规定标准为职工缴纳的基本医疗保险费。

(4) 住房公积金。指企业按规定标准为职工缴纳的住房公积金。

(5) 危险作业意外伤害保险。指按照建筑法规定，企业为从事危险作业的建筑安装施工人员支付的意外伤害保险费。

2. 企业管理费

企业管理费指建筑安装企业组织施工生产和经营管理所需费用，具体项目如下：

(1) 管理人员工资。指管理人员的基本工资、工资性补贴、职工福利费、劳动保护费等。

(2) 办公费。指企业管理、办公用的文具费、纸张费、账表费、印刷费、邮电费、书报费、会议费、水电费、烧水费和集体取暖（包括现场临时宿舍取暖）费等。

(3) 差旅交通费，指职工因公出差和调动工作的差旅费、住勤补助费、市内交通费和误餐补助费，职工探亲路费，劳动力招募费，职工离退休、退职一次性路费，工伤人员就医路费，工地转移费以及管理部门使用的交通工具的油料、燃料、养路费及牌照费。

(4) 固定资产使用费，指管理和试验部门及附属生产单位使用的属于固定资产的房屋、设备、仪器等的折旧、大修、维修或租赁费。

(5) 工具用具使用费，指管理使用的不属于固定资产的生产工具、器具、家具、交通工具和检验、试验、测绘、消防用具等的购置、维修和摊销费。

(6) 劳动保险费，指由企业支付离退休职工的易地安家补助费、职工退职金、六个月以上的病假人员工资、职工死亡丧葬补助费、抚恤费、按规定支付给离休干部的各项经费。

(7) 工会经费，指企业按职工工资总额计提的工会经费。

(8) 职工教育经费，指企业为职工学习先进技术和提高文化水平，按职工工资总额计提的费用。

(9) 财产保险费，指施工管理用于财产、车辆保险的费用。

(10) 财务费，指企业为筹集资金而发生的各种费用。

(11) 税金，指企业按规定缴纳的房产税、车船使用税、土地使用税、印花税等。

(12) 其他，包括技术转让费、技术开发费、业务招待费、绿化费、广告费、公证费、法律顾问费、审计费、咨询费等。

(三) 利润

利润是指施工企业完成所承包工程获得的赢利。

(四) 税金

税金是指国家税法规定的应计入建筑安装工程造价内的营业税、城市维护建设税及教育费附加等。

在上述费用构成中，安全投入费用已列入其中。

三、保证安全施工措施备案制度

《条例》第二章第十条明确规定：

建设单位在申请领取施工许可证时，应当提供建设工程有关安全施工措施的资料。

依法批准开工报告的建设工程，建设单位应当自开工报告批准之日起 15 日内，将保证安全施工的措施报送建设工程所在地的县级以上地方人民政府建设行政主管部门或者其他有关部门备案。

建设单位申请领取施工许可证，应当具备下列条件，并提交相应的证明文件：

(1) 已经办理该建设工程用地批准手续。

(2) 在城市规划区的建筑工程，已经取得建设工程规划许可证。

(3) 施工现场已经基本具备施工条件，需要拆迁的，其拆迁进度符合施工要求。

(4) 已经确定施工企业。按照规定应该招标的工程没有招标，应该公开招标的工程没有公开招标，或者肢解发包工程，以及将工程发包给不具备相应资质条件的，所确定的施工企业无效。

(5) 有满足施工需要的施工图纸及技术资料，施工图设计文件已按规定进行了审查。

（6）有保证工程质量和安全的具体措施。施工企业编制的施工组织设计中有根据建筑工程特点制定的相应质量、安全技术措施，专业性较强的工程项目编制的专项质量、安全施工组织设计，并按照规定办理了工程质量、安全监督手续。

（7）按照规定应该委托监理的工程已委托监理。

（8）建设资金已经落实。建设工程不足一年的，到位资金原则上不得少于工程合同价的50%，建设工期超过一年的，到位资金原则上不得少于工程合同价的30%。建设单位应当提供银行出具的到位资金证明，有条件的可以实行银行付款保函或者其他第三方担保。

（9）法律、行政法规规定的其他条件。

四、拆除工程备案制度

鉴于拆除工程中的安全事故屡禁不止，《案例》特在第二章第十一条中明确规定：建设单位应当将拆除工程发包给具有相应资质等级的施工单位。

建设单位应当在拆除工程施工15日前，将下列资料报送建设工程所在地的县级以上地方人民政府建设行政主管部门或者其他有关部门备案：

（1）施工单位资质等级证明；

（2）拟拆除建筑物、构筑物及可能危及毗邻建筑的说明；

（3）拆除施工组织方案；

（4）堆放、清除废弃物的措施。

实施爆破作业的，应当遵守国家有关民用爆炸物品管理的规定。

对于从事爆破与拆除工程的企业，国家有专门的资质要求。

第四章　设计、监理及设备供应商安全责任

一、设计单位安全责任

《建设工程安全生产管理条例》(以下简称《条例》)第三章第十三条规定：

设计单位应当按照法律、法规和工程建设强制性标准进行设计，防止因设计不合理导致生产安全事故的发生。

设计单位应当考虑施工安全操作和防护的需要，对涉及施工安全的重点部位和环节在设计文件中注明，并对防范生产安全事故提出指导意见。

采用新结构、新材料、新工艺的建设工程和特殊结构的建设工程，设计单位应当在设计中提出保障施工作业人员安全和预防生产安全事故的措施建议。

设计单位和注册建筑师等注册执业人员应当对其设计负责。

《建筑法》第三十七条规定：

“建筑工程设计应当符合按照国家规定制定的建筑安全规程和技术规范，保证工程的安全性能”。设计单位的工程设计文件对保证建筑结构安全非常重要。同时，设计单位在编制设计文件时，应当结合建设工程的具体特点和实际情况，考虑施工安全操作和防护的需要，为施工单位制定安全防护措施提供技术指导。

施工单位在施工过程中，发现设计文件无法满足安全防护和施工安全的问题时，应及时提出，设计单位有责任和义务无偿地修改设计文件。

二、监理单位安全责任

工程监理要对施工过程的每一个环节起到监督管理的作用，是工程建设安全生产的责任主体之一。

《条例》在第二章第十四条明确规定：

工程监理单位应当审查施工组织设计中的安全技术措施或者专项施工方案是否符合工程建设强制性标准。

工程监理单位在实施监理过程中，发现存在安全事故隐患的，应当要求施工单位进行整改；情况严重的，应当要求施工单位暂时停止施工，并及时报告建设单位。施工单位拒不整改或者不停止施工的，工程监理单位应当及时向有关主管部门报告。

工程监理单位和监理工程师应当按照法律、法规和工程建设强制性标准实施监理，并对建设工程安全生产承担监理责任。

三、施工设备供应和安装单位安全责任

（一）施工设备提供单位安全责任

《条例》在第十五条和第十六条明确规定：

（1）为建设工程提供机械设备和配件的单位，应当按照安全施工的要求配备齐全有效的保险、限位等安全设施和装置。

（2）出租的机械设备和施工机具及配件，应当具有生产（制造）许可证、产品合格证。

出租单位应当对出租的机械设备和施工机具及配件的安全性能进行检测，在签订租赁协议时，应当出具检测合格证明。

禁止出租检测不合格的机械设备和施工机具及配件。

（二）自升式架设设施安装、拆卸单位安全责任

《条例》第十七条和第十八条明确规定：

（1）在施工现场安装、拆卸施工起重机械和整体提升脚手架、模板等自升式架设设施，必须由具有相应资质的单位承担。

安装、拆卸施工起重机械和整体提升脚手架、模板等自升式架设设施，应当编制拆装方案、制定安全施工措施，并由专业技术人员现场监督。

施工起重机械和整体提升脚手架、模板等自升式架设设施安装完毕后，安装单位应当自检，出具自检合格证明，并向施工单位进行安全使用说明，办理验收手续并签字。

（2）施工起重机械和整体提升脚手架、模板等自升式架设设施的使用达到国家规定的检验检测期限的，必须经具有专业资质的检验检测机构检测。经检测不合格的，不得继续使用。

（三）特种设备使用要求

对于施工起重机械的使用，应符合《特种设备安全监察条例》的下述规定：

（1）特种设备使用单位，应当严格执行本条例和有关安全生产的法律、行政法规的规定，保证特种设备的安全使用。

（2）特种设备使用单位应当使用符合安全技术规范要求的特种设备。特种设备投入使用前，使用单位应当核对其是否附有本条例第十五条规定的相关文件。

（3）特种设备在投入使用前或者投入使用后 30 日内，特种设备使用单位应当向直辖市或者设区的市的特种设备安全监督管理部门登记。登记标志应当置于或者附着于该特种设备的显著位置。

（4）特种设备使用单位应当建立特种设备安全技术档案。安全技术档案应当包括以下内容：

1）特种设备的设计文件、制造单位、产品质量合格证明、使用维护说明等文件以及安装技术文件和资料；

2）特种设备的定期检验和定期自行检查的记录；

3）特种设备的日常使用状况记录；

4）特种设备及其安全附件、安全保护装置、测量调控装置及有关附属仪器仪表的日常

维护保养记录；

5）特种设备运行故障和事故记录。

（5）特种设备使用单位应当对在用特种设备进行经常性日常维护保养，并定期自行检查。

特种设备使用单位对在用特种设备应当至少每月进行一次自行检查，并做出记录。特种设备使用单位在对在用特种设备进行自行检查和日常维护保养时发现异常情况的，应当及时处理。

特种设备使用单位应当对在用特种设备的安全附件、安全保护装置、测量调控装置及有关附属仪器仪表进行定期校验、检修，并做出记录。

（6）特种设备使用单位应当按照安全技术规范的定期检验要求，在安全检验合格有效期届满前 1 个月向特种设备检验检测机构提出定期检验要求。

检验检测机构接到定期检验要求后，应当按照安全技术规范的要求及时进行检验。

未经定期检验或者检验不合格的特种设备，不得继续使用。

（7）特种设备出现故障或者发生异常情况，使用单位应当对其进行全面检查，消除事故隐患后，方可重新投入使用。

（8）特种设备存在严重事故隐患，无改造、维修价值，或者超过安全技术规范规定使用年限，特种设备使用单位应当及时予以报废，并应当向原登记的特种设备安全监督管理部门办理注销。

（9）特种设备使用单位应当制定特种设备的事故应急措施和救援预案。

第五章　施工单位安全责任

一、资质要求

《建设工程安全生产管理条例》（以下简称《条例》）第二十条明确规定：

施工单位从事建设工程的新建、扩建、改建和拆除等活动，应当具备国家规定的注册资本、专业技术人员、技术装备和安全生产等条件，依法取得相应等级的资质证书，并在其资质等级许可的范围内承揽工程。

《建筑法》第二十六条规定：

承包建筑工程的单位应当持有依法取得的资质证书，并在其资质等级许可的业务范围内承揽工程。禁止建筑施工企业超越本企业资质等级许可的业务范围或者以任何形式用其他建筑施工企业的名义承揽工程。禁止建筑施工企业以任何形式允许其他单位或者个人使用本企业的资质证书、营业执照，以本企业的名义承揽工程。

《安全生产法》第十六条规定：

生产经营单位应当具备本法和有关法律、行政法规和国家标准或者行业标准规定的安全生产条件；不具备安全生产条件的，不得从事生产经营活动。施工单位从事建设工程活动，不得违反这一原则规定。

自2001年7月1日起施行的建设部第87号令《建筑业企业资质管理规定》第五条规定："建筑业企业资质分为施工总承包、专业承包和劳务分包三个序列。

1."获得施工总承包资质的企业，可以对工程实行施工总承包或者对主体工程实行施工承包。承担施工总承包的企业可以对所承接的工程全部自行施工，也可以将非主体工程或者劳务作业分包给具有相应专业承包资质或者劳务分包资质的其他建筑业企业。

2."获得专业承包资质的企业，可以承接施工总承包企业分包的专业工程或者建设单位按照规定发包的专业工程。专业承包企业可以对所承接的工程全部自行施工，也可以将劳务作业分包给具有相应劳务分包资质的劳务分包企业。

3."获得劳务分包资质的企业，可以承接施工总承包企业或者专业承包企业分包的劳务作业。"

二、施工单位负责人安全责任

（一）主要负责人安全责任

《条例》第二十一条第一款规定：

施工单位主要负责人依法对本单位的安全生产工作全面负责。生产施工单位应当建立健全安全生产责任制度和安全生产教育培训制度，制定安全生产规章制度和操作规程，保证本单位安全生产条件所需资金的投入，对所承担的建设工程进行定期和专项安全检查，并做好安全检查记录。

施工单位主要负责人，包括法人单位的法定代表人、股份有限公司的董事长、全面负责日常生产经营活动的总经理，以及非法人单位正职领导。

《建筑法》第四十四条第二款规定：

建筑施工企业的法定代表人对本企业的安全生产负责，《安全生产法》第五条规定生产经营单位的主要负责人对本单位的安全生产工作全面负责。

《安全生产法》第十七条规定：

施工单位的主要负责人在本单位安全生产工作的主要职责包括：

（一）建立健全本单位安全生产责任制；

（二）组织制定本单位安全生产规章制度和操作规程；

（三）保证本单位安全生产投入的有效实施；

（四）督促本单位的安全生产工作，及时消除生产安全事故隐患；

（五）组织制定并实施本单位的生产安全事故应急救援预案；

（六）及时、如实报告生产安全事故。

（二）项目负责人安全责任

《条例》第二十一条第二款规定：

（1）施工单位的项目负责人应当由取得相应执业资格的人员担任，对建设工程项目的安全施工负责，落实安全生产责任制度、安全生产规章制度和操作规程，确保安全生产费用的有效使用，并根据工程的特点组织制定安全施工措施，消除安全事故隐患，及时、如实报告生产安全事故。

（2）项目负责人应当按规定取得项目经理资质证或建造师执业资格证书，在资质等级许可范围内承担工程项目施工管理。

（3）项目负责人岗位职责

1）对承包项目工程生产经营过程中的安全生产负全面领导责任。

2）贯彻落实安全生产方针、政策、法规和各项规章制度，结合项目工程特点及施工全过程的情况，制定本项目工程各项安全生产管理办法，或提出要求，并监督其实施。

3）在组织项目工程业务承包，聘用业务人员时，必须本着安全工作只能加强的原则，根据工程特点确定安全工作的管理体制和人员，并明确各业务承包人的安全责任和考核指标，支持、指导安全管理人员的工作。

4）健全和完善用工管理手续，录用外包队必须及时向有关部门申报，严格用工制度与管理，适时组织上岗安全教育，要对外包工队的健康与安全负责，加强劳动保护工作。

5）组织落实施工组织设计中的安全技术措施，组织并监督项目工程施工中的安全技术交底制度和设备、设施验收制度的实施。

6）领导、组织施工现场定期的安全生产检查，发现施工生产中不安全问题，组织制定措施，及时解决。对上级提出的安全生产与管理方面的问题，要定时、定人、定措施予以解决。

7）发生事故，要做好现场保护与抢救工人的工作，及时上报，组织配合事故的调查，认真落实制定的防范措施，吸取事故教训。

（三）专职安全生产管理人员安全职责

《条例》第二十三条明确规定：

专职安全生产管理人员负责对安全生产进行现场监督检查。发现安全事故隐患，应当及时向项目负责人和安全生产管理机构报告；对于违章指挥、违章操作的，应当立即制止。

1. 安全员岗位职责

（1）在项目经理领导下，负责施工现场安全技术工作，协助项目部贯彻上级有关安全生产的指示和规定，并检查监督执行情况，在业务上受企业安全技术部门指导，有权直接向主管安全部门汇报工作。

（2）参与制定、修改有关安全生产管理制度和安全技术措施，并检查执行情况。

（3）参与编制安全技术措施计划，并检查执行情况。

（4）搞好工人的安全教育和安全技术考核工作，具体负责新工人安全教育，督促检查班组、岗位安全教育的执行情况。

（5）安排好本单位安全日活动，经常组织应急演练。

（6）检查落实各级动火措施，确保动火安全。

（7）每天深入现场检查，及时发现隐患，制止违章作业，对紧急情况和不听劝阻者，有权停止其工作，并立即报请领导处理。

（8）负责安全设施、防护器材、灭火器材的管理、审查工作。

2. 班组安全员的岗位职责

（1）班组安全员一般由副班（组）长兼任，协助班组长做好本班组安全工作，受工地安全员的业务指导，协助班组长做好班前安全布置、班中安全检查、班后安全总结。

（2）组织开展本班组各种安全活动，认真做好安全活动日记录，提出改进安全工作的意见和建议。

（3）对新工人进行岗位安全教育。

（4）严格执行有关安全生产的各项规章制度，对违章作业有权制止，并及时报告。

（5）检查督促班组人员合理使用劳保用品和各种防护用品、消防器材。

（6）发生事故要及时了解情况，维护好现场，并向领导报告。

（四）施工单位管理人员考核任职制度

《条例》第三十六条明确规定：

施工单位的主要负责人、项目负责人、专职安全生产管理人员应当经建设行政主管部门或者其他有关部门考核合格后方可任职。

施工单位应当对管理人员和作业人员每年至少进行一次安全生产教育培训，其教育培训情况记入个人工作档案。安全生产教育培训考核不合格的人员，不得上岗。

三、总承包单位与分包单位的安全责任

《条例》第二十四条明确规定：

建设工程实行施工总承包的，由总承包单位对施工现场的安全生产负总责。

总承包单位应当自行完成建设工程主体结构的施工。

总承包单位依法将建设工程分包给其他单位的，分包合同中应当明确各自在安全生产方面的权利、义务。总承包单位和分包单位对分包工程的安全生产承担连带责任。

分包单位应当服从总承包单位的安全生产管理，分包单位不服从管理导致生产安全事故的，由分包单位承担主要责任。

第六章　责 任 追 究

一、党内责任

《中国共产党纪律处分条例》第一百三十八条明确规定：

在安全工作方面，有下列情形之一，造成较大损失的，对负有直接责任者，给予严重警告或者撤销党内职务处分。造成重大损失的，对负有直接责任者，给予留党察看或者开除党籍处分；负有主要领导责任者，给予撤销党内职务或者留党察看处分；负有重要领导责任者，给予警告、严重警告或者撤销党内职务处分：

（一）不认真执行劳动保护、安全生产和消防等方面的法律、法规，发生爆炸、火灾、交通安全、建筑质量安全、矿山安全以及其他事故的；

（二）在组织群众性活动时，对可能发生的问题未采取有效的防范措施，发生责任事故的；

（三）因工作不负责任致使学校、幼儿园或者公共场所发生人身伤亡事故的；

（四）生产、销售假冒伪劣药品、有害食品、发生危害人身健康的事故的。

有上述情况形之一，造成巨大损失或者恶劣影响的，对有关责任者，依照前款规定加重处分。

上述直接责任者，是指在其职责范围内，不履行或者不正确履行自己的职责，对造成的损失或者后果起决定性作用的党员或者党员领导干部。

上述主要领导责任者，是指在其职责范围内，对直接主管的工作不履行或者不正确履行职责，对造成的损失或者后果负直接领导责任的党员领导干部。

上述重要领导责任者，是指在其职责范围内，对应管的工作或者参与决定的工作不履行或者不正确履行职责，对造成的损失或者后果负次要领导责任的党员领导干部。

二、法律责任

法律责任分为民事责任、行政责任和刑事责任三种。

1. 民事责任

所谓民事责任，即民事法律责任，是指民事主体违反民事规定而依法应承担的民事法律后果。

我国《民法通则》第一百三十四条的规定，承担民事责任的方式主要有如下10种：(1) 停止侵害；(2) 排除妨碍；(3) 消除危险；(4) 返还财产；(5) 恢复原状；(6) 修理、重作、更换；(7) 赔偿损失；(8) 支付违约金；(9) 消除影响，恢复名誉；(10) 赔礼道歉。以上民事责任方式，可以单独适用，也可以合并适用。

如用人单位违反规定不支付劳动者延长工作时间工资报酬属于民事责任。

2. 行政责任

行政责任，是指由国家行政机关认定的、行为人因违反行政法律规范所应当承担的法律后果。

行政责任主要分行政处分和行政处罚两大类。

（1）行政处分。是指国家机关、企事业单位、社会团体等根据法律或者内部规章制度的规定，按照隶属关系，对其所属的工作人员犯有轻微违法失职行为尚不够刑事处分的或者违反内部纪律的一种制裁。

行政处分的主要内容有：警告、记过、记大过、降级、降职、撤职、开除、留用察看和开除九种形式。

（2）行政处罚。是指特定的行政执法部门根据法律、法规和规章的规定，对违反行政法律规范尚不构成犯罪或者已构成犯罪尚不够刑事处罚的自然人、法人或者其他组织实施的一种行政制裁。

行政处罚的内容主要有警告、罚款、责令停产停业、没收违法所得、没收违法财物、吊销营业执照、行政拘留等。

3. 刑事责任

刑事责任，是一种最严厉的法律责任，是指具有刑事责任能力的人实施了刑事法律规范所禁止的行为（犯罪行为）所必须承担的刑事法律后果。

处罚主要包括：管制、拘役、有期徒刑、无期徒刑、死刑五种主刑和罚金、剥夺政治权利、没收财产三种附刑。

三、法律责任的相关规定

（一）《中华人民共和国刑法》的有关规定

《中华人民共和国刑法》于1979年7月1日第五届全国人民代表大会第二次会议通过。1997年3月14日第八届全国人民代表大会第五次会议对其进行了一次修订。《中华人民共和国刑法修正案（八）》于2011年2月25日第十一届全国人民代表大会常务委员会第十九次会议通过，并于2011年5月1日起施行。

第一百三十四条 在生产、作业中违反有关安全管理的规定，因而发生重大伤亡事故或者造成其他严重后果的，处三年以下有期徒刑或者拘役；情节特别恶劣的，处三年以上七年以下有期徒刑。

强令他人违章冒险作业，因而发生重大伤亡事故或者造成其他严重后果的，处五年以下有期徒刑或者拘役；情节特别恶劣的，处五年以上有期徒刑。

第一百三十五条 安全生产设施或者安全生产条件不符合国家规定，因而发生重大伤亡事故或者造成其他严重后果的，对直接负责的主管人员和其他直接责任人员，处三年以下有期徒刑或者拘役；情节特别恶劣的，处三年以上七年以下有期徒刑。

第一百三十七条 建设单位、设计单位、施工单位、工程监理单位违反国家规定，降低工程质量标准，造成重大安全事故的，对直接责任人员处五年以下有期徒刑或者拘役，并处罚金；后果特别严重的，处五年以上十年以下有期徒刑，并处罚金。

第一百三十九条 违反消防管理法规，经消防监督机构通知采取改正措施而拒绝执行，造成严重后果的，对直接责任人员处三年以下有期徒刑或者拘役；后果特别严重的，处三年以上七年以下有期徒刑。

在安全事故发生后，负有报告职责的人员不报或者谎报事故情况，贻误事故抢救，情节严重的，处三年以下有期徒刑或者拘役；情节特别严重的，处三年以上七年以下有期徒刑。

第一百四十六条 生产不符合保障人身、财产安全的国家标准、行业标准的电器、压力容器、易燃易爆产品或者其他不符合保障人身、财产安全的国家标准、行业标准的产品，或者销售明知是不符合以上保障人身、财产安全的国家标准、行业标准的产品，造成严重后果的，处五年以下有期徒刑，并处销售金额百分之五十以上二倍以下罚金；后果特别严重的，处五年以上有期徒刑，并处销售金额百分之五十以上二倍以下罚金。

（二）《安全生产法》的有关规定

（详见本篇第二章二、《中华人民共和国安全生产法》相关内容）

（三）《中华人民共和国消防法》的有关规定

《中华人民共和国消防法》已由中华人民共和国第十一届全国人民代表大会常务委员会第五次会议于2008年10月28日修订通过，现将修订后的《中华人民共和国消防法》公布，自2009年5月1日起施行。

第五十八条 违反本法规定，有下列行为之一的，责令停止施工、停止使用或者停产停业，并处三万元以上三十万元以下罚款：

（一）依法应当经公安机关消防机构进行消防设计审核的建设工程，未经依法审核或者审核不合格，擅自施工的；

（二）消防设计经公安机关消防机构依法抽查不合格，不停止施工的；

（三）依法应当进行消防验收的建设工程，未经消防验收或者消防验收不合格，擅自投入使用的；

（四）建设工程投入使用后经公安机关消防机构依法抽查不合格，不停止使用的；

（五）公众聚集场所未经消防安全检查或者经检查不符合消防安全要求，擅自投入使用、营业的。

建设单位未依照本法规定将消防设计文件报公安机关消防机构备案，或者在竣工后未依照本法规定报公安机关消防机构备案的，责令限期改正，处五千元以下罚款。

第五十九条 违反本法规定，有下列行为之一的，责令改正或者停止施工，并处一万元以上十万元以下罚款：

（一）建设单位要求建筑设计单位或者建筑施工企业降低消防技术标准设计、施工的；

（二）建筑设计单位不按照消防技术标准强制性要求进行消防设计的；

（三）建筑施工企业不按照消防设计文件和消防技术标准施工，降低消防施工质量的；

（四）工程监理单位与建设单位或者建筑施工企业串通，弄虚作假，降低消防施工质量的。

第六十条 单位违反本法规定，有下列行为之一的，责令改正，处五千元以上五万元以下罚款：

（一）消防设施、器材或者消防安全标志的配置、设置不符合国家标准、行业标准，或者未保持完好有效的；

（二）损坏、挪用或者擅自拆除、停用消防设施、器材的；

（三）占用、堵塞、封闭疏散通道、安全出口或者有其他妨碍安全疏散行为的；

（四）埋压、圈占、遮挡消火栓或者占用防火间距的；

（五）占用、堵塞、封闭消防车通道，妨碍消防车通行的；

（六）人员密集场所在门窗上设置影响逃生和灭火救援的障碍物的；

（七）对火灾隐患经公安机关消防机构通知后不及时采取措施消除的。

个人有前款第二项、第三项、第四项、第五项行为之一的，处警告或者五百元以下罚款。

有本条第一款第三项、第四项、第五项、第六项行为，经责令改正拒不改正的，强制执行，所需费用由违法行为人承担。

第六十一条 生产、储存、经营易燃易爆危险品的场所与居住场所设置在同一建筑物内，或者未与居住场所保持安全距离的，责令停产停业，并处五千元以上五万元以下罚款。

生产、储存、经营其他物品的场所与居住场所设置在同一建筑物内，不符合消防技术标准的，依照前款规定处罚。

第六十二条 有下列行为之一的，依照《中华人民共和国治安管理处罚法》的规定处罚：

（一）违反有关消防技术标准和管理规定生产、储存、运输、销售、使用、销毁易燃易爆危险品的；

（二）非法携带易燃易爆危险品进入公共场所或者乘坐公共交通工具的；

（三）谎报火警的；

（四）阻碍消防车、消防艇执行任务的；

（五）阻碍公安机关消防机构的工作人员依法执行职务的。

第六十三条 违反本法规定，有下列行为之一的，处警告或者五百元以下罚款；情节严重的，处五日以下拘留：

（一）违反消防安全规定进入生产、储存易燃易爆危险品场所的；

（二）违反规定使用明火作业或者在具有火灾、爆炸危险的场所吸烟、使用明火的。

第六十四条 违反本法规定，有下列行为之一，尚不构成犯罪的，处十日以上十五日以下拘留，可以并处五百元以下罚款；情节较轻的，处警告或者五百元以下罚款：

（一）指使或者强令他人违反消防安全规定，冒险作业的；

（二）过失引起火灾的；

（三）在火灾发生后阻拦报警，或者负有报告职责的人员不及时报警的；

（四）扰乱火灾现场秩序，或者拒不执行火灾现场指挥员指挥，影响灭火救援的；

（五）故意破坏或者伪造火灾现场的；

（六）擅自拆封或者使用被公安机关消防机构查封的场所、部位的。

第七十条 本法规定的行政处罚，除本法另有规定的外，由公安机关消防机构决定；其中拘留处罚由县级以上公安机关依照《中华人民共和国治安管理处罚法》的有关规定决定。

公安机关消防机构需要传唤消防安全违法行为人的，依照《中华人民共和国治安管理处罚法》的有关规定执行。

被责令停止施工、停止使用、停产停业的，应当在整改后向公安机关消防机构报告，经公安机关消防机构检查合格，方可恢复施工、使用、生产、经营。

当事人逾期不执行停产停业、停止使用、停止施工决定的，由作出决定的公安机关消防机构强制执行。

责令停产停业，对经济和社会生活影响较大的，由公安机关消防机构提出意见，并由公安机关报请本级人民政府依法决定。本级人民政府组织公安机关等部门实施。

（四）《建设工程安全生产管理条例》

（详见本篇第二章四、《建设工程安全生产管理条例》概述）

第二篇　建设工程安全生产管理制度

第一章　安全生产责任制度

一、各级管理人员安全责任

建筑施工企业应按照国家有关安全生产的法律、法规，建立和健全各级安全生产责任制度，明确各岗位的责任人员、责任内容和考核要求，并在责任制中说明对责任落实情况的检查办法和对各级各岗位执行情况的考核奖罚规定。

（一）企业主要负责人的安全生产职责

（1）贯彻执行国家和市有关安全生产的方针政策和法规、规范，掌握本企业安全生产动态，定期研究安全工作，对本企业安全生产负全面领导责任；

（2）建立、健全安全生产责任制，组织制定各项安全生产规章制度及奖惩办法，并领导、组织考核工作；

（3）组织落实安全生产保证体系，建立健全安全生产监督管理机构，保证安全生产投入的有效实施；

（4）督促、检查安全生产工作，及时消除生产安全事故隐患；

（5）组织制定并实施生产安全事故应急救援预案；

（6）及时、如实报告生产安全事故。在事故调查组的指导下，领导、组织有关部门或人员，做好事故调查处理的具体工作，监督防范措施的制定和落实，预防事故重复发生。

（二）企业主管生产负责人的安全生产职责

（1）贯彻执行安全生产的方针政策和法规、规范，协助公司主要负责人落实安全生产管理制度及奖罚办法，对本企业安全生产负直接领导责任；

（2）组织实施安全工作规划、目标及实施计划，落实安全生产责任制；

（3）组织制定安全生产考核指标，落实考核工作；

（4）领导、组织安全生产宣传教育工作，领导、组织对分包分供方的安全生产主体资格考核与审查；

（5）领导安全监督管理机构开展工作，定期组织安全生产例会，领导、组织安全生产检查，及时解决生产过程中的安全问题；

（6）认真听取、采纳安全生产的合理化建议，保证安全生产保障体系的正常运转；

（7）发生生产安全事故，组织实施生产安全事故应急救援：参与、组织事故的调查、分析及处理工作。

（三）企业技术负责人的安全生产职责

（1）贯彻执行国家和上级的安全生产方针、政策，协助公司主要负责人做好安全生产的技术领导工作，对本企业安全生产中负技术领导责任；

（2）结合企业生产经营需要，组织研究并制定安全生产的技术措施和安全技术规范；

（3）组织编制和审批施工组织设计和施工方案时，审查其安全技术措施及其可行性，并做出决定性意见；

（4）领导开展安全技术攻关活动，并组织技术鉴定和验收；

（5）新材料、新技术、新工艺使用前，组织审查其使用和实施过程中的安全性，组织编制或审定相应的操作规程，重大项目应组织安全技术交底工作；

（6）参加生产安全事故的调查和分析，从技术上分析事故原因，制定整改防范措施。

（四）企业总会计师的安全生产职责

（1）组织落实本企业财务工作的安全生产责任制，认真执行安全生产奖惩规定；

（2）组织编制年度财务计划的同时，编制安全生产费用投入计划，保证经费到位和合理开支；

（3）监督、检查安全生产费用的使用情况；

（4）审批劳动保护用品、防暑降温等相关费用投入。

（五）项目经理安全生产职责

（1）对承包项目工程生产经营过程中的安全生产负全面领导责任。

（2）贯彻落实安全生产方针、政策、法规和各项规章制度，结合项目工程特点及施工全过程的情况，制定本项目工程各项安全生产管理办法或提出要求，并监督其实施。

（3）在组织项目工程业务承包，聘用业务人员时，必须本着安全工作只能加强的原则，根据工程特点确定安全工作的管理体制和人员，并明确各业务承包人的安全责任和考核指标，支持、指导安全管理人员的工作。

（4）健全和完善用工管理手续，录用外包队必须及时向有关部门申报，严格用工制度与管理，适时组织上岗安全教育，要对外包工队的健康与安全负责，加强劳动保护工作。

（5）组织落实施工组织设计中的安全技术措施，组织并监督项目工程施工中安全技术交底制度和设备、设施验收制度的实施。

（6）领导、组织施工现场定期的安全生产检查，发现施工生产中不安全问题，组织制定措施，及时解决。对上级提出的安全生产与管理方面的问题，要定时、定人、定措施予以解决。

（7）发生事故，要做好现场保护与抢救工作，及时上报。组织、配合事故的调查，认真落实制定的防范措施，吸取事故教训。

（六）项目技术负责人安全生产职责

（1）对项目工程生产经营中的安全生产负技术责任。

（2）贯彻、落实安全生产方针、政策、严格执行安全技术规程、规范、标准，结合项目工程特点，主持项目工程的安全技术交底。

（3）参加或组织编制施工组织设计。编制、审查施工方案时，要制定、审查安全技术措施，保证其可行性与针对性，并随时检查、监督、落实。

（4）主持制订技术措施计划和季节性施工方案的同时，制定相应的安全技术措施并监督执行，及时解决执行中出现的问题。

（5）项目工程采用新材料、新技术、新工艺，要及时上报，经批准后方可实施，同时要组织上岗人员的安全技术培训、教育，认真执行相应的安全技术措施与安全操作工艺、要求，预防施工中因化学物品引起的火灾、中毒或其他新工艺实施中可能造成的事故。

（6）主持安全防护设施和设备的验收，发现设备、设施的不正常情况后及时采取措施，严格控制不符合标准要求的防护设备、设施投入使用。

（7）参加安全生产检查，对施工中存在的不安全因素，从技术方面提出整改意见和办法予以消除。

（8）参加、配合因工伤亡及重大未遂事故的调查，从技术上分析事故原因，提出防范措施、意见。

（七）分包单位负责人安全生产职责

（1）认真执行安全生产的各项法规、规定、规章制度及安全操作规程，合理安排班组人员工作，对本队人员在生产中的安全和健康负责。

（2）按制度严格履行各项劳务用工手续，做好本队人员的岗位安全培训。经常组织学习安全操作规程，监督本队人员遵守劳动、安全纪律，做到不违章指挥，制止违章作业。

（3）必须保持本队人员的相对稳定。人员变更，须事先向有关部门申报，批准后新来人员应按规定办理各种手续，并经入场和上岗安全教育后方准上岗。

（4）根据上级的交底向本队各工种进行详细的书面安全交底，针对当天任务、作业环境等情况，做好班前安全讲话，监督其执行情况，发现问题，及时纠正、解决。

（5）定期和不定期组织，检查本队人员作业现场安全生产状况，发现问题，及时纠正，重大隐患应立即上报有关领导。

（6）发生因工伤亡及未遂事故，保护好现场，做好伤者抢救工作，并立即上报有关部门。

（八）项目专职安全生产管理人员安全生产职责

（1）负责施工现场安全生产日常检查并做好检查记录；
（2）现场监督危险性较大工程安全专项施工方案实施情况；
（3）对作业人员违规违章行为有权予以纠正或查处；
（4）对施工现场存在的安全隐患有权责令立即整改；
（5）对于发现的重大安全隐患，有权向企业安全生产管理机构报告；
（6）依法报告生产安全事故情况。

二、职能部门安全生产责任

（一）工程管理部门安全生产职责

（1）在计划、布置、检查、总结、评比生产工作的同时进行计划、布置、检查、总结、评比安全工作，对改善劳动条件、预防伤亡事故的项目必须视同生产任务，纳入生产计划优先安排；

（2）在检查生产计划实施情况时，要检查安全措施项目的执行情况，对施工中重要安全防护设施、设备的实施工作（如支拆脚手架、安全网等）要纳入计划，列为正式工序，给予时间保证；

（3）坚持按合理施工顺序组织生产，保证施工人员劳逸结合，认真按施工组织设计组织施工；

（4）在生产任务与安全保障发生矛盾时，必须优先解决安全工作的实施；

（5）参加安全生产检查和生产安全事故的调查、处理。

（二）技术管理部门安全生产职责

（1）贯彻执行国家和上级有关安全技术及安全操作规程规定，保证施工生产中安全技术措施的制定和实施；

（2）在编制和审查施工组织设计和专项施工方案的过程中，要在每个环节中贯穿安全技术措施，对确定后的方案，若有变更，应及时组织修订；

（3）检查施工组织设计和施工方案中安全措施的实施情况，对施工中涉及安全方面的技术性问题，提出解决办法；

（4）按规定组织危险性较大的分部分项工程专项施工方案编制及专家论证工作；

（5）组织安全防护设备、设施的安全验收；

（6）新技术、新材料、新工艺使用前，制定相应的安全技术措施和安全操作规程；对改善劳动条件，减轻笨重体力劳动、消除噪声等方面的治理进行研究解决；

（7）参加生产安全事故和重大未遂事故中技术性问题的调查，分析事故技术原因，从技术上提出防范措施。

（三）机械动力管理部门安全生产职责

（1）对机、电、起重设备、锅炉、受压容器及自制机械设施的安全运行负责，按照安全技术规范经常进行检查，并监督各种设备的维修、保养的进行；

（2）对设备的租赁，要建立安全管理制度，确保租赁设备完好、安全可靠；

（3）对新购进的机械、锅炉、受压容器及大修、维修、外租回厂后的设备必须严格检查和把关，新购进的要有出厂合格证及完整的技术资料，使用前制定安全操作规程，组织专业技术培训，向有关人员交底，并进行鉴定验收；

（4）参加施工组织设计、施工方案的会审，提出设计安全的具体意见，同时负责督促下级落实，保证实施；

（5）对特种作业人员定期培训、考核；

（6）参加生产安全事故及重大未遂事故的调查，从事故设备方面，认真分析事故原因，提出处理意见，制定防范措施。

（四）劳务管理安全生产职责

（1）对职工（含外包队工）进行定期的教育考核，将安全技术知识列为工人培训、考工、评级内容之一，对招收新工人（含外包队工）要组织入厂教育和资格审查，保证提供的人员具有一定的安全生产素质；

（2）严格执行国家、省市特种作业人员上岗作业的有关规定，适时组织特种作业人员的培训工作，并向安全部门或主管领导通报情况；

（3）认真落实国家和省市有关劳动保护的法规，严格执行有关人员的劳动保护待遇，并监督实施情况；

（4）参加生产安全事故的调查，从用工方面分析事故原因，认真执行对事故责任者的处理意见。

（五）物资管理部门安全生产职责

（1）贯彻执行国家或有关行业的技术标准、规范，制定物资管理制度和易燃、易爆、剧毒物品的采购、发放、使用、管理制度，并监督执行；

（2）确保购置（租赁）的各类安全物资、劳动保护用品符合国家或有关行业的技术标准、规范的要求；

（3）组织开展安全物资抽样试验、检修工作；

（4）参加安全生产检查。

（六）人力资源部门安全生产职责

（1）审查安全管理人员资格，足额配备安全管理人员，开发、培养安全管理力量；

（2）将安全教育纳入职工培训教育计划，配合开展安全教育培训；

（3）落实特殊岗位人员的劳动保护待遇；

（4）负责职工和建设工程施工人员的工伤保险工作；

（5）依法实行工时、休息、休假制度，对女职工和未成年工实行特殊劳动保护；

（6）参加工伤生产安全事故的调查，认真执行对事故责任者的处理。

（七）财务管理部门安全生产职责

（1）及时提取安全技术措施经费、劳动保护经费及其他安全生产所需经费，保证专款专用；

（2）协助安全主管部门办理安全奖、罚款手续。

（八）保卫消防部门安全生产职责

（1）贯彻执行国家及市有关消防保卫的法规、规定；

（2）制订消防保卫工作计划和消防安全管理制度，并监督检查执行情况；

（3）参加施工组织设计、方案的审核，提出具体建议并监督实施；

（4）组织开展消防安全教育，会同有关部门对特种作业人员进行消防安全考核；

（5）组织开展消防安全检查，排除火灾隐患；

（6）负责调查火灾事故的原因，提出处理意见。

（九）行政卫生部门安全生产职责

（1）对职工进行体格普查和对特种作业人员身体定期检查；

（2）监测有毒有害作业场所的尘毒浓度，做好职业病预防工作；

（3）正确使用防暑降温费用，保证清凉饮料的供应与卫生；
（4）负责本企业食堂（含现场临时食堂）的饮食卫生工作；
（5）督促施工现场救护队组建，组织救护队成员的业务培训工作；
（6）负责流行性疾病和食物中毒事故的调查与处理，提出防范措施。

（十）安全管理部门的安全生产职责

（1）宣传和贯彻国家有关安全生产法律法规和标准；
（2）编制并适时更新安全生产管理制度并监督实施；
（3）组织或参与企业生产安全事故应急救援预案的编制及演练；
（4）组织开展安全教育培训与交流；
（5）协调配备项目专职安全生产管理人员；
（6）制订企业安全生产检查计划并组织实施；
（7）监督在建项目安全生产费用的使用；
（8）参与危险性较大工程安全专项施工方案专家论证会；
（9）通报在建项目违规违章查处情况；
（10）组织开展安全生产评优评先表彰工作；
（11）建立企业在建项目安全生产管理档案；
（12）考核评价分包企业安全生产业绩及项目安全生产管理情况；
（13）参加生产安全事故的调查和处理工作。

三、班组长安全生产责任

（一）班组长安全生产责任

（1）严格执行安全生产规章制度，拒绝违章指挥，杜绝违章作业。合理安排班组人员工作，对本班组人员在生产中的安全和健康负责。
（2）经常组织班组人员学习安全技术操作规程，监督班组人员正确使用防护用品。
（3）认真落实安全技术交底，做好班前讲话。
（4）经常检查班组作业现场安全生产状况，发现问题及时解决并上报有关领导。
（5）认真做好新工人的岗位教育。
（6）发生因工伤亡及未遂事故，保护好现场，立即上报有关领导。

（二）木工班长安全生产职责

（1）严格执行安全生产规章制度，拒绝违章指挥，杜绝违章作业。
（2）负责落实安全生产保证计划中有关木工作业施工现场安全控制的规定。
（3）组织班组人员认真学习和执行木工安全技术操作规程，熟知安全知识。
（4）安排生产任务时，认真进行安全技术交底。监督班组人员正确使用安全防护用品。
（5）上工前对所使用的机具、设备、防护用具及作业环境进行安全检查，发现问题立即采取整改措施，及时消除事故隐患。
（6）组织班组安全活动，开好班前安全生产会，并根据作业环境和职工的思想、体质、技术状况合理分配生产任务。

（7）木工间内备有的消防器材应定期检查，确保完好状态。严禁在工作场所吸烟和明火作业，不得存放易燃物品。

（8）工作场所的木料应分类堆放整齐，保持道路畅通。

（9）高空作业对材料堆放应稳妥可靠，严禁向下抛掷工具或物件。

（10）木料加工处的废料和木屑等应及时清理。

（11）发生工伤事故，应立即抢救，及时报告，并保护好现场。

（三）瓦工班长安全生产责任

（1）严格执行安全生产规章制度，拒绝违章指挥，杜绝违章作业。

（2）负责落实安全生产保证计划中有关泥工作业施工现场安全控制的规定。

（3）组织班组人员认真学习和执行瓦工安全技术操作规程，熟知安全知识。

（4）安排生产任务时，认真进行安全技术交底。监督班组人员正确使用安全防护用品。

（5）上工前对所使用的机具、设备、防护用具及作业环境进行安全检查，发现问题立即采取整改措施，及时消除事故隐患。

（6）组织班组安全活动，开好班前安全生产会，并根据作业环境和职工的思想、体质、技术状况合理分配生产任务。

（7）经常检查工作岗位环境及脚手架、脚手板、工具使用情况，做到文明施工，不准擅自拆移防范设施。

（四）电焊班长安全生产责任

（1）严格执行安全生产规章制度，拒绝违章指挥，杜绝违章作业。

（2）负责落实安全保证计划中电焊安全动火作业安全控制的规定。

（3）组织班组人员认真学习和执行电焊工安全技术操作规程，熟知安全知识。

（4）安排生产任务时，认真进行安全技术交底。监督班组人员正确使用安全防护用品。

（5）上工前对所使用的机具、设备、防护用具及作业环境进行安全检查，发现问题立即采取整改措施，及时消除事故隐患。

（6）组织班组安全活动，开好班前安全生产会，并根据作业环境和职工的思想、体质、技术状况合理分配生产任务。

（7）发生工伤事故，应立即抢救，及时报告，并保护好现场。

（五）电工班长安全生产责任

（1）严格执行安全生产规章制度，拒绝违章指挥，杜绝违章作业。

（2）负责落实安全保证计划中电工作业施工现场安全用电控制的规定。

（3）组织班组人员认真学习和执行电工安全技术操作规程，熟知安全知识，必须做到持证上岗。

（4）安排生产任务时，认真进行安全技术交底，监督班组人员正确使用安全防护用品。

（5）上工前对所使用的机具、设备、防护用具及作业环境进行安全检查，发现问题立即采取整改措施，及时消除事故隐患。

（6）组织班组安全活动，开好班前安全生产会，并根据作业环境和职工的思想、体质、技术状况合理分配生产任务。

（7）使用设备前必须检查设备各部位的性能后方可通电使用。

（8）停用的设备必须拉闸断电，锁好开关箱。

（9）严禁带电作业，设备严禁带病运行。

（10）保证电气设备、移动电动工具临时用电正常运行和安全使用。

（11）发生触电工伤事故，应立即抢救，及时报告，并保护好现场。

（六）钢筋工班长安全生产责任

（1）严格执行安全生产规章制度，拒绝违章指挥，杜绝违章作业。

（2）负责落实安全保证计划中钢筋班组施工现场安全控制的规定。

（3）组织班组人员认真学习和执行钢筋工安全技术操作规程，熟知安全知识。

（4）安排生产任务时，认真进行安全技术交底。监督班组人员正确使用安全防护用品。

（5）上工前对所使用的机具、设备、防护用具及作业环境进行安全检查，发现问题立即采取整改措施，及时消除事故隐患。

（6）组织班组安全活动，开好班前安全生产会，并根据作业环境和职工的思想、体质、技术状况合理分配生产任务。

（7）钢筋搬运、加工和绑扎过程中发生脆断和其他异常情况时，应立刻停止作业，向有关部门汇报。

（8）发生工伤事故时，应立即抢救，及时报告，并保护好现场。

（七）架子工班长安全生产责任

（1）严格执行安全生产规章制度，拒绝违章指挥，杜绝违章作业。

（2）负责落实安全生产保证计划中脚手架防护搭设安全控制的规定。

（3）组织班组人员认真学习和执行架子工安全技术操作规程，熟知安全知识。

（4）安排生产任务时，认真进行安全技术交底。监督班组人员正确使用安全防护用品。

（5）上工前对所使用的机具、设备、防护用具及作业环境进行安全检查，发现问题立即采取整改措施，及时消除事故隐患。

（6）组织班组安全活动，开好班前安全生产会，并根据作业环境和职工的思想、体质、技术状况合理分配生产任务。

（7）脚手架的维修保养应每三个月进行一次，遇大风大雨应事先认真检查，必要时采取加固措施；脚手架搭设完毕，架子工应通知安全部门会同有关人员共同验收，合格挂牌后方可使用。

（8）拆除架子必须设置警戒范围，输送地面的杆件应及时分类堆放整齐。

（9）发生工伤事故时，应立即抢救，及时报告，并保护好现场。

（八）安装班长安全生产责任

（1）严格执行安全生产规章制度，拒绝违章指挥，杜绝违章作业。

（2）负责落实安全生产保证计划中安装班组施工现场安全控制的规定。

（3）组织班组人员认真学习和执行本工种安全技术操作规程，熟知安全知识。

（4）安排生产任务时，认真进行安全技术交底，监督班组人员正确使用安全防护用品。

（5）上工前对所使用的机具、设备、防护用具及作业环境进行安全检查，发现问题立即采取整改措施，及时消除事故隐患。

（6）组织班组安全活动，开好班前安全生产会，并根据作业环境和职工的思想、体质、技术状况合理分配生产任务。

（7）发生工伤事故时，应立即抢救，及时报告，并保护好现场。

（九）机械作业班长安全生产责任

（1）严格执行安全生产规章制度，拒绝违章指挥，杜绝违章作业。

（2）负责落实安全生产保证计划中施工现场机械操作安全控制的规定。

（3）组织班组人员认真学习和执行本工种安全技术操作规程，熟知安全知识。

（4）安排生产任务时，认真进行安全技术交底。监督班组人员正确使用安全防护用品。

（5）上工前对所使用的机具、设备、防护用具及作业环境进行安全检查，发现问题立即采取整改措施，及时消除事故隐患。

（6）组织班组安全活动，开好班前安全生产会，并根据作业环境和职工的思想、体质、技术状况合理分配生产任务。

（7）机械作业时，操作人员不得擅自离开工作岗位或将机械交给非本机操作人员操作。严禁无关人员进入作业区和操作室内。

（8）作业后，切断电源，锁好闸箱，进行擦拭、润滑，清除杂物。

（9）发生工伤事故时，应立即抢救，及时报告，并保护好现场。

四、特殊工种安全生产责任

（一）起重工安全生产责任

（1）严格执行安全生产规章制度，拒绝违章指挥，杜绝违章作业。

（2）认真学习和执行起重工安全技术操作规程，熟知安全知识。

（3）坚持上班自检制度。

（4）严格执行安全技术施工方案和安全技术交底，不得任意变更、拆除安全防护设施，并不得动用与班组无关的机械和电气设备，加强自我防护意识。

（5）上班前不准饮酒，不准疲劳作业，严禁无证人员替代作业。

（6）交接班时要记录认真，内容要明细。

（7）在工作时要时刻检查各部门运转传动情况及钢丝绳的使用情况。

（8）机械的电气设备要严格管理，发现问题及时解决。

（9）起重臂下严禁站人，在吊装过程中应严格听从指挥人员的指挥，必须坚持“十不吊”原则。

（二）电工安全生产责任

（1）严格执行安全生产规章制度和措施，拒绝违章指挥，不违章作业。

（2）认真学习和执行电工安全技术操作规程，做到应知应会，熟知安全知识。

（3）坚持每日上班巡回检查制度。坚持班前自检制度，对所用爬梯、电焊机、喷灯、脚手架、电气、洞口等进行全面检查，排除不安全因素，不符合安全要求不得作业。

（4）严格执行安全技术施工方案和安全技术交底，不得任意变更、拆除安全防护设施。

（5）电工所有绝缘工具应妥善保管好，严禁他用，并经常检查自己的工具是否绝缘性能良好。

（6）在班前必须检查工地所有电器，发现问题及时解决。经常检查施工现场的线路设备，各配电箱必须上锁。

（7）实行文明施工，高空作业应带工具袋，工具不准上下抛掷。

（8）正确使用安全防护用品。

（9）对各级检查提出的安全隐患，要按要求及时整改。

（10）发生事故和未遂事故，立即向班组长报告，参加事故原因分析，吸取教训。

（三）架子工安全生产责任

（1）严格执行安全生产规章制度，拒绝违章指挥，杜绝违章作业。

（2）认真学习和执行架子工安全技术操作规程，熟知安全知识。

（3）坚持经常对脚手架、安全网进行检查。

（4）严格执行施工方案和安全技术交底，不得任意变更。

（5）用电线路防护架体搭设时必须停电，严禁带电搭设。

（6）坚决制止私自拆装脚手架和各种防护设施行为。

（7）实行文明施工，不得从高处向地面抛掷钢管及其他料具，对所使用的材料要按规定堆放整齐。

（8）进入施工现场严禁赤脚、穿拖鞋、高跟鞋及酒后作业。

（9）要正确使用安全防护用品。

（10）对检查出的安全隐患要按要求及时整改。

（11）发生事故和未遂事故，立即向班组长报告，参加事故原因分析，吸取教训。

（四）电气焊工安全生产责任

（1）严格执行安全生产规章制度，拒绝违章指挥，杜绝违章作业。

（2）认真学习和执行电气焊工安全技术操作规程，熟知安全知识。

（3）坚持上班自检制度。

（4）严格执行安全技术施工方案和安全技术交底，不得任意变更、拆除安全防护设施，并不得动用与班组无关的机械和电气设备，加强自我防护意识。

（5）正确使用安全防护用品。

（6）下班时要切断电源，收好电缆线，在室外作业要把焊机盖好。高空切割时要有防护措施。

（7）对各级检查提出的安全隐患，要按要求及时整改。

（8）实行文明施工，不得从高处抛掷物品，将流动电线及时收回，妥善保管，停止使用后，要把闸箱切断电源并锁好。

（9）发生事故和未遂事故，立即向班组长报告，参加事故原因分析，吸取教训。

（五）机械操作工安全生产责任

（1）严格执行安全生产规章制度，拒绝违章指挥，杜绝违章作业。

（2）认真学习和执行机械操作工安全技术操作规程，熟知安全知识。

（3）坚持上班自检制度。

（4）要严格执行安全技术施工方案和安全技术交底，不得任意变更、拆除安全防护设施，并不得动用与班组无关的机械和电气设备，加强自我防护意识。

（5）正确使用安全防护用品。

（6）对各级检查提出的隐患，要按要求及时整改。

（7）发生事故和未遂事故，立即向班组长报告，参加事故原因分析，吸取教训。

五、一般工种安全生产责任

（一）钢筋工安全生产责任

（1）严格执行安全生产规章制度，拒绝违章指挥，杜绝违章作业。

（2）认真学习和执行钢筋工安全技术操作规程，熟知安全知识。

（3）坚持上班自检制度。

（4）严格执行安全技术施工方案和安全技术交底，不得任意变更、拆除安全防护设施，并不得动用与班组无关的机械和电气设备，加强自我防护意识。

（5）正确使用安全防护用品。

（6）高空作业必须搭设脚手架，绑扎高层建筑物的圈梁要搭设安全网。

（7）调直机上下不能堆放物料，手与滚筒应保持一定的距离。

（8）对各级检查出的安全隐患，按要求及时整改。

（9）实行文明施工，不得从高处往地面抛掷物品。

（10）发生事故和未遂事故，立即向班组长报告，参与事故原因分析，吸取教训。

（二）木工安全生产责任

（1）严格执行安全生产规章制度，拒绝违章指挥，杜绝违章作业。

（2）认真学习和执行木工安全技术操作规程，熟知安全知识。

（3）坚持上班自检制度。

（4）严格执行安全技术施工方案和安全技术交底，不得任意变更、拆除安全防护设施，并不得动用与班组无关的机械和电气设备，加强自我防护意识。

（5）正确使用安全防护用品。

（6）木工车间每日要保持干净，车间内严禁吸烟。

（7）上班前要保持所有电器完好无损，电线要架设合理。

（8）机械设备要有防护措施，保证机械正常运转。

（9）使用电锯前，应检查锯片，不得有裂纹；丝钉要拧紧；要有防护罩；操作时手臂不得跨越锯片。

（10）使用压刨机时，身体要保持平稳，双手操作，严禁在刨料后推送，不得戴手套操作。

(11) 工作前应事先检查所使用的工具是否牢固。

(12) 对各级检查提出的安全隐患，要按要求及时整改。

(13) 实行文明施工，不得从高处往地面抛掷物品。

(14) 发生事故和未遂事故，立即向班组长报告，参与事故原因分析，吸取教训。

(三) 混凝土工安全生产责任

(1) 严格执行安全生产规章制度，拒绝违章指挥，杜绝违章作业。

(2) 认真学习和执行混凝土工安全技术操作规程，熟知安全知识。

(3) 坚持上班自检制度。

(4) 严格执行安全技术施工方案和安全技术交底，不得任意变更、拆除安全防护设施，并不得动用与班组无关的机械和电气设备，加强自我防护意识。

(5) 正确使用安全防护用品。

(6) 混凝土工施工的各种机械必须有可靠的接地、接零保护。

(7) 夜间施工照明灯具应齐全有效，行走运输信号要明显。

(8) 吊斗运料严禁冒高，以防坠落伤人。

(9) 采用井架上料时，井架及马道两边的防护要稳固可靠。

(10) 各种机械设备必须专人操作，并且懂得机械原理与维修。

(11) 对各级查出的安全隐患要按要求及时整改。

(四) 瓦工、抹灰工安全生产责任

(1) 严格执行安全生产规章制度，拒绝违章指挥，杜绝违章作业。

(2) 认真学习和执行瓦工、抹灰工安全技术操作规程，熟知安全知识。

(3) 坚持上班自检制度。

(4) 严格执行安全技术施工方案和安全技术交底，不得任意变更、拆除安全防护设施，并不得动用与班组无关的机械和电气设备，加强自我防护意识。

(5) 正确使用安全防护用品。

(6) 对各级检查提出的隐患，按要求及时整改。

(7) 实行文明施工，不得从高处抛掷建筑垃圾和物品，并随时清理砖、瓦、砂、石等。

(8) 发生事故或未遂事故，立即向班组长报告，参加事故分析，吸取教训。

(9) 外墙抹灰应检查各道安全网和护身栏杆是否安全有效，要防止物料腐蚀。

(五) 油漆、玻璃安装工安全生产责任

(1) 严格执行安全生产规章制度，拒绝违章指挥，杜绝违章作业。

(2) 认真学习和执行油漆、玻璃安装工安全技术操作规程，熟知安全知识。

(3) 对各类油漆、易燃易爆品应存放在专用库房，不允许与其他材料混堆，对挥发性油料必须存于密闭容器内，必须设专人保管。

(4) 油漆库房应有良好的通风，并有足够的消防器材，悬挂醒目的“严禁烟火”的标志，库房与其他建筑物应保持一定的距离，严禁住人。通风不良处刷漆时，应有通风换气设施。

（5）搬运玻璃时，应戴防护手套。安装窗扇玻璃时，应系好安全带，并不得在同一垂直面内上下同时作业，工作场所碎玻璃要及时清理，以免刺伤、割伤。

（6）对各级查出的安全隐患要及时整改，不符合要求的不得施工。

（六）管道安装工安全生产责任

（1）严格执行安全生产规章制度，拒绝违章指挥，杜绝违章作业。

（2）认真学习和执行管道安装工安全技术操作规程，熟知安全知识。

（3）坚持上班自检制度。

（4）严格执行安全技术施工方案和安全技术交底，不得任意变更、拆除安全防护设施，并不得动用与班组无关的机械和电气设备，加强自我防护意识。

（5）正确使用安全防护用品。

（6）管子变弯时要用干沙，加垫时管口不得站人。打眼时，楼板下及墙对面严禁站人。压力表要定期检校，发现不灵敏要及时更换。

（7）对各级检查提出的安全隐患要按要求及时整改。

（8）发生事故和未遂事故，立即向班组长报告，参加事故原因分析，吸取教训。

（七）机械维修工安全生产责任

（1）严格执行安全生产规章制度，拒绝违章指挥，杜绝违章作业。

（2）认真学习和执行机械维修工安全技术操作规程，熟知安全知识。

（3）修理机械要选择平坦监视地点停放，支撑牢固和楔紧；使用千斤顶时，必须用支架垫稳，不准在发动的车辆下面操作。

（4）检修有毒、易燃物的容器或设备时，应先严格清洗。在容器内操作，必须通风良好，外面应有人监护。

（5）工作时注意工具应经常检查是否损坏，打大锤时不准戴手套，在大锤甩转方向上下不准有人。

（6）检修中的机械应有“正在修理，禁止开动”的标志警示，非检修人员一律不准发动或转动，修理中不准将手伸进齿轮箱或用手指找正对孔。

（7）清洗用油、润滑油及废油脂，必须按指定地点存放。废油、废棉纱不准随地乱扔。

（8）修理电气设备，要先切断电源，并锁好开关箱，悬挂“有人检修，禁止合闸”的警示牌，并派专人监护，方可修理。

（9）多人操作的工作平台，中间应设防护网，对面方向操作时应错开。

（10）积极参加安全竞赛和安全活动，接受安全教育，做好设备的维修保养工作。

（11）要严格执行安全技术施工方案和安全技术交底，不得任意变更、拆除安全防护设施，并不得动用与班组无关的机械和电气设备，加强自我防护意识。

（12）正确使用安全防护用品。

（13）对各级检查提出的隐患，要按要求及时整改。

（八）仓库管理员安全生产责任

（1）凡进库货物必须进行验收，核实后做好造册登记。

（2）认真负责搞好仓库内部材料、设备及小工具的发放工作，并应做好登记。

（3）工程需要的材料库存不足时，应提早备足，不至于影响正常施工。

（4）仓库内应保持整洁、货物堆放整齐、货架堆放的物品应挂牌明示，以便迅速无误地发放。

（5）严禁非仓库管理人员入内，严禁烟火。

（6）不得私自离岗。有事外出，应委托他人临时看守。

（7）做好收、管工作，签好每一张单据，严格把关砂石料的计量及质量。

（8）定期检查仓库消防器材的完好情况，在规定的禁火区域内严格执行动火审批手续。

第二章　安全生产检查

一、检查评定项目

（一）安全管理

（1）安全管理检查评定应符合国家现行有关安全生产的法律、法规、标准的规定。

（2）安全管理检查评定保证项目应包括：安全生产责任制、施工组织设计及专项施工方案、安全技术交底、安全检查、安全教育、应急救援。一般项目应包括：分包单位安全管理、持证上岗、生产安全事故处理、安全标志。

（3）安全管理保证项目的检查评定应符合下列规定：

1）安全生产责任制

①工程项目部应建立以项目经理为第一责任人的各级管理人员安全生产责任制；

②安全生产责任制应经责任人签字确认；

③工程项目部应有各工种安全技术操作规程；

④工程项目部应按规定配备专职安全员；

⑤对实行经济承包的工程项目，承包合同中应有安全生产考核指标；

⑥工程项目部应制定安全生产资金保障制度；

⑦按安全生产资金保障制度，应编制安全资金使用计划，并应按计划实施；

⑧工程项目部应制定以伤亡事故控制、现场安全达标、文明施工为主要内容的安全生产管理目标；

⑨按安全生产管理目标和项目管理人员的安全生产责任制，应进行安全生产责任目标分解；

⑩应建立对安全生产责任制和责任目标的考核制度；

⑪按考核制度，应对项目管理人员定期进行考核。

2）施工组织设计及专项施工方案

①工程项目部在施工前应编制施工组织设计，施工组织设计应针对工程特点、施工工艺制定安全技术措施；

②危险性较大的分部分项工程应按规定编制安全专项施工方案，专项施工方案应有针对性，并按有关规定进行设计计算；

③超过一定规模危险性较大的分部分项工程，施工单位应组织专家对专项施工方案进行论证；

④施工组织设计、专项施工方案，应由有关部门审核，施工单位技术负责人、监理单位项目总监批准；

⑤工程项目部应按施工组织设计、专项施工方案组织实施。

3）安全技术交底

①施工负责人在分派生产任务时，应对相关管理人员、施工作业人员进行书面安全技术交底；

②安全技术交底应按施工工序、施工部位、施工标号分部分项进行；

③安全技术交底应结合施工作业场所状况、特点、工序，对危险因素、施工方案、规范标准、操作规程和应急措施进行交底；

④安全技术交底应由交底人、被交底人、专职安全员进行签字确认。

4）安全检查

①工程项目部应建立安全检查制度；

②安全检查应由项目负责人组织，专职安全员及相关专业人员参加，定期进行并填写检查记录；

③对检查中发现的事故隐患应下达隐患整改通知单，定人、定时间、定措施进行整改。重大事故隐患整改后，应由相关部门组织复查。

5）安全教育

①工程项目部应建立安全教育培训制度；

②当施工人员入场时，工程项目部应组织进行以国家安全法律法规、企业安全制度、施工现场安全管理规定及各工种安全技术操作规程为主要内容的三级安全教育培训和考核；

③当施工人员变换工种或采用新技术、新工艺、新设备、新材料施工时，应进行安全教育培训；

④施工管理人员、专职安全员每年度应进行安全教育培训和考核。

6）应急救援

①工程项目部应针对工程特点，进行重大危险源的辨识；应制定防触电、防坍塌、防高处坠落、防起重及机械伤害、防火灾、防物体打击等主要内容的专项应急救援预案，并对施工现场易发生重大安全事故的部位、环节进行监控；

②施工现场应建立应急救援组织，培训、配备应急救援人员，定期组织员工进行应急救援演练；

③按应急救援预案要求，应配备应急救援器材和设备。

（4）安全管理一般项目的检查评定应符合下列规定：

1）分包单位安全管理

①总包单位应对承揽分包工程的分包单位进行资质、安全生产许可证和相关人员安全生产资格的审查；

②当总包单位与分包单位签订分包合同时，应签订安全生产协议书，明确双方的安全责任；

③分包单位应按规定建立安全机构，配备专职安全员。

2）持证上岗

①从事建筑施工的项目经理、专职安全员和特种作业人员，必须经行业主管部门培训考核合格，取得相应资格证书，方可上岗作业；

②项目经理、专职安全员和特种作业人员应持证上岗。

3）生产安全事故处理

①当施工现场发生生产安全事故时，施工单位应按规定及时报告；

②施工单位应按规定对生产安全事故进行调查分析，制定防范措施；

③应依法为施工作业人员办理保险。

4）安全标志

①施工现场入口处及主要施工区域、危险部位应设置相应的安全警示标志牌；

②施工现场应绘制安全标志布置图；

③应根据工程部位和现场设施的变化，调整安全标志牌设置；

④施工现场应设置重大危险源公示牌。

（二）文明施工

（1）文明施工检查评定应符合现行国家标准《建设工程施工现场消防安全技术规范》（CB 50720）和《建筑施工现场环境与卫生标准》（JGJ 146）、《施工现场临时建筑物技术规范》（JGJ/T 188）的规定。

（2）文明施工检查评定保证项目应包括：现场围挡、封闭管理、施工场地、材料管理、现场办公与住宿、现场防火。一般项目应包括：综合治理、公示标牌、生活设施、社区服务。

（3）文明施工保证项目的检查评定应符合下列规定：

1）现场围挡

①市区主要路段的工地应设置高度不小于 2.5m 的封闭围挡；

②一般路段的工地应设置高度不小于 1.8m 的封闭围挡；

③围挡应坚固、稳定、整洁、美观。

2）封闭管理

①施工现场进出口应设置大门，并应设置门卫值班室；

②应建立门卫值守管理制度，并应配备门卫值守人员；

③施工人员进入施工现场应佩戴工作卡；

④施工现场出入口应标有企业名称或标识，并应设置车辆冲洗设备。

3）施工场地

①施工现场的主要道路及材料加工区地面应进行硬化处理；

②施工现场道路应畅通，路面应平整坚实；

③施工现场应有防止扬尘措施；

④施工现场应设置排水设施，且排水通畅无积水；

⑤施工现场应有防止泥浆、污水、废水污染环境的措施；

⑥施工现场应设置专门的吸烟处，严禁随意吸烟；

⑦温暖季节应有绿化布置。

4）材料管理

①建筑材料、构件、料具应按总平面布局进行码放；

②材料应码放整齐，并应标明名称、规格等；

③施工现场材料码放应采取防火、防锈蚀、防雨等措施；

④建筑物内施工垃圾的清运，应采用器具或管道运输，严禁随意抛掷；

⑤易燃易爆物品应分类储藏在专用库房内，并应制定防火措施。

5）现场办公与住宿

①施工作业、材料存放区与办公、生活区应划分清晰，并应采取相应的隔离措施；

②在施工程，伙房、库房不得兼做宿舍；

③宿舍、办公用房的防火等级应符合规范要求；

④宿舍应设置可开启式窗户，床铺不得超过 2 层，通道宽度不应小于 0.9m；

⑤宿舍内住宿人员人均面积不应小于 2.5m^2，且不得超过 16 人；

⑥冬季宿舍内应有采暖和防一氧化碳中毒措施；

⑦夏季宿舍内应有防暑降温和防蚊蝇措施；

⑧生活用品应摆放整齐，环境卫生应良好。

6）现场防火

①施工现场应建立消防安全管理制度、制定消防措施；

②施工现场临时用房和作业场所的防火设计应符合规范要求；

③施工现场应设置消防通道、消防水源，并应符合规范要求；

④施工现场灭火器材应保证可靠有效，布局配置应符合规范要求；

⑤明火作业应履行动火审批手续，配备动火监护人员。

（4）文明施工一般项目的检查评定应符合下列规定：

1）综合治理

①生活区内应设置供作业人员学习和娱乐的场所；

②施工现场应建立治安保卫制度、责任分解落实到人；

③施工现场应制定治安防范措施。

2）公示标牌

①大门口处应设置公示标牌，主要内容应包括：工程概况牌、消防保卫牌、安全生产牌文明施工牌、管理人员名单及监督电话牌、施工现场总平面图；

②标牌应规范、整齐、统一；

③施工现场应有安全标语；

④应有宣传栏、读报栏、黑板报。

3）生活设施

①应建立卫生责任制度并落实到人；

②食堂与厕所、垃圾站、有毒有害场所等污染源的距离应符合规范要求；

③食堂必须有卫生许可证，炊事人员必须持身体健康证上岗；

④食堂使用的燃气罐应单独设置存放间，存放间应通风良好，并严禁存放其他物品；

⑤食堂的卫生环境应良好，且应配备必要的排风、冷藏、消毒、防鼠、防蚊蝇等设施；

⑥厕所内的设施数量和布局应符合规范要求；

⑦厕所必须符合卫生要求；

⑧必须保证现场人员卫生饮水；

⑨应设置淋浴室，且能满足现场人员需求；

⑩生活垃圾应装入密闭式容器内，并应及时清理。

4）社区服务

①夜间施工前，必须经批准后方可进行施工；

②施工现场严禁焚烧各类废弃物；

③施工现场应制定防粉尘、防噪声、防光污染等措施；

④应制定施工不扰民措施。

（三）扣件式钢管脚手架

（1）扣件式钢管脚手架检查评定应符合现行行业标准《建筑施工扣件式钢管脚手架安全技术规范》（JGJ 130）的规定。

（2）扣件式钢管脚手架检查评定保证项目应包括：施工方案、立杆基础、架体与建筑结构拉结、杆件间距与剪刀撑、脚手板与防护栏杆、交底与验收。一般项目应包括：横向水平杆设置、杆件连接、层间防护、构配件材质、通道。

（3）扣件式钢管脚手架保证项目的检查评定应符合下列规定：

1）施工方案

①架体搭设应编制专项施工方案，结构设计应进行计算，并按规定进行审核、审批；

②当架体搭设超过规范允许高度时，应组织专家对专项施工方案进行论证。

2）立杆基础

①立杆基础应按方案要求平整、夯实，并应采取排水措施，立杆底部设置的垫板、底座应符合规范要求；

②架体应在距立杆底端高度不大于200mm处设置纵、横向扫地杆，并应用直角扣件固定在立杆上，横向扫地杆应设置在纵向扫地杆的下方。

3）架体与建筑结构拉结

①架体与建筑结构拉结应符合规范要求；

②连墙件应从架体底层第一步纵向水平杆处开始设置，当该处设置有困难时应采取其他可靠措施固定；

③对搭设高度超过24m的双排脚手架，应采用刚性连墙件与建筑结构可靠拉结。

4）杆件间距与剪刀撑

①架体立杆、纵向水平杆、横向水平杆间距应符合设计和规范要求；

②纵向剪刀撑及横向斜撑的设置应符合规范要求；

③剪刀撑杆件的接长、剪刀撑斜杆与架体杆件的固定应符合规范要求。

5）脚手板与防护栏杆

①脚手板材质、规格应符合规范要求，铺板应严密、牢靠；

②架体外侧应采用密目式安全网封闭，网间连接应严密；

③作业层应按规范要求设置防护栏杆；

④作业层外侧应设置高度不小于180mm的挡脚板。

6）交底与验收

①架体搭设前应进行安全技术交底，并应有文字记录；

②当架体分段搭设、分段使用时，应进行分段验收；

③搭设完毕应办理验收手续，验收应有量化内容并经责任人签字确认。

（4）扣件式钢管脚手架一般项目的检查评定应符合下列规定：

1）横向水平杆设置

①横向水平杆应设置在纵向水平杆与立杆相交的主节点处，两端应与纵向水平杆固定；

②作业层应按铺设脚手板的需要增加设置横向水平杆；

③单排脚手架横向水平杆插入墙内不应小于180mm。

2）杆件连接

①纵向水平杆杆件宜采用对接，若采用搭接，其搭接长度不应小于1m，且固定应符合规范要求；

②立杆除顶层顶步外，不得采用搭接；

③杆件对接扣件应交错布置，并符合规范要求；

④扣件紧固力矩不应小于40N·m，且不应大于65N·m。

3）层间防护

①作业层脚手板下应采用安全平网兜底，以下每隔10m应采用安全平网封闭；

②作业层里排架体与建筑物之间应采用脚手板或安全平网封闭。

4）构配件材质

①钢管直径、壁厚、材质应符合规范要求；

②钢管弯曲、变形、锈蚀应在规范允许范围内；

③扣件应进行复试且技术性能符合规范要求。

5）通道

①架体应设置供人员上下的专用通道；

②专用通道的设置应符合规范要求。

（四）门式钢管脚手架

(1) 门式钢管脚手架检查评定应符合现行行业标准《建筑施工门式钢管脚手架安全技术规范》(JGJ 128) 的规定。

(2) 门式钢管脚手架检查评定保证项目应包括：施工方案、架体基础、架体稳定、杆件锁臂、脚手板、交底与验收。一般项目应括：架体防护、构配件材质、荷载、通道。

(3) 门式钢管脚手架保证项目的检查评定应符合下列规定：

1）施工方案

①架体搭设应编制专项施工方案，结构设计应进行计算，并按规定进行审核、审批；

②当架体搭设超过规范允许高度时，应组织专家对专项施工方案进行论证。

2）架体基础

①立杆基础应按方案要求平整、夯实，并应采取排水措施；

②架体底部应设置垫板和立杆底座，并应符合规范要求；

③架体扫地杆设置应符合规范要求。

3）架体稳定

①架体与建筑物结构拉结应符合规范要求；

②架体剪刀撑斜杆与地面夹角应为45°～60°，应采用旋转扣件与立杆固定，剪刀撑设置应符合规范要求；

③门架立杆的垂直偏差应符合规范要求；

④交叉支撑的设置应符合规范要求。

4）杆件锁臂

①架体杆件、锁臂应按规范要求进行组装；

②应按规范要求设置纵向水平加固杆；

③架体使用的扣件规格应与连接杆件相匹配。

5）脚手板

①脚手板材质、规格应符合规范要求；

②脚手板应铺设严密、平整、牢固；

③挂扣式钢脚手板的挂扣必须完全挂扣在水平杆上，挂钩应处于锁住状态。

6）交底与验收

①架体搭设前应进行安全技术交底，并应有文字记录；

②当架体分段搭设、分段使用时，应进行分段验收；

③搭设完毕应办理验收手续，验收应有量化内容并经责任人签字确认。

（4）门式钢管脚手架一般项目的检查评定应符合下列规定：

1）架体防护

①作业层应按规范要求设置防护栏杆；

②作业层外侧应设置高度不小于180mm的挡脚板；

③架体外侧应采用密目式安全网进行封闭，网间连接应严密；

④架体作业层脚手板下应采用安全平网兜底，以下每隔10m应采用安全平网封闭。

2）构配件材质

①门架不应有严重的弯曲、锈蚀和开焊；

②门架及构配件的规格、型号、材质应符合规范要求。

3）荷载

①架体上的施工荷载应符合设计和规范要求；

②施工均布荷载、集中荷载应在设计允许范围内。

4）通道

①架体应设置供人员上下的专用通道；

②专用通道的设置应符合规范要求。

（五）碗扣式钢管脚手架

（1）碗扣式钢管脚手架检查评定应符合现行行业标准《建筑施工碗扣式钢管脚手架安全技术规范》（JGJ 166）的规定。

（2）碗扣式钢管脚手架检查评定保证项目应包括：施工方案、架体基础、架体稳定、杆件锁件、脚手板、交底与验收。一般项目应包括：架体防护、构配件材质、荷载、通道。

（3）碗扣式钢管脚手架保证项目的检查评定应符合下列规定：

1）施工方案

①架体搭设应编制专项施工方案，结构设计应进行计算，并按规定进行审核、审批；

②当架体搭设超过规范允许高度时，应组织专家对专项施工方案进行论证。

2）架体基础

①立杆基础应按方案要求平整、夯实，并应采取排水措施，立杆底部设置的垫板和底座应符合规范要求；

②架体纵横向扫地杆距立杆底端高度不应大于350mm。

3）架体稳定

①架体与建筑结构拉结应符合规范要求，并应从架体底层第一步纵向水平杆处开始设置连墙件，当该处设置有困难时应采取其他可靠措施固定；

②架体拉结点应牢固可靠；

③连墙件应采用刚性杆件；

④架体竖向应沿高度方向连续设置专用斜杆或八字撑；

⑤专用斜杆两端应固定在纵横向水平杆的碗扣节点处；

⑥专用斜杆或八字形斜撑的设置角度应符合规范要求。

4）杆件锁件

①架体立杆间距、水平杆步距应符合设计和规范要求；

②应按专项施工方案设计的步距在立杆连接碗扣节点处设置纵、横向水平杆；

③当架体搭设高度超过 24m 时，顶部 24m 以下的连墙件层应设置水平斜杆，并应符合规范要求；

④架体组装及碗扣紧固应符合规范要求。

5）脚手板

①脚手板材质、规格应符合规范要求；

②脚手板应铺设严密、平整、牢固；

③挂扣式钢脚手板的挂扣必须完全挂扣在水平杆上，挂钩应处于锁住状态。

6）交底与验收

①架体搭设前应进行安全技术交底，并应有文字记录；

②架体分段搭设、分段使用时，应进行分段验收；

③搭设完毕应办理验收手续，验收应有量化内容并经责任人签字确认。

（4）碗扣式钢管脚手架一般项目的检查评定应符合下列规定：

1）架体防护

①架体外侧应采用密目式安全网进行封闭，网间连接应严密；

②作业层应按规范要求设置防护栏杆；

③作业层外侧应设置高度不小于 180mm 的挡脚板；

④作业层脚手板下应采用安全平网兜底，以下每隔 10m 应采用安全平网封闭。

2）构配件材质

①架体构配件的规格、型号、材质应符合规范要求；

②钢管不应有严重的弯曲、变形、锈蚀。

3）荷载

①架体上的施工荷载应符合设计和规范要求；

②施工均布荷载、集中荷载应在设计允许范围内。

4）通道

①架体应设置供人员上下的专用通道；

②专用通道的设置应符合规范要求。

（六）承插型盘扣式钢管脚手架

（1）承插型盘扣式钢管脚手架检查评定应符合现行行业标准《建筑施工承插型盘扣式钢管支架安全技术规程》（JGJ 231）的规定。

（2）承插型盘扣式钢管脚手架检查评定保证项目包括：施工方案、架体基础、架体稳定、杆件设置、脚手板、交底与验收。一般项目包括：架体防护、杆件连接、构配件材质、通道。

(3) 承插型盘扣式钢管脚手架保证项目的检查评定应符合下列规定：

1) 施工方案

①架体搭设应编制专项施工方案，结构设计应进行计算；

②专项施工方案应按规定进行审核、审批。

2) 架体基础

①立杆基础应按方案要求平整、夯实，并应采取排水措施；

②立杆底部应设置垫板和可调底座，并应符合规范要求；

③架体纵、横向扫地杆设置应符合规范要求。

3) 架体稳定

①架体与建筑结构拉结应符合规范要求，并应从架体底层第一步水平杆处开始设置连墙件，当该处设置有困难时应采取其他可靠措施固定；

②架体拉结点应牢固可靠；

③连墙件应采用刚性杆件；

④架体竖向斜杆、剪刀撑的设置应符合规范要求；

⑤竖向斜杆的两端应固定在纵、横向水平杆与立杆汇交的盘扣节点处；

⑥斜杆及剪刀撑应沿脚手架高度连续设置，角度应符合规范要求。

4) 杆件设置

①架体立杆间距、水平杆步距应符合设计和规范要求；

②应按专项施工方案设计的步距在立杆连接插盘处设置纵、横向水平杆；

③当双排脚手架的水平杆未设挂扣式钢脚手板时，应按规范要求设置水平斜杆。

5) 脚手板

①脚手板材质、规格应符合规范要求；

②脚手板应铺设严密、平整、牢固；

③挂扣式钢脚手板的挂扣必须完全挂扣在水平杆上，挂钩应处于锁住状态。

6) 交底与验收

①架体搭设前应进行安全技术交底，并应有文字记录；

②架体分段搭设、分段使用时，应进行分段验收；

③搭设完毕应办理验收手续，验收应有量化内容并经责任人签字确认。

(4) 承插型盘扣式钢管脚手架一般项目的检查评定应符合下列规定：

1) 架体防护

①架体外侧应采用密目式安全网进行封闭，网间连接应严密；

②作业层应按规范要求设置防护栏杆；

③作业层外侧应设置高度不小于 180mm 的挡脚板；

④作业层脚手板下应采用安全平网兜底，以下每隔 10m 应采用安全平网封闭。

2) 杆件连接

①立杆的接长位置应符合规范要求；

②剪刀撑的接长应符合规范要求。

3) 构配件材质

①架体构配件的规格、型号、材质应符合规范要求；

②钢管不应有严重的弯曲、变形、锈蚀。

4）通道

①架体应设置供人员上下的专用通道；

②专用通道的设置应符合规范要求。

（七）满堂脚手架

（1）满堂脚手架检查评定应符合现行行业标准《建筑施工扣件式钢管脚手架安全技术规范》（JGJ 130）、《建筑施工门式钢管脚手架安全技术规范》（JGJ 128）、《建筑施工碗扣式钢管脚手架安全技术规程》（JGJ 166）和《建筑施工承插型盘扣式钢管支架安全技术规程》（JGJ 231）的规定。

（2）满堂脚手架检查评定保证项目应包括：施工方案、架体基础、架体稳定、杆件锁件、脚手板、交底与验收。一般项目应包括：架体防护、构配件材质、荷载、通道。

（3）满堂脚手架保证项目的检查评定应符合下列规定：

1）施工方案

①架体搭设应编制专项施工方案，结构设计应进行计算；

②专项施工方案应按规定进行审核、审批。

2）架体基础

①架体基础应按方案要求平整、夯实，并应采取排水措施；

②架体底部应按规范要求设置垫板和底座，垫板规格应符合规范要求；

③架体扫地杆设置应符合规范要求。

3）架体稳定

①架体四周与中部应按规范要求设置竖向剪刀撑或专用斜杆；

②架体应按规范要求设置水平剪刀撑或水平斜杆；

③当架体高宽比大于规范规定时，应按规范要求与建筑结构拉结或采取增加架体宽度、设置钢丝绳张拉固定等稳定措施。

4）杆件锁件

①架体立杆件间距，水平杆步距应符合设计和规范要求；

②杆件的接长应符合规范要求；

③架体搭设应牢固，杆件节点应按规范要求进行紧固。

5）脚手板

①作业层脚手板应满铺，铺稳、铺牢；

②脚手板的材质、规格应符合规范要求；

③挂扣式钢脚手板的挂扣应完全挂扣在水平杆上，挂钩处应处于锁住状态。

6）交底与验收

①架体搭设前应进行安全技术交底，并应有文字记录；

②架体分段搭设、分段使用时，应进行分段验收；

③搭设完毕应办理验收手续，验收应有量化内容并经责任人签字确认。

（4）满堂脚手架一般项目的检查评定应符合下列规定：

1）架体防护

①作业层应按规范要求设置防护栏杆；

②作业层外侧应设置高度不小于180mm的挡脚板；

③作业层脚手板下应采用安全平网兜底，以下每隔10m应采用安全平网封闭。

2）构配件材质

①架体构配件的规格、型号、材质应符合规范要求；

②杆件的弯曲、变形和锈蚀应在规范允许范围内。

3）荷载

①架体上的施工荷载应符合设计和规范要求；

②施工均布荷载、集中荷载应在设计允许范围内。

4）通道

①架体应设置供人员上下的专用通道；

②专用通道的设置应符合规范要求。

（八）悬挑式脚手架

（1）悬挑式脚手架检查评定应符合现行行业标准《建筑施工扣件式钢管脚手架安全技术规范》（JGJ 130）、《建筑施工门式钢管脚手架安全技术规范》（JGJ 128）、《建筑施工碗扣式钢管脚手架安全技术规范》（JGJ 166）和《建筑施工承插型盘扣式钢管支架安全技术规程》（JGJ 231）的规定。

（2）悬挑式脚手架检查评定保证项目应包括：施工方案、悬挑钢梁、架体稳定、脚手板、荷载、交底与验收。一般项目应包括：杆件间距、架体防护、层间防护、构配件材质。

（3）悬挑式脚手架保证项目的检查评定应符合下列规定：

1）施工方案

①架体搭设应编制专项施工方案，结构设计应进行计算；

②架体搭设超过规范允许高度，专项施工方案应按规定组织专家论证；

③专项施工方案应按规定进行审核、审批。

2）悬挑钢梁

①钢梁截面尺寸应经设计计算确定，且截面型式应符合设计和规范要求；

②钢梁锚固端长度不应小于悬挑长度的1.25倍；

③钢梁锚固处结构强度、锚固措施应符合设计和规范要求；

④钢梁外端应设置钢丝绳或钢拉杆与上层建筑结构拉结；

⑤钢梁间距应按悬挑架体立杆纵距设置。

3）架体稳定

①立杆底部应与钢梁连接柱固定；

②承插式立杆接长应采用螺栓或销钉固定；

③纵横向扫地杆的设置应符合规范要求；

④剪刀撑应沿悬挑架体高度连续设置，角度应为45°～60°；

⑤架体应按规定设置横向斜撑；

⑥架体应采用刚性连墙件与建筑结构拉结，设置的位置、数量应符合设计和规范要求。

4）脚手板

①脚手板材质、规格应符合规范要求；

②脚手板铺设应严密、牢固，探出横向水平杆长度不应大于150mm。

5）荷载

架体上施工荷载应均匀，并不应超过设计和规范要求。

6）交底与验收

①架体搭设前应进行安全技术交底，并应有文字记录；

②架体分段搭设、分段使用时，应进行分段验收；

③搭设完毕应办理验收手续，验收应有量化内容并经责任人签字确认。

（4）悬挑式脚手架一般项目的检查评定应符合下列规定：

1）杆件间距

①立杆纵、横向间距、纵向水平杆步距应符合设计和规范要求；

②作业层应按脚手板铺设的需要增加横向水平杆。

2）架体防护

①作业层应按规范要求设置防护栏杆；

②作业层外侧应设置高度不小于180mm的挡脚板；

③架体外侧应采用密目式安全网封闭，网间连接应严密。

3）层间防护

①架体作业层脚手板下应采用安全平网兜底，以下每隔10m应采用安全平网封闭；

②作业层里排架体与建筑物之间应采用脚手板或安全平网封闭；

③架体底层沿建筑结构边缘在悬挑钢梁与悬挑钢梁之间应采取措施封闭；

④架体底层应进行封闭。

4）构配件材质

①型钢、钢管、构配件规格材质应符合规范要求；

②型钢、钢管弯曲、变形、锈蚀应在规范允许范围内。

（九）附着式升降脚手架

（1）附着式升降脚手架检查评定应符合现行行业标准《建筑施工工具式脚手架安全技术规范》（JGJ 202）的规定。

（2）附着式升降脚手架检查评定保证项目包括：施工方案、安全装置、架体构造、附着支座、架体安装、架体升降。一般项目包括：检查验收、脚手板、架体防护、安全作业。

（3）附着式升降脚手架保证项目的检查评定应符合下列规定：

1）施工方案

①附着式升降脚手架搭设作业应编制专项施工方案，结构设计应进行计算；

②专项施工方案应按规定进行审核、审批；

③脚手架提升超过规定允许高度，应组织专家对专项施工方案进行论证。

2）安全装置

①附着式升降脚手架应安装防坠落装置，技术性能应符合规范要求；

②防坠落装置与升降设备应分别独立固定在建筑结构上；

③防坠落装置应设置在竖向主框架处，与建筑结构附着；

④附着式升降脚手架应安装防倾覆装置，技术性能应符合规范要求；

⑤升降和使用工况时，最上和最下两个防倾装置之间最小间距应符合规范要求；

⑥附着式升降脚手架应安装同步控制装置，并应符合规范要求。

3）架体构造

①架体高度不应大于5倍楼层高度，宽度不应大于1.2m；

②直线布置的架体支承跨度不应大于7m，折线、曲线布置的架体支撑点处的架体外侧距离不应大于5.4m；

③架体水平悬挑长度不应大于2m，且不应大于跨度的1/2；

④架体悬臂高度不应大于架体高度的2/5，且不应大于6m；

⑤架体高度与支承跨度的乘积不应大于110m^2。

4）附着支座

①附着支座数量、间距应符合规范要求；

②使用工况应将竖向主框架与附着支座固定；

③升降工况应将防倾、导向装置设置在附着支座上；

④附着支座与建筑结构连接固定方式应符合规范要求。

5）架体安装

①主框架和水平支承桁架的节点应采用焊接或螺栓连接，各杆件的轴线应汇交于节点；

②内外两片水平支承桁架的上弦和下弦之间应设置水平支撑杆件，各节点应采用焊接或螺栓连接；

③架体立杆底端应设在水平桁架上弦杆的节点处；

④竖向主框架组装高度应与架体高度相等；

⑤剪刀撑应沿架体高度连续设置，并应将竖向主框架、水平支承桁架和架体构架连成一体，剪刀撑斜杆水平夹角应为45°～60°。

6）架体升降

①两跨以上架体同时升降应采用电动或液压动力装置，不得采用手动装置；

②升降工况附着支座处建筑结构混凝土强度应符合设计和规范要求；

③升降工况架体上不得有施工荷载，严禁人员在架体上停留。

（4）附着式升降脚手架一般项目的检查评定应符合下列规定：

1）检查验收

①动力装置、主要结构配件进场应按规定进行验收；

②架体分区段安装、分区段使用时，应进行分区段验收；

③架体安装完毕应按规定进行整体验收，验收应有量化内容并经责任人签字确认；

④架体每次升、降前应按规定进行检查，并应填写检查记录。

2）脚手板

①脚手板应铺设严密、平整、牢固；

②作业层里排架体与建筑物之间应采用脚手板或安全平网封闭；

③脚手板材质、规格应符合规范要求。

3）架体防护

①架体外侧应采用密目式安全网封闭，网间连接应严密；

②作业层应按规范要求设置防护栏杆；

③作业层外侧应设置高度不小于180mm的挡脚板。

4）安全作业

①操作前应对有关技术人员和作业人员进行安全技术交底，并应有文字记录；

②作业人员应经培训并定岗作业；

③安装拆除单位资质应符合要求，特种作业人员应持证上岗；

④架体安装、升降、拆除时应设置安全警戒区，并应设置专人监护；

⑤荷载分布应均匀，荷载最大值应在规范允许范围内。

（十）高处作业吊篮

（1）高处作业吊篮检查评定应符合现行行业标准《建筑施工工具式脚手架安全技术规范》（JGJ 202）的规定。

（2）高处作业吊篮检查评定保证项目应包括：施工方案、安全装置、悬挂机构、钢丝绳、安装作业、升降作业。一般项目应包括：交底与验收、安全防护、吊篮稳定、荷载。

（3）高处作业吊篮保证项目的检查评定应符合下列规定：

1）施工方案

①吊篮安装作业应编制专项施工方案，吊篮支架支撑处的结构承载力应经过验算；

②专项施工方案应按规定进行审核、审批。

2）安全装置

①吊篮应安装防坠安全锁，并应灵敏有效；

②防坠安全锁不应超过标定期限；

③吊篮应设置为作业人员挂设安全带专用的安全绳和安全锁扣，安全绳应固定在建筑物可靠位置上，不得与吊篮上的任何部位连接；

④吊篮应安装上限位装置，并应保证限位装置灵敏可靠。

3）悬挂机构

①悬挂机构前支架不得支撑在女儿墙及建筑物外挑檐边缘等非承重结构上；

②悬挂机构前梁外伸长度应符合产品说明书规定；

③前支架应与支撑面垂直，且脚轮不应受力；

④上支架应固定在前支架调节杆与悬挑梁连接的节点处；

⑤严禁使用破损的配重块或其他替代物；

⑥配重块应固定可靠，重量应符合设计规定。

4）钢丝绳

①钢丝绳不应有断丝、断股、松股、锈蚀、硬弯及油污和附着物；

②安全钢丝绳应单独设置，型号规格应与工作钢丝绳一致；

③吊篮运行时安全钢丝绳应张紧悬垂；

④电焊作业时应对钢丝绳采取保护措施。

5）安装作业

①吊篮平台的组装长度应符合产品说明书和规范要求；

②吊篮的构配件应为同一厂家的产品。

6）升降作业

①必须由经过培训合格的人员操作吊篮升降；

②吊篮内的作业人员不应超过 2 人；

③吊篮内作业人员应将安全带用安全锁扣正确挂置在独立设置的专用安全绳上；

④作业人员应从地面进出吊篮。

(4) 高处作业吊篮一般项目的检查评定应符合下列规定：

1）交底与验收

①吊篮安装完毕，应按规范要求进行验收，验收表应由责任人签字确认；

②班前、班后应按规定对吊篮进行检查；

③吊篮安装、使用前对作业人员进行安全技术交底，并应有文字记录。

2）安全防护

①吊篮平台周边的防护栏杆、挡脚板的设置应符合规范要求；

②上下立体交叉作业时吊篮应设置顶部防护板。

3）吊篮稳定

①吊篮作业时应采取防止摆动的措施；

②吊篮与作业面距离应在规定要求范围内。

4）荷载

①吊篮施工荷载应符合设计要求；

②吊篮施工荷载应均匀分布。

(十一) 基坑工程

(1) 基坑工程安全检查评定应符合现行国家标准《建筑基坑工程监测技术规范》(GB 50497)和现行行业标准《建筑基坑支护技术规程》(JGJ 120)、《建筑施工土石方工程安全技术规范》(JGJ 180) 的规定。

(2) 基坑工程检查评定保证项目应包括：施工方案、基坑支护、降排水、基坑开挖、坑边荷载、安全防护。一般项目应包括：基坑监测、支撑拆除、作业环境、应急预案。

(3) 基坑工程保证项目的检查评定应符合下列规定：

1）施工方案

①基坑工程施工应编制专项施工方案，开挖深度超过 3m 或虽未超过 3m 但地质条件和周边环境复杂的基坑土方开挖、支护、降水工程，应单独编制专项施工方案；

②专项施工方案应按规定进行审核、审批；

③开挖深度超过 5m 的基坑土方开挖、支护、降水工程或开挖深度虽未超过 5m 但地质条件、周围环境复杂的基坑土方开挖、支护、降水工程专项施工方案，应组织专家进行论证；

④当基坑周边环境或施工条件发生变化时，专项施工方案应重新进行审核、审批。

2）基坑支护

①人工开挖的狭窄基槽，开挖深度较大并存在边坡塌方危险时，应采取支护措施；

②地质条件良好、土质均匀且无地下水的自然放坡的坡率应符合规范要求；

③基坑支护结构应符合设计要求；

④基坑支护结构水平位移应在设计允许范围内。

3）降排水

①当基坑开挖深度范围内有地下水时，应采取有效的降排水措施；

②基坑边沿周围地面应设排水沟；放坡开挖时，应对坡顶、坡面、坡脚采取降排水措施；

③基坑底四周应按专项施工方案设排水沟和集水井，并应及时排出积水。

4）基坑开挖

①基坑支护结构必须在达到设计要求的强度后，方可开挖下层土方，严禁提前开挖和

超挖；

②基坑开挖应按设计和施工方案的要求，分层、分段、均衡开挖；

③基坑开挖应采取措施防止碰撞支护结构、工程桩或扰动基底原状土土层；

④当采用机械在软土场地作业时，应采取铺设渣土或砂石等硬化措施。

5）坑边荷载

①基坑边堆置土、料具等荷载应在基坑支护设计允许范围内；

②施工机械与基坑边沿的安全距离应符合设计要求。

6）安全防护

①开挖深度超过2m及以上的基坑周边必须安装防护栏杆，防护栏杆的安装应符合规范要求；

②基坑内应设置供施工人员上下的专用梯道；梯道应设置扶手栏杆，梯道的宽度不应小于1m，梯道搭设应符合规范要求；

③降水井口应设置防护盖板或围栏，并应设置明显的警示标志。

（4）基坑工程一般项目的检查评定应符合下列规定：

1）基坑监测

①基坑开挖前应编制监测方案，并应明确监测项目、监测报警值、监测方法和监测点的布置、监测周期等内容；

②监测的时间间隔应根据施工进度确定，当监测结果变化速率较大时，应加密观测次数；

③基坑开挖监测工程中，应根据设计要求提交阶段性监测报告。

2）支撑拆除

①基坑支撑结构的拆除方式、拆除顺序应符合专项施工方案的要求；

②当采用机械拆除时，施工荷载应小于支撑结构承载能力；

③人工拆除时，应按规定设置防护设施；

④当采用爆破拆除、静力破碎等拆除方式时，必须符合国家现行相关规范的要求。

3）作业环境

①基坑内土方机械、施工人员的安全距离应符合规范要求；

②上下垂直作业应按规定采取有效的防护措施；

③在电力、通信、燃气、上下水等管线2m范围内挖土时，应采取安全保护措施，并应设专人监护；

④施工作业区域应采光良好，当光线较弱时应设置有足够照度的光源。

4）应急预案

①基坑工程应按规范要求结合工程施工过程中可能出现的支护变形、漏水等影响基坑工程安全的不利因素制定应急预案；

②应急组织机构应健全，应急的物资、材料、工具、机具等品种、规格、数量应满足应急的需要，并应符合应急预案的要求。

（十二）模板支架

（1）模板支架安全检查评定应符合现行行业标准《建筑施工模板安全技术规范》（JGJ 162）、《建筑施工扣件式钢管脚手架安全技术规范》（JGJ 130）、《建筑施工门式钢管脚手架安全技术规范》（JGJ 128）、《建筑施工碗扣式钢管脚手架安全技术规范》（JGJ 166）和《建筑施工承插型盘扣式钢管支架安全技术规程》（JGJ 231）的规定。

（2）模板支架检查评定保证项目应包括：施工方案、支架基础、支架构造、支架稳定、施工荷载、交底与验收。一般项目应包括：杆件连接、底座与托撑、构配件材质、支架拆除。

（3）模板支架保证项目的检查评定应符合下列规定：

1）施工方案

①模板支架搭设应编制专项施工方案，结构设计应进行计算，并应按规定进行审核、审批；

②模板支架搭设高度 8m 及以上；跨度 18m 及以上，施工总荷载 $15kN/m^2$ 及以上；集中线荷载 20kN/m 及以上的专项施工方案，应按规定组织专家论证。

2）支架基础

①基础应坚实、平整，承载力应符合设计要求，并应能承受支架上部全部荷载；

②支架底部应按规范要求设置底座、垫板，垫板规格应符合规范要求；

③支架底部纵、横向扫地杆的设置应符合规范要求；

④基础应采取排水设施，并应排水畅通；

⑤当支架设在楼面结构上时，应对楼面结构强度进行验算，必要时应对楼面结构采取加固措施。

3）支架构造

①立杆间距应符合设计和规范要求；

②水平杆步距应符合设计和规范要求，水平杆应按规范要求连续设置；

③竖向、水平剪刀撑或专用斜杆、水平斜杆的设置应符合规范要求。

4）支架稳定

①当支架高宽比大于规定值时，应按规定设置连墙杆或采用增加架体宽度的加强措施；

②立杆伸出顶层水平杆中心线至支撑点的长度应符合规范要求；

③浇筑混凝土时应对架体基础沉降、架体变形进行监控，基础沉降、架体变形应在规定允许范围内。

5）施工荷载

①施工均布荷载、集中荷载应在设计允许范围内；

②当浇筑混凝土时，应对混凝土堆积高度进行控制。

6）交底与验收

①支架搭设、拆除前应进行交底，并应有交底记录；

②支架搭设完毕，应按规定组织验收，验收应有量化内容并经责任人签字确认。

（4）模板支架一般项目的检查评定应符合下列规定：

1）杆件连接

①立杆应采用对接、套接或承插式连接方式，并应符合规范要求；

②水平杆的连接应符合规范要求；

③当剪刀撑斜杆采用搭接时，搭接长度不应小于 1m；

④杆件各连接点的紧固应符合规范要求。

2）底座与托撑

①可调底座、托撑螺杆直径应与立杆内径匹配，配合间隙应符合规范要求；

②螺杆旋入螺母内长度不应少于5倍的螺距。

3）构配件材质

①钢管壁厚应符合规范要求；

②构配件规格、型号、材质应符合规范要求；

③杆件弯曲、变形、锈蚀量应在规范允许范围内。

4）支架拆除

①支架拆除前结构的混凝土强度应达到设计要求；

②支架拆除前应设置警戒区，并应设专人监护。

（十三）高处作业

（1）高处作业检查评定应符合现行国家标准《安全网》（GB 5725）、《安全帽》（GB 2118）、《安全带》（GB 6095）和现行行业标准《建筑施工高处作业安全技术规范》（JGJ 80）的规定。

（2）高处作业检查评定项目应包括：安全帽、安全网、安全带、临边防护、洞口防护、通道口防护、攀登作业、悬空作业、移动式操作平台、悬挑式物料钢平台。

（3）高处作业的检查评定应符合下列规定：

1）安全帽

①进入施工现场的人员必须正确佩戴安全帽；

②安全帽的质量应符合规范要求。

2）安全网

①在建工程外脚手架的外侧应采用密目式安全网进行封闭；

②安全网的质量应符合规范要求。

3）安全带

①高处作业人员应按规定系挂安全带；

②安全带的系挂应符合规范要求；

③安全带的质量应符合规范要求。

4）临边防护

①作业面边沿应设置连续的临边防护设施；

②临边防护设施的构造、强度应符合规范要求；

③临边防护设施宜定型化、工具式，杆件的规格及连接固定方式应符合规范要求。

5）洞口防护

①在建工程的预留洞口、楼梯口、电梯井口等孔洞应采取防护措施；

②防护措施、设施应符合规范要求；

③防护设施宜定型化、工具式；

④电梯井内每隔2层且不大于10m应设置安全平网防护。

6）通道口防护

①通道口防护应严密、牢固；

②防护棚两侧应采取封闭措施；

③防护棚宽度应大于通道口宽度，长度应符合规范要求；

④当建筑物高度超过24m时，通道口防护顶棚应采用双层防护；

⑤防护棚的材质应符合规范要求。

7）攀登作业

①梯脚底部应坚实，不得垫高使用；

②折梯使用时上部夹角宜为35°～45°，并应设有可靠的拉撑装置；

③梯子的材质和制作质量应符合规范要求。

8）悬空作业

①悬空作业处应设置防护栏杆或采取其他可靠的安全措施；

②悬空作业所使用的索具、吊具等应经验收合格后方可使用；

③悬空作业人员应系挂安全带、佩戴工具袋。

9）移动式操作平台

①操作平台应按规定进行设计计算；

②移动式操作平台轮子与平台连接应牢固、可靠，立柱底端距地面高度不得大于80mm；

③操作平台应按设计和规范要求进行组装，铺板应严密；

④操作平台四周应按规范要求设置防护栏杆，并应设置登高扶梯；

⑤操作平台的材质应符合规范要求。

10）悬挑式物料钢平台

①悬挑式物料钢平台的制作、安装应编制专项施工方案，并应进行设计计算；

②悬挑式物料钢平台的下部支撑系统或上部拉结点，应设置在建筑结构上；

③斜拉杆或钢丝绳应按规范要求在平台两侧各设置前后两道；

④钢平台两侧必须安装固定的防护栏杆，并应在平台明显处设置荷载限定标牌；

⑤钢平台台面、钢平台与建筑结构间铺板应严密、牢固。

（十四）施工用电

（1）施工用电检查评定应符合现行国家标准《建设工程施工现场供用电安全规范》（GB 50194）和现行行业标准《施工现场临时用电安全技术规范》（JGJ 46）的规定。

（2）施工用电检查评定的保证项目应包括：外电防护、接地与接零保护系统、配电线路、配电箱与开关箱。一般项目应包括：配电室与配电装置、现场照明、用电档案。

（3）施工用电保证项目的检查评定应符合下列规定：

1）外电防护

①外电线路与在建工程及脚手架、起重机械、场内机动车道的安全距离应符合规范要求；

②当安全距离不符合规范要求时，必须采取隔离防护措施，并应悬挂明显的警示标志；

③防护设施与外电线路的安全距离应符合规范要求，并应坚固、稳定；

④外电架空线路正下方不得进行施工、建造临时设施或堆放材料物品。

2）接地与接零保护系统

①施工现场专用的电源中性点直接接地的低压配电系统应采用TN-S接零保护系统；

②施工现场配电系统不得同时采用两种保护系统；

③保护零线应由工作接地线、总配电箱电源侧零线或总漏电保护器电源零线处引出，电气设备的金属外壳必须与保护零线连接；

④保护零线应单独敷设，线路上严禁装设开关或熔断器，严禁通过工作电流；

⑤保护零线应采用绝缘导线，规格和颜色标记应符合规范要求；

⑥保护零线应在总配电箱处、配电系统的中间处和末端处作重复接地；

⑦接地装置的接地线应采用 2 根及以上导体，在不同点与接地体做电气连接。接地体应采用角钢、钢管或光面圆钢；

⑧工作接地电阻不得大于 4Ω，重复接地电阻不得大于 10Ω；

⑨施工现场起重机、物料提升机、施工升降机、脚手架应按规范要求采取防雷措施，防雷装置的冲击接地电阻值不得大于 30Ω；

⑩做防雷接地机械上的电气设备，保护零线必须同时做重复接地。

3）配电线路

①线路及接头应保证机械强度和绝缘强度；

②线路应设短路、过载保护，导线截面应满足线路负荷电流；

③线路的设施、材料及相序排列、档距、与邻近线路或固定物的距离应符合规范要求；

④电缆应采用架空或埋地敷设并应符合规范要求，严禁沿地面明设或沿脚手架、树木等敷设；

⑤电缆中必须包含全部工作芯线和用作保护零线的芯线，并应按规定接用；

⑥室内明敷主干线距地面高度不得小于 2.5m。

4）配电箱与开关箱

①施工现场配电系统应采用三级配电、二级漏电保护系统，用电设备必须有各自专用的开关箱；

②箱体结构、箱内电器设置及使用应符合规范要求；

③配电箱必须分设工作零线端子板和保护零线端子板，保护零线、工作零线必须通过各自的端子板连接；

④总配电箱与开关箱应安装漏电保护器，漏电保护器参数应匹配并灵敏可靠；

⑤箱体应设置系统接线图和分路标记，并应有门、锁及防雨措施；

⑥箱体安装位置、高度及周边通道应符合规范要求；

⑦分配箱与开关箱间的距离不应超过 30m，开关箱与用电设备间的距离不应超过 3m。

（4）施工用电一般项目的检查评定应符合下列规定：

1）配电室与配电装置

①配电室的建筑耐火等级不应低于三级，配电室应配置适用于电气火灾的灭火器材；

②配电室、配电装置的布设应符合规范要求；

③配电装置中的仪表、电器元件设置应符合规范要求；

④备用发电机组应与外电线路进行连锁；

⑤配电室应采取防止风雨和小动物侵入的措施；

⑥配电室应设置警示标志、工地供电平面图和系统图。

2）现场照明

①照明用电应与动力用电分设；

②特殊场所和手持照明灯应采用安全电压供电；

③照明变压器应采用双绕组安全隔离变压器；

④灯具金属外壳应接保护零线；

⑤灯具与地面、易燃物间的距离应符合规范要求；

⑥照明线路和安全电压线路的架设应符合规范要求；

⑦施工现场应按规范要求配备应急照明。

3）用电档案

①总包单位与分包单位应签订临时用电管理协议，明确各方相关责任；

②施工现场应制定专项用电施工组织设计、外电防护专项方案；

③专项用电施工组织设计、外电防护专项方案应履行审批程序，实施后应由相关部门组织验收；

④用电各项记录应按规定填写，记录应真实有效；

⑤用电档案资料应齐全，并应设专人管理。

（十五）物料提升机

（1）物料提升机检查评定应符合现行行业标准《龙门架及井架物料提升机安全技术规范》（JGJ 88）的规定。

（2）物料提升机检查评定保证项目应包括：安全装置、防护设施、附墙架与缆风绳、钢丝绳、安拆、验收与使用。一般项目应包括：基础与导轨架、动力与传动、通信装置、卷扬机操作棚、避雷装置。

（3）物料提升机保证项目的检查评定应符合下列规定：

1）安全装置

①应安装起重量限制器、防坠安全器，并应灵敏可靠；

②安全停层装置应符合规范要求，并应定型化；

③应安装上行程限位并灵敏可靠，安全越程不应小于 3m；

④安装高度超过 30m 的物料提升机应安装渐进式防坠安全器及自动停层、语音影像信号监控装置。

2）防护设施

①应在地面进料口安装防护围栏和防护棚，防护围栏、防护棚的安装高度和强度应符合规范要求；

②停层平台两侧应设置防护栏杆、挡脚板，平台脚手板应铺满、铺平；

③平台门、吊笼门安装高度、强度应符合规范要求，并应定型化。

3）附墙架与缆风绳

①附墙架结构、材质、间距应符合产品说明书要求；

②附墙架应与建筑结构可靠连接；

③缆风绳设置的数量、位置、角度应符合规范要求，并应与地锚可靠连接；

④安装高度超过 30m 的物料提升机必须使用附墙架；

⑤地锚设置应符合规范要求。

4）钢丝绳

①钢丝绳磨损、断丝、变形、锈蚀量应在规范允许范围内；

②钢丝绳夹设置应符合规范要求；

③当吊笼处于最低位置时，卷筒上钢丝绳严禁少于 3 圈；

④钢丝绳应设置过路保护措施。

5）安拆、验收与使用

①安装、拆卸单位应具有起重设备安装工程专业承包资质和安全生产许可证；

②安装、拆卸作业应制定专项施工方案，并应按规定进行审核、审批；

③安装完毕应履行验收程序，验收表格应由责任人签字确认；

④安装、拆卸作业人员及司机应持证上岗；

⑤物料提升机作业前应按规定进行例行检查，并应填写检查记录；

⑥实行多班作业，应按规定填写交接班记录。

（4）物料提升机一般项目的检查评定应符合下列规定：

1）基础与导轨架

①基础的承载力和平整度应符合规范要求；

②基础周边应设置排水设施；

③导轨架垂直度偏差不应大于导轨架高度 0.15%；

④井架停层平台通道处的结构应采取加强措施。

2）动力与传动

①卷扬机、曳引机应安装牢固，当卷扬机卷筒与导轨底部导向轮的距离小于 20 倍卷筒宽度时，应设置排绳器；

②钢丝绳应在卷筒上排列整齐；

③滑轮与导轨架、吊笼应采用刚性连接，滑轮应与钢丝绳相匹配；

④卷筒、滑轮应设置防止钢丝绳脱出装置；

⑤当曳引钢丝绳为 2 根及以上时，应设置曳引力平衡装置。

3）通信装置

①应按规范要求设置通信装置；

②通信装置应具有语音和影像显示功能。

4）卷扬机操作棚

①应按规范要求设置卷扬机操作棚；

②卷扬机操作棚强度、操作空间应符合规范要求。

5）避雷装置

①当物料提升机未在其他防雷保护范围内时，应设置避雷装置；

②避雷装置设置应符合现行行业标准《施工现场临时用电安全技术规范》（JGJ 46）的规定。

（十六）施工升降机

（1）施工升降机检查评定应符合现行国家标准《施工升降机安全规程》（GB 10055）和现行行业标准《建筑施工升降机安装、使用、拆卸安全技术规程》（JGJ 215）的规定。

（2）施工升降机检查评定保证项目应包括：安全装置、限位装置、防护设施、附墙架、钢丝绳、滑轮与对重、安拆、验收与使用。一般项目应包括：导轨架、基础、电气安全、通信装置。

（3）施工升降机保证项目的检查评定应符合下列规定：

1）安全装置

①应安装起重量限制器，并应灵敏可靠；

②应安装渐进式防坠安全器并应灵敏可靠，防坠安全器应在有效的标定期内使用；

③对重钢丝绳应安装防松绳装置，并应灵敏可靠；

④吊笼的控制装置应安装非自动复位型的急停开关，任何时候均可切断控制电路停止吊笼运行；

⑤底架应安装吊笼和对重缓冲器，缓冲器应符合规范要求；

⑥SC 型施工升降机应安装一对以上安全钩。

2）限位装置

①应安装非自动复位型极限开关并应灵敏可靠；

②应安装自动复位型上、下限位开关并应灵敏可靠，上、下限位开关安装位置应符合规范要求；

③上极限开关与上限位开关之间的安全越程不应小于 0.15m；

④极限开关、限位开关应设置独立的触发元件；

⑤吊笼门应安装机电连锁装置，并应灵敏可靠；

⑥吊笼顶窗应安装电气安全开关，并应灵敏可靠。

3）防护设施

①吊笼和对重升降通道周围应安装地面防护围栏，防护围栏的安装高度、强度应符合规范要求，围栏门应安装机电连锁装置并应灵敏可靠；

②地面出入通道防护棚的搭设应符合规范要求；

③停层平台两侧应设置防护栏杆、挡脚板，平台脚手板应铺满、铺平；

④层门安装高度、强度应符合规范要求，并应定型化。

4）附墙架

①附墙架应采用配套标准产品，当附墙架不能满足施工现场要求时，应对附墙架另行设计，附墙架的设计应满足构件刚度、强度、稳定性等要求，制作应满足设计要求；

②附墙架与建筑结构连接方式、角度应符合产品说明书要求；

③附墙架间距、最高附着点以上导轨架的自由高度应符合产品说明书要求。

5）钢丝绳、滑轮与对重

①对重钢丝绳绳数不得少于 2 根且应相互独立；

②钢丝绳磨损、变形、锈蚀应在规范允许范围内；

③钢丝绳的规格、固定应符合产品说明书及规范要求；

④滑轮应安装钢丝绳防脱装置，并应符合规范要求；

⑤对重重量、固定应符合产品说明书要求；

⑥对重除导向轮或滑靴外应设有防脱轨保护装置。

6）安拆、验收与使用

①安装、拆卸单位应具有起重设备安装工程专业承包资质和安全生产许可证；

②安装、拆卸应制定专项施工方案，并经过审核、审批；

③安装完毕应履行验收程序，验收表格应由责任人签字确认；

④安装、拆卸作业人员及司机应持证上岗；

⑤施工升降机作业前应按规定进行例行检查，并应填写检查记录；

⑥实行多班作业，应按规定填写交接班记录。

(4) 施工升降机一般项目的检查评定应符合下列规定：

1) 导轨架

①导轨架垂直度应符合规范要求；

②标准节的质量应符合产品说明书及规范要求；

③对重导轨应符合规范要求；

④标准节连接螺栓使用应符合产品说明书及规范要求。

2) 基础

①基础制作、验收应符合说明书及规范要求；

②基础设置在地下室顶板或楼面结构上时，应对其支承结构进行承载力验算；

③基础应设有排水设施。

3) 电气安全

①施工升降机与架空线路的安全距离和防护措施应符合规范要求；

②电缆导向架设置应符合说明书及规范要求；

③施工升降机在其他避雷装置保护范围外应设置避雷装置，并应符合规范要求。

4) 通信装置

施工升降机应安装楼层信号联络装置，并应清晰有效。

(十七) 塔式起重机

(1) 塔式起重机检查评定应符合现行国家标准《塔式起重机安全规程》(GB 5144) 和现行行业标准《建筑施工塔式起重机安装、使用、拆卸安全技术规程》(JGJ 196) 的规定。

(2) 塔式起重机检查评定保证项目应包括：载荷限定装置、行程限位装置、保护装置、吊钩、滑轮、卷筒与钢丝绳、多塔作业、安拆、验收与使用。一般项目应包括：附着、基础与轨道、结构设施、电气安全。

(3) 塔式起重机保证项目的检查评定应符合下列规定：

1) 载荷限制装置

①应安装起重量限制器并应灵敏可靠。当起重量大于相应挡位的额定值并小于该额定值的 110%时，应切断上升方向的电源，但机构可做下降方向的运动；

②应安装起重力矩限制器并应灵敏可靠。当起重力矩大于相应工况下的额定值并小于该额定值的 110%，应切断上升和幅度增大方向的电源，但机构可做下降和减小幅度方向的运动。

2) 行程限位装置

①应安装起升高度限位器，起升高度限位器的安全越程应符合规范要求，并应灵敏可靠；

②小车变幅的塔式起重机应安装小车行程开关，动臂变幅的塔式起重机应安装臂架幅度限制开关，并应灵敏可靠；

③回转部分不设集电器的塔式起重机应安装回转限位器，并应灵敏可靠；

④行走式塔式起重机应安装行走限位器，并应灵敏可靠。

3) 保护装置

①小车变幅的塔式起重机应安装断绳保护及断轴保护装置，并应符合规范要求；

②行走及小车变幅的轨道行程末端应安装缓冲器及止挡装置，并应符合规范要求；

③起重臂根部绞点高度大于50m的塔式起重机应安装风速仪，并应灵敏可靠；

④当塔式起重机顶部高度大于30m且高于周围建筑物时，应安装障碍指示灯。

4）吊钩、滑轮、卷筒与钢丝绳

①吊钩应安装钢丝绳防脱钩装置并应完好可靠，吊钩的磨损、变形应在规定允许范围内；

②滑轮、卷筒应安装钢丝绳防脱装置并应完整可靠，滑轮、卷筒的磨损应在规定允许范围内；

③钢丝绳的磨损、变形、锈蚀应在规定允许范围内，钢丝绳的规格、固定、缠绕应符合说明书及规范要求。

5）多塔作业

①多塔作业应制定专项施工方案并经过审批；

②任意两台塔式起重机之间的最小架设距离应符合规范要求。

6）安拆、验收与使用

①安装、拆卸单位应具有起重设备安装工程专业承包资质和安全生产许可证；

②安装、拆卸应制定专项施工方案，并经过审核、审批；

③安装完毕应履行验收程序，验收表格应由责任人签字确认；

④安装、拆卸作业人员及司机、指挥应持证上岗；

⑤塔式起重机作业前应按规定进行例行检查，并应填写检查记录；

⑥实行多班作业，应按规定填写交接班记录。

（4）塔式起重机一般项目的检查评定应符合下列规定：

1）附着

①当塔式起重机高度超过产品说明书规定时，应安装附着装置，附着装置安装应符合产品说明书及规范要求；

②当附着装置的水平距离不能满足产品说明书要求时，应进行设计计算和审批；

③安装内爬式塔式起重机的建筑承载结构应进行承载力验算；

④附着前和附着后塔身垂直度应符合规范要求。

2）基础与轨道

①塔式起重机基础应按产品说明书及有关规定进行设计、检测和验收；

②基础应设置排水措施；

③路基箱或枕木铺设应符合产品说明书及规范要求；

④轨道铺设应符合产品说明书及规范要求。

3）结构设施

①主要结构构件的变形、锈蚀应在规范允许范围内；

②平台、走道、梯子、护栏的设置应符合规范要求；

③高强螺栓、销轴、紧固件的紧固、连接应符合规范要求，高强螺栓应使用力矩扳手或专用工具紧固。

4）电气安全

①塔式起重机应采用TN-S接零保护系统供电；

②塔式起重机与架空线路的安全距离或防护措施应符合规范要求；

③塔式起重机应安装避雷接地装置，并应符合规范要求；

④电缆的使用及固定应符合规范要求。

（十八）起重吊装

（1）起重吊装检查评定应符合现行国家标准《起重机械安全规程》（GB 6067）的规定。

（2）起重吊装检查评定保证项目应包括：施工方案、起重机械、钢丝绳与地锚、索具、作业环境、作业人员。一般项目应包括：起重吊装、高处作业、构建码放、警戒监护。

（3）起重吊装保证项目的检查评定应符合下列规定：

1）施工方案

①起重吊装作业应编制专项施工方案，并按规定进行审核、审批；

②超规模的起重吊装作业，应组织专家对专项施工方案进行论证。

2）起重机械

①起重机械应按规定安装荷载限制器及行程限位装置；

②荷载限制器、行程限位装置应灵敏可靠；

③起重拔杆组装应符合设计要求；

④起重拔杆组装后应进行验收，并应由责任人签字确认。

3）钢丝绳与地锚

①钢丝绳磨损、断丝、变形、锈蚀应在规定允许范围内；

②钢丝绳规格应符合起重机产品说明书要求；

③吊钩、卷筒、滑轮磨损应在规范允许范围内；

④吊钩、卷筒、滑轮应安装钢丝绳防脱装置；

⑤起重拔杆的缆风绳、地锚设置应符合设计要求。

4）索具

①当采用编结连接时，编结长度不应小于15倍的绳径，且不应小于300mm；

②当采用绳夹连接时，绳夹规格应与钢丝绳相匹配，绳夹数量、间距应符合规范要求；

③索具安全系数应符合规范要求；

④吊索规格应互相匹配，机械性能应符合设计要求。

5）作业环境

①起重机行走作业处地面承载能力应符合产品说明书要求；

②起重机与架空线路安全距离应符合规范要求。

6）作业人员

①起重机司机应持证上岗，操作证应与操作机型相符；

②起重机作业应设专职信号指挥和司索人员，一人不得同时兼顾信号指挥和司索作业；

③作业前应按规定进行安全技术交底，并应有交底记录。

（4）起重吊装一般项目的检查评定应符合下列规定：

1）起重吊装

①当多台起重机同时起吊一个构件时，单台起重机所承受的荷载应符合专项施工方案要求；

②吊索系挂点应符合专项施工方案要求；

③起重机作业时，任何人不应停留在起重臂下方，被吊物不应从人的正上方通过；

④起重机不应采用吊具载运人员；

⑤当吊运易散落物件时，应使用专用吊笼。

2）高处作业

①应按规定设置高处作业平台；

②平台强度、护栏高度应符合规范要求；

③爬梯的强度、构造应符合规范要求；

④应设置可靠的安全带悬挂点，并应高挂低用。

3）构件码放

①构件码放荷载应在作业面承载能力允许范围内

②构件码放高度应在规定允许范围内；

③大型构件码放应有保证稳定的措施。

4）警戒监护

①应按规定设置作业警戒区；

②警戒区应设专人监护。

（十九）施工机具

（1）施工机具检查评定应符合现行行业标准《建筑机械使用安全技术规程》（JGJ 33）和《施工现场机械设备检查技术规程》（JGJ 160）的规定。

（2）施工机具检查评定项目应包括：平刨、圆盘锯、手持电动工具、钢筋机械、电焊机、搅拌机、气瓶、翻斗车、潜水泵、振捣器、桩工机械。

（3）施工机具的检查评定应符合下列规定：

1）平刨

①平刨安装完毕应按规定履行验收程序，并应经责任人签字确认；

②平刨应设置护手及防护罩等安全装置；

③保护零线应单独设置，并应安装漏电保护装置；

④平刨应按规定设置作业棚，并应具有防雨、防晒等功能；

⑤不得使用同台电机驱动多种刃具、钻具的多功能木工机具。

2）圆盘锯

①圆盘锯安装完毕应按规定履行验收程序，并应经责任人签字确认；

②圆盘锯应设置防护罩、分料器、防护挡板等安全装置；

③保护零线应单独设置，并应安装漏电保护装置；

④圆盘锯应按规定设置作业棚，并应具有防雨、防晒等功能；

⑤不得使用同台电机驱动多种刃具、钻具的多功能木工机具。

3）手持电动工具

①Ⅰ类手持电动工具应单独设置保护零线，并应安装漏电保护装置；

②使用Ⅰ类手持电动工具应按规定戴绝缘手套、穿绝缘鞋；

③手持电动工具的电源线应保持出厂时的状态，不得接长使用。

4）钢筋机械

①钢筋机械安装完毕应按规定履行验收程序，并应经责任人签字确认；

②保护零线应单独设置，并应安装漏电保护装置；

③钢筋加工区应搭设作业棚，并应具有防雨、防晒等功能；

④对焊机作业应设置防火花飞溅的隔离设施；

⑤钢筋冷拉作业应按规定设置防护栏；

⑥机械传动部位应设置防护罩。

5）电焊机

①电焊机安装完毕应按规定履行验收程序，并应经责任人签字确认；

②保护零线应单独设置，并应安装漏电保护装置；

③电焊机应设置二次空载降压保护装置；

④电焊机一次线长度不得超过 5m，并应穿管保护；

⑤二次线应采用防水橡皮护套铜芯软电缆；

⑥电焊机应设置防雨罩，接线柱应设置防护罩。

6）搅拌机

①搅拌机安装完毕应按规定履行验收程序，并应经责任人签字确认；

②保护零线应单独设置，并应安装漏电保护装置；

③离合器、制动器应灵敏有效，料斗钢丝绳的磨损、锈蚀、变形量应在规定允许范围内；

④料斗应设置安全挂钩或止挡装置，传动部位应设置防护罩；

⑤搅拌机应按规定设置作业棚，并应具有防雨、防晒等功能。

7）气瓶

①气瓶使用时必须安装减压器，乙炔瓶应安装回火防止器，并应灵敏可靠；

②气瓶间安全距离不应小于 5m，与明火安全全距离不应小于 10m；

③气瓶应设置防振圈、防护帽，并应按规定存放。

8）翻斗车

①翻斗车制动、转向装置应灵敏可靠；

②司机应经专门培训，持证上岗，行车时车斗内不得载人。

9）潜水泵

①保护零线应单独设置，并应安装漏电保护装置；

②负荷线应采用专用防水橡皮电缆，不得有接头。

10）振捣器

①振捣器作业时应使用移动配电箱、电缆线长度不应超过 30m；

②保护零线应单独设置，并应安装漏电保护装置；

③操作人员应按规定戴绝缘手套、穿绝缘鞋。

11）桩工机械

①桩工机械安装完毕应按规定履行验收程序，并应经责任人签字确认；

②作业前应编制专项方案，并应对作业人员进行安全技术交底；

③桩工机械应按规定安装安全装置，并应灵敏可靠；

④机械作业区域地面承载力应符合机械说明书要求；

⑤机械与输电线路安全距离应符合现行行业标准《施工现场临时用电安全技术规范》（JGJ 46）的规定。

二、检查评分方法及评定等级

（一）检查评分方法

（1）建筑施工安全检查评定中，保证项目应全数检查。

（2）建筑施工安全检查评定应符合本章“一”中各检查评定项目的有关规定，并应按本章附表 A、附表 B 的评分表进行评分。检查评分表应分为安全管理、文明施工、脚手架、基坑工程、模板支架、高处作业、施工用电、物料提升机与施工升降机、塔式起重机与起重吊装、施工机具分项检查评分表和检查评定分汇总表。

（3）各评分表的评分应符合下列规定：

1）分项检查评分表和检查评分汇总表的满分分值均应为 100 分，评分表的实得分值应为各检查项目所得分值之和；

2）评分应采用扣减分值的方法，扣减分值总和不得超过该检查项目的应得分值；

3）当按分项检查评分表评分时，保证项目中有一项未得分或保证项目小计得分不足 40 分，此分项检查评分表不应得分；

4）检查评分汇总表中各分项项目实得分值应按下式计算：

$$A_1 = \frac{B \times C}{100}$$

式中 A_1——汇总表各分项项目实得分值；

B——汇总表中该项应得满分值；

C——该项检查评分表实得分值。

5）当评分遇有缺项时，分项检查评分表或检查评分汇总表的总得分值应按下式计算：

$$A_2 = \frac{D}{E} \times 100$$

式中 A_2——遇有缺项时总得分值；

D——实查项目在该表的实得分值之和；

E——实查项目在该表的应得满分值之和。

6）脚手架、物料提升机与施工升降机、塔式起重机与起重吊装项目的实得分值，应为所对应专业的分项检查评分表实得分值的算术平均值。

（二）检查评定等级

（1）应按汇总表的总得分和分项检查评分表的得分，对建筑施工安全检查评定划分为优良、合格、不合格三个等级。

（2）建筑施工安全检查评定的等级划分应符合下列规定：

1）优良：

分项检查评分表无零分，汇总表得分值应在 80 分及以上。

2）合格：

分项检查评分表无零分，汇总表得分值应在 80 分以下，70 分及以上。

3）不合格：

①当汇总表得分值不足 70 分时；

②当有一分项检查评分表为零时。

4）当建筑施工安全检查评定的等级为不合格时，必须限期整改达到合格。

附表 A 建筑施工安全检查评分汇总表

表 A 建筑施工安全检查评分汇总表

企业名称： 资质等级： 年 月 日

<table>
<tr><td rowspan="2">单位工程（施工现场）名称</td><td rowspan="2">建筑面积/m^2</td><td rowspan="2">结构类型</td><td rowspan="2">总计得分（满分100分）</td><td colspan="10">项目名称及分值</td></tr>
<tr><td>安全管理（满分10分）</td><td>文明施工（满分15分）</td><td>脚手架（满分10分）</td><td>基坑工程（满分10分）</td><td>模板支架（满分10分）</td><td>高处作业（满分10分）</td><td>施工用电（满分10分）</td><td>物料提升机与施工升降机（满分10分）</td><td>塔式起重机与起重吊装（满分10分）</td><td>施工机具（满分5分）</td></tr>
<tr><td></td><td></td><td></td><td></td><td></td><td></td><td></td><td></td><td></td><td></td><td></td><td></td><td></td><td></td></tr>
<tr><td colspan="14">评语：</td></tr>
<tr><td>检查单位</td><td colspan="3"></td><td colspan="2">负责人</td><td></td><td colspan="2">受检项目</td><td></td><td colspan="2">项目经理</td><td colspan="2"></td></tr>
</table>

附表 B 建筑施工安全分项检查评分表

表 B.1 安全管理检查评分表

<table>
<tr><td>序号</td><td colspan="2">检查项目</td><td>扣分标准</td><td>应得分数</td><td>扣减分数</td><td>实得分数</td></tr>
<tr><td>1</td><td rowspan="2">保证项目</td><td>安全生产责任制</td><td>未建立安全生产责任制，扣 10 分
安全生产责任制未经责任人签字确认，扣 3 分
未备有各工种安全技术操作规程，扣 2～10 分
未按规定配备专职安全员，扣 2～10 分
工程项目部承包合同中未明确安全生产考核指标，扣 5 分
未制定安全生产资金保障制度，扣 5 分
未编制安全资金使用计划或未按计划实施，扣 2～5 分
未制定伤亡控制、安全达标、文明施工等管理目标，扣 5 分
未进行安全责任目标分解，扣 5 分
未建立对安全生产责任制和责任目标的考核制度，扣 5 分
未按考核制度对管理人员定期考核，扣 2～5 分</td><td>10</td><td></td><td></td></tr>
<tr><td>2</td><td>施工组织设计及专项施工方案</td><td>施工组织设计中未制定安全技术措施，扣 10 分
危险性较大的分部分项工程未编制安全专项施工方案，扣 10 分
未按规定对超过一定规模危险性较大的分部分项工程专项施工方案进行专家论证，扣 10 分
施工组织设计、专项施工方案未经审批，扣 10 分
安全技术措施、专项施工方案无针对性或缺少设计计算，扣 2～8 分
未按施工组织设计、专项施工方案组织实施，扣 2～10 分</td><td>10</td><td></td><td></td></tr>
</table>

续表

序号	检查项目		扣分标准	应得分数	扣减分数	实得分数
3	保证项目	安全技术交底	未进行书面安全技术交底，扣10分 未按分部分项进行交底，扣5分 交底内容不全面或针对性不强，扣2～5分 交底未履行签字手续，扣4分	10		
4		安全检查	未建立安全检查制度，扣10分 未有安全检查记录，扣5分 事故隐患的整改未做到定人、定时间、定措施，扣2～6分 对重大事故隐患整改通知书所列项目未按期整改和复查，扣5～10分	10		
5		安全教育	未建立安全教育培训制度，扣10分 施工人员入场未进行三级安全教育培训和考核，扣5分 未明确具体安全教育培训内容，扣2～8分 变换工种或采用新技术、新工艺、新设备、新材料施工时未进行安全教育，扣5分 施工管理人员、专职安全员未按规定进行年度教育培训和考核，每人扣2分	10		
6		应急救援	未制定安全生产应急救援预案，扣10分 未建立应急救援组织或未按规定配备救援人员，扣2～6分 未定期进行应急救援演练，扣5分 未配置应急救援器材和设备，扣5分	10		
		小计		60		
7	一般项目	分包单位安全管理	分包单位资质、资格、分包手续不全或失效，扣10分 未签订安全生产协议书，扣5分 分包合同、安全生产协议书，签字盖章手续不全，扣2～6分 分包单位未按规定建立安全机构或未配备专职安全员，扣2～6分	10		
8		持证上岗	未经培训从事施工、安全管理和特种作业，每人扣5分 项目经理、专职安全员和特种作业人员未持证上岗，每人扣2分	10		
9		生产安全事故处理	生产安全事故未按规定报告，扣10分 生产安全事故未按规定进行调查分析、制定防范措施，扣10分 未依法为施工作业人员办理保险，扣5分	10		
10		安全标志	主要施工区域、危险部位未按规定悬挂安全标志，扣2～6分 未绘制现场安全标志布置图，扣3分 未按部位和现场设施的变化调整安全标志设置，扣2～6分 未设置重大危险源公示牌，扣5分	10		
		小　计		40		
检查项目合计				100		

表 B.2　文明施工检查评分表

序号	检查项目		扣分标准	应得分数	扣减分数	实得分数
1	保证项目	现场围挡	市区主要路段的工地未设置封闭围挡或围挡高度小于 2.5m，扣 5～10 分 一般路段的工地未设置封闭围挡或围挡高度小于 1.8m，扣 5～10 分 围挡未达到坚固、稳定、整洁、美观，扣 5～10 分	10		
2		封闭管理	施工现场进出口未设置大门，扣 10 分 未设置门卫室，扣 5 分 未建立门卫值守管理制度或未配备门卫值守人员，扣 2～6 分 施工人员进入施工现场未佩戴工作卡，扣 2 分 施工现场出入口未标有企业名称或标识，扣 2 分 未设置车辆冲洗设施，扣 3 分	10		
3		施工场地	施工现场主要道路及材料加工区地面未进行硬化处理，扣 5 分 施工现场道路不畅通、路面不平整坚实，扣 5 分 施工现场未采取防尘措施，扣 5 分 施工现场未设置排水设施或排水不通畅、有积水，扣 5 分 未采取防止泥浆、污水、废水污染环境措施，扣 2～10 分 未设置吸烟处、随意吸烟，扣 5 分 温暖季节未进行绿化布置，扣 3 分	10		
4		材料管理	建筑材料、构件、料具未按总平面布局码放，扣 4 分 材料码放不整齐、未标明名称、规格，扣 2 分 施工现场材料存放未采取防火、防锈蚀、防雨措施，扣 3～10 分 建筑物内施工垃圾的清运未使用器具或管道运输，扣 5 分 易燃易爆物品未分类储藏在专用库房、未采取防火措施，扣 5～10 分	10		
5		现场办公与住宿	施工作业区、材料存放区与办公、生活区未采取隔离措施，扣 6 分 宿舍、办公用房防火等级不符合有关消防安全技术规范要求，扣 10 分 在施工程、伙房、库房兼作住宿，扣 10 分 宿舍未设置可开启式窗户，扣 4 分 宿舍未设置床铺、床铺超过 2 层或通道宽度小于 0.9m，扣 2～6 分 宿舍人均面积或人员数量不符合规范要求，扣 5 分 冬季宿舍内未采取采暖和防一氧化碳中毒措施，扣 5 分 夏季宿舍内未采取防暑降温和防蚊蝇措施，扣 5 分 生活用品摆放混乱、环境卫生不符合要求，扣 3 分	10		
6		现场防火	施工现场未制定消防安全管理制度、消防措施，扣 10 分 施工现场的临时用房和作业场所的防火设计不符合规范要求，扣 10 分 施工现场消防通道、消防水源的设置不符合规范要求，扣 5～10 分 施工现场灭火器材布局、配置不合理或灭火器材失效，扣 5 分 未办理动火审批手续或未指定动火监护人员，扣 5～10 分	10		
		小计		60		

续表

序号	检查项目		扣分标准	应得分数	扣减分数	实得分数
7	一般项目	综合治理	生活区未设置供作业人员学习和娱乐场所，扣2分 施工现场未建立治安保卫制度或责任未分配到人，扣3～5分 施工现场未制定治安防范措施，扣5分	10		
8		公示标牌	大门口处设置的公示标牌内容不齐全，扣2～8分 标牌不规范、不整齐，扣3分 未设置安全标语，扣3分 未设置宣传栏、读报栏、黑板报，扣2～4分	10		
9		生活设施	未建立卫生责任制度，扣5分 食堂与厕所、垃圾站、有毒有害场所的距离不符合规范要求，扣2～6分 食堂未办理卫生许可证或未办理炊事人员健康证，扣5分 食堂使用的燃气罐未单独设置存放间或存放间通风条件不良，扣2～4分 食堂未配备排风、冷藏、消毒、防鼠、防蚊蝇等设施，扣4分 厕所内的设施数量和布局不符合规范要求，扣2～6分 厕所卫生未达到规定要求，扣4分 不能保证现场人员卫生饮水，扣5分 未设置淋浴室或淋浴室不能满足现场人员需求，扣4分 生活垃圾未装容器或未及时清理，扣3～5分	10		
10		社区服务	夜间未经许可施工，扣8分 施工现场焚烧各类废弃物，扣8分 施工现场未制定防粉尘、防噪声、防光污染等措施，扣5分 未制定施工不扰民措施，扣5分	10		
		小计		40		
检查项目合计				100		

表B.3　扣件式钢管脚手架检查评分表

序号	检查项目		扣分标准	应得分数	扣减分数	实得分数
1	保证项目	施工方案	架体搭设未编制专项施工方案或未按规定审核、审批，扣10分 架体结构设计未进行设计计算，扣10分 架体搭设超过规范允许高度，专项施工方案未按规定组织专家论证，扣10分	10		
2		立杆基础	立杆基础不平、不实、不符合专项施工方案要求，扣5～10分 立杆底部缺少底座、垫板或垫板的规格不符合规范要求，每处扣2～5分 未按规范要求设置纵、横向扫地杆，扣5～10分 扫地杆的设置和固定不符合规范要求，扣5分 未采取排水措施，扣8分	10		

续表

序号	检查项目		扣分标准	应得分数	扣减分数	实得分数
3	保证项目	架体与建筑结构拉结	架体与建筑结构拉结方式或间距不符合规范要求，每处扣2分 架体底层第一步纵向水平杆处未按规定设置连墙件或未采用其他可靠措施固定，每处扣2分 搭设高度超过24m的双排脚手架，未采用刚性连墙件与建筑结构可靠连接，扣10分	10		
4	保证项目	杆件间距与剪刀撑	立杆、纵向水平杆、横向水平杆间距超过设计或规范要求，每处扣2分 未按规定设置纵向剪刀撑或横向斜撑，每处扣5分 剪刀撑未沿脚手架高度连续设置或角度不符合规范要求，扣5分 剪刀撑斜杆的接长或剪刀撑斜杆与架体杆件固定不符合规范要求，每处扣2分	10		
5	保证项目	脚手板与防护栏杆	脚手板未满铺或铺设不牢、不稳，扣5～10分 脚手板规格或材质不符合规范要求，扣5～10分 架体外侧未设置密目式安全网封闭或网间连接不严，扣5～10分 作业层防护栏杆不符合规范要求，扣5分 作业层未设置高度不小于180mm的挡脚板，扣3分	10		
6	保证项目	交底与验收	架体搭设前未进行交底或交底未有文字记录，扣5～10分 架体分段搭设、分段使用未进行分段验收，扣5分 架体搭设完毕未办理验收手续，扣10分 验收内容未进行量化，或未经责任人签字确认，扣5分	10		
	保证项目	小计		60		
7	一般项目	横向水平杆设置	未在立杆与纵向水平杆交点处设置横向水平杆，每处扣2分 未按脚手板铺设的需要增加设置横向水平杆，每处扣2分 双排脚手架横向水平杆只固定一端，每处扣2分 单排脚手架横向水平杆插入墙内小于180mm，每处扣2分	10		
8	一般项目	杆件连接	纵向水平杆搭接长度小于1m或固定不符合要求，每处扣2分 立杆除顶层顶步外采用搭接，每处扣4分 杆件对接扣件的布置不符合规范要求，扣2分 扣件紧固力矩小于40N·m或大于65N·m，每处扣2分	10		
9	一般项目	层间防护	作业层脚手板下未采用安全平网兜底或作业层以下每隔10m未采用安全平网封闭，扣5分 作业层与建筑物之间未按规定进行封闭，扣5分	10		
10	一般项目	构配件材质	钢管直径、壁厚、材质不符合要求，扣5～10分 钢管弯曲、变形、锈蚀严重，扣10分 扣件未进行复试或技术性能不符合标准，扣5分	5		
11	一般项目	通道	未设置人员上下专用通道，扣5分 通道设置不符合要求，扣2分	5		
	一般项目	小计		40		
检查项目合计				100		

表 B.4　门式钢管脚手架检查评分表

序号	检查项目		扣分标准	应得分数	扣减分数	实得分数
1	保证项目	施工方案	未编制专项施工方案或未进行设计计算，扣 10 分 专项施工方案未按规定审核、审批，扣 10 分 架体搭设超过规范允许高度，专项施工方案未组织专家论证，扣 10 分	10		
2		架体基础	架体基础不平、不实，不符合专项施工方案要求，扣 5～10 分 架体底部未设置垫板或垫板的规格不符合要求，扣 2～5 分 架体底部未按规范要求设置底座，每处扣 2 分 架体底部未按规范要求设置扫地杆，扣 5 分 未采取排水措施，扣 8 分	10		
3		架体稳定	架体与建筑物结构拉结方式或间距不符合规范要求，每处扣 2 分 未按规范要求设置剪刀撑，扣 10 分 门架立杆垂直偏差超过规范要求，扣 5 分 交叉支撑的设置不符合规范要求，每处扣 2 分	10		
4		杆件锁臂	未按规定组装或漏装杆件、锁臂，扣 2～6 分 未按规范要求设置纵向水平加固杆，扣 10 分 扣件与连接的杆件参数不匹配，每处扣 2 分	10		
5		脚手板	脚手板未满铺或铺设不牢、不稳，扣 5～10 分 脚手板规格或材质不符合要求，扣 5～10 分 采用挂扣式钢脚手板时挂钩未挂扣在横向水平杆上或挂钩未处于锁住状态，每处扣 2 分	10		
6		交底与验收	架体搭设前未进行交底或交底未有文字记录，扣 5～10 分 架体分段搭设、分段使用未办理分段验收，扣 6 分 架体搭设完毕未办理验收手续，扣 10 分 验收内容未进行量化，或未经责任人签字确认，扣 5 分	10		
		小计		60		
7	一般项目	架体防护	作业层防护栏杆不符合规范要求，扣 5 分 作业层未设置高度不小于 180mm 的挡脚板，扣 3 分 架体外侧未设置密目式安全网封闭或网间连接不严，扣 5～10 分 作业层脚手板下未采用安全平网兜底或作业层以下每隔 10m 未采用安全平网封闭，扣 5 分	10		
8		构配件材质	杆件变形、锈蚀严重，扣 10 分 门架局部开焊，扣 10 分 构配件的规格、型号、材质或产品质量不符合规范要求，扣 5～10 分	10		
9		荷载	施工荷载超过设计规定，扣 10 分 荷载堆放不均匀，每处扣 5 分	10		
10		通道	未设置人员上下专用通道，扣 10 分 通道设置不符合要求，扣 5 分	10		
		小计		40		
检查项目合计				100		

表 B.5　碗扣式钢管脚手架检查评分表

序号	检查项目		扣分标准	应得分数	扣减分数	实得分数
1	保证项目	施工方案	未编制专项施工方案或未进行设计计算，扣 10 分 专项施工方案未按规定审核、审批，扣 10 分 架体搭设超过规范允许高度，专项施工方案未组织专家论证，扣 10 分	10		
2		架体基础	基础不平、不实，不符合专项施工方案要求，扣 5～10 分 架体底部未设置垫板或垫板的规格不符合要求，扣 2～5 分 架体底部未按规范要求设置底座，每处扣 2 分 架体底部未按规范要求设置扫地杆，扣 5 分 未采取排水措施，扣 8 分	10		
3		架体稳定	架体与建筑结构未按规范要求拉结，每处扣 2 分 架体底层第一步水平杆处未按规范要求设置连墙件或未采用其他可靠措施固定，每处扣 2 分 连墙件未采用刚性杆件，扣 10 分 未按规范要求设置专用斜杆或八字形斜撑，扣 5 分 专用斜杆两端未固定在纵、横向水平杆与立杆汇交的碗扣节点处，每处扣 2 分 专用斜杆或八字形斜撑未沿脚手架高度连续设置或角度不符合要求，扣 5 分	10		
4		杆件锁件	立杆间距、水平杆步距超过设计或规范要求，每处扣 2 分 未按专项施工方案设计的步距在立杆连接碗扣节点处设置纵、横向水平杆，每处扣 2 分 架体搭设高度超过 24m 时，顶部 24m 以下的连墙件层未按规定设置水平斜杆，扣 10 分 架体组装不牢或上碗扣紧固不符合要求，每处扣 2 分	10		
5		脚手板	脚手板未满铺或铺设不牢、不稳，扣 5～10 分 脚手板规格或材质不符合要求，扣 5～10 分 采用挂扣式钢脚手板时挂钩未挂扣在横向水平杆上或挂钩未处于锁住状态，每处扣 2 分	10		
6		交底与验收	架体搭设前未进行交底或交底未有文字记录，扣 5～10 分 架体分段搭设、分段使用未进行分段验收，扣 5 分 架体搭设完毕未办理验收手续，扣 10 分 验收内容未进行量化，或未经责任人签字确认，扣 5 分	10		
		小计		60		
7	一般项目	架体防护	架体外侧未采用密目式安全网封闭或网间连接不严，扣 5～10 分 作业层防护栏杆不符合规范要求，扣 5 分 作业层外侧未设置高度不小于 180 mm的挡脚板，扣 3 分 作业层脚手板下未采用安全平网兜底或作业层以下每隔 10m 未采用安全平网封闭，扣 5 分	10		
8		构配件材质	杆件弯曲、变形、锈蚀严重，扣 10 分 钢管、构配件的规格、型号、材质或产品质量不符合规范要求，扣 5～10分	10		

续表

序号	检查项目		扣分标准	应得分数	扣减分数	实得分数
9	一般项目	荷载	施工荷载超过设计规定，扣10分 荷载堆放不均匀，每处扣5分	10		
10		通道	未设置人员上下专用通道，扣10分 通道设置不符合要求，扣5分	10		
		小计		40		
检查项目合计				100		

表 B.6 承插型盘扣式钢管脚手架检查评分表

序号	检查项目		扣分标准	应得分数	扣减分数	实得分数
1	保证项目	施工方案	未编制专项施工方案或未进行设计计算，扣10分 专项施工方案未按规定审核、审批，扣10分	10		
2		架体基础	架体基础不平、不实、不符合专项施工方案要求，扣5～10分 架体立杆底部缺少垫板或垫板的规格不符合规范要求，每处扣2分 架体立杆底部未按要求设置可靠底座，每处扣2分 未按规范要求设置纵、横向扫地杆，扣5～10分 未采取排水措施，扣8分	10		
3		架体稳定	架体与建筑结构未按规范要求拉结，每处扣2分 架体底层第一步水平杆处未按规范要求设置连墙件或未采用其他可靠措施固定，每处扣2分 连墙件未采用刚性杆件，扣10分 未按规范要求设置竖向斜杆或剪刀撑，扣5分 竖向斜杆两端未固定在纵、横向水平杆与立杆汇交的盘扣节点处，每处扣2分 斜杆或剪刀撑未沿脚手架高度连续设置或角度不符合规范的要求，扣5分	10		
4		杆件设置	架体立杆间距、水平杆步距超过设计或规范要求，每处扣2分 未按专项施工方案设计的步距在立杆连接插盘处设置纵、横向水平杆，每处扣2分 双排脚手架的每步水平杆，当无挂扣钢脚手板时未按规范要求设置水平斜杆，扣5～10分	10		
5		脚手板	脚手板不满铺或铺设不牢、不稳，扣5～10分 脚手板规格或材质不符合要求，扣5～10分 采用挂扣式钢脚手板时挂钩未挂扣在水平杆上或挂钩未处于锁住状态，每处扣2分	10		
6		交底与验收	架体搭设前未进行交底或交底未有文字记录，扣5～10分 架体分段搭设、分段使用未进行分段验收，扣5分 架体搭设完毕未办理验收手续，扣10分 验收内容未进行量化，或未经责任人签字确认，扣5分	10		
		小计		60		

续表

序号	检查项目		扣分标准	应得分数	扣减分数	实得分数
7	一般项目	架体防护	架体外侧未采用密目式安全网封闭或网间连接不严，扣5～10分 作业层防护栏杆不符合规范要求，扣5分 作业层外侧未设置高度不小于180mm的挡脚板，扣3分 作业层脚手板下未采用安全平网兜底或作业层以下每隔10m未采用安全平网封闭，扣5分	10		
8		杆件连接	立杆竖向接长位置不符合要求，每处扣2分 剪刀撑的斜杆接长不符合要求，扣8分	10		
9		构配件材质	钢管、构配件的规格、型号、材质或产品质量不符合规范要求，扣5分 钢管弯曲、变形、锈蚀严重，扣10分	10		
10		通道	未设置人员上下专用通道，扣10分 通道设置不符合要求，扣5分	10		
		小计		40		
检查项目合计				100		

表B.7　满堂脚手架检查评分表

序号	检查项目		扣分标准	应得分数	扣减分数	实得分数
1	保证项目	施工方案	未编制专项施工方案或未进行设计计算，扣10分 专项施工方案未按规定审核、审批，扣10分	10		
2		架体基础	架体基础不平、不实、不符合专项施工方案要求，扣5～10分 架体底部未设置垫板或垫板的规格不符合规范要求，每处扣2～5分 架体底部未按规范要求设置底座，每处扣2分 架体底部未按规范要求设置扫地杆，扣5分 未采取排水措施，扣8分	10		
3		架体稳定	架体四周与中间未按规范要求设置竖向剪刀撑或专用斜杆，扣10分 未按规范要求设置水平剪刀撑或专用水平斜杆，扣10分 架体高宽比超过规范要求时未采取与结构拉结或其他可靠的稳定措施，扣10分	10		
4		杆件锁件	架体立杆间距、水平杆步距超过设计和规范要求，每处扣2分 杆件接长不符合要求，每处扣2分 架体搭设不牢或杆件节点紧固不符合要求，每处扣2分	10		
5		脚手板	脚手板不满铺或铺设不牢、不稳，扣5～10分 脚手板规格或材质不符合要求，扣5～10分 采用挂扣式钢脚手板时挂钩未挂扣在水平杆上或挂钩未处于锁住状态，每处扣2分	10		

续表

序号	检查项目		扣分标准	应得分数	扣减分数	实得分数
6	保证项目	交底与验收	架体搭设前未进行交底或交底未有文字记录，扣5～10分 架体分段搭设、分段使用未进行分段验收，扣5分 架体搭设完毕未办理验收手续，扣10分 验收内容未进行量化，或未经责任人签字确认，扣5分	10		
		小计		60		
7	一般项目	架体防护	作业层防护栏杆不符合规范要求，扣5分 作业层外侧未设置高度不小于180mm挡脚板，扣3分 作业层脚手板下未采用安全平网兜底或作业层以下每隔10m未采用安全平网封闭，扣5分	10		
8		构配件材质	钢管、构配件的规格、型号、材质或产品质量不符合规范要求，扣5～10分 杆件弯曲、变形、锈蚀严重，扣10分	10		
9		荷载	架体的施工荷载超过设计和规范要求，扣10分 荷载堆放不均匀，每处扣5分	10		
10		通道	未设置人员上下专用通道，扣10分 通道设置不符合要求，扣5分	10		
		小计		40		
检查项目合计				100		

表 B.8 悬挑式脚手架检查评分表

序号	检查项目		扣分标准	应得分数	扣减分数	实得分数
1	保证项目	施工方案	未编制专项施工方案或未进行设计计算，扣10分 专项施工方案未按规定审核、审批，扣10分 架体搭设超过规范允许高度，专项施工方案未按规定组织专家论证，扣10分	10		
2		悬挑钢梁	钢梁截面高度未按设计确定或截面型式不符合设计和规范要求，扣10分 钢梁固定段长度小于悬挑段长度的1.25倍，扣5分 钢梁外端未设置钢丝绳或钢拉杆与上一层建筑结构拉结，每处扣2分 钢梁与建筑结构锚固处、结构强度、锚固措施不符合设计和规范要求，扣5～10分 钢梁间距未按悬挑架体立杆纵距设置，扣5分	10		

续表

序号	检查项目		扣分标准	应得分数	扣减分数	实得分数
3	保证项目	架体稳定	立杆底部与悬挑钢梁连接处未采取可靠固定措施，每处扣2分 承插式立杆接长未采取螺栓或销钉固定，每处扣2分 纵横向扫地杆的设置不符合规范要求，扣5～10分 未在架体外侧设置连续式剪刀撑，扣10分 未按规定设置横向斜撑，扣5分 架体未按规定与建筑结构拉结，每处扣5分	10		
4		脚手板	脚手板规格、材质不符合要求，扣5～10分 脚手板未满铺或铺设不严、不牢、不稳，扣5～10分	10		
5		荷载	脚手架施工荷载超过设计规定，扣10分 施工荷载堆放不均匀，每处扣5分	10		
6		交底与验收	架体搭设前未进行交底或交底未有文字记录，扣5～10分 架体分段搭设、分段使用未进行分段验收，扣6分 架体搭设完毕未办理验收手续，扣10分 验收内容未进行量化，或未经责任人签字确认，扣5分	10		
		小计		60		
7	一般项目	杆件间距	立杆间距、纵向水平杆步距超过设计或规范要求，每处扣2分 未在立杆与纵向水平杆交点处设置横向水平杆，每处扣2分 未按脚手板铺设的需要增加设置横向水平杆，每处扣2分	10		
8		架体防护	作业层防护栏杆不符合规范要求，扣5分 作业层架体外侧未设置高度不小于180mm的挡脚板，扣3分 架体外侧未采用密目式安全网封闭或网间不严，扣5～10分	10		
9		层间防护	作业层脚手板下未采用安全平网兜底或作业层以下每隔10m未采用安全平网封闭，扣5分 作业层与建筑物之间未进行封闭，扣5分 架体底层沿建筑结构边缘，悬挑钢梁与悬挑钢梁之间未采取封闭措施或封闭不严，扣2～8分 架体底层未进行封闭或封闭不严，扣2～10分	10		

续表

序号	检查项目		扣分标准	应得分数	扣减分数	实得分数
10	一般项目	构配件材质	型钢、钢管、构配件规格及材质不符合规范要求，扣5～10分 型钢、钢管、构配件弯曲、变形、锈蚀严重，扣10分	10		
		小计		40		
检查项目合计				100		

表B.9 附着式升降脚手架检查评分表

序号	检查项目		扣分标准	应得分数	扣减分数	实得分数
1	保证项目	施工方案	未编制专项施工方案或未进行设计计算，扣10分 专项施工方案未按规定审核、审批，扣10分 脚手架提升超过规定允许高度，专项施工方案未按规定组织专家论证，扣10分	10		
2		安全装置	未采用防坠落装置或技术性能不符合规范要求，扣10分 防坠落装置与升降设备未分别独立固定在建筑结构上，扣10分 防坠落装置未设置在竖向主框架处并与建筑结构附着，扣10分 未安装防倾覆装置或防倾覆装置不符合规范要求，扣5～10分 升降或使用工况，最上和最下两个防倾装置之间的最小间距不符合规范要求，扣8分 未安装同步控制装置或技术性能不符合规范要求，扣5～8分	10		
3		架体构造	架体高度大于5倍楼层高，扣10分 架体宽度大于1.2m，扣5分 直线布置的架体支承跨度大于7m或折线、曲线布置的架体支承跨度大于5.4m，扣8分 架体的水平悬挑长度大于2m或大于跨度1/2，扣10分 架体悬臂高度大于架体高度2/5或大于6m，扣10分 架体全高与支撑跨度的乘积大于$110m^2$，扣10分	10		
4		附着支座	未按竖向主框架所覆盖的每个楼层设置一道附着支座，扣10分 使用工况未将竖向主框架与附着支座固定，扣10分 升降工况未将防倾、导向装置设置在附着支座上，扣10分 附着支座与建筑结构连接固定方式不符合规范要求，扣5～10分	10		
5		架体安装	主框架及水平支承桁架的节点未采用焊接或螺栓连接，扣10分 各杆件轴线未汇交于节点，扣3分 水平支承桁架的上弦及下弦之间设置的水平支撑杆件未采用焊接或螺栓连接，扣5分 架体立杆底端未设置在水平支承桁架上弦杆件节点处，扣10分 竖向主框架组装高度低于架体高度，扣5分 架体外立面设置的连续剪刀撑未将竖向主框架、水平支承桁架和架体构架连成一体，扣8分	10		
6		架体升降	两跨及以上架体升降采用手动升降设备，扣10分 升降工况附着支座与建筑结构连接处混凝土强度未达到设计和规范要求，扣10分 升降工况架体上有施工荷载或有人员停留，扣10分	10		
		小计		60		

续表

序号	检查项目		扣分标准	应得分数	扣减分数	实得分数
7	一般项目	检查验收	主要构配件进场未进行验收，扣6分 分区段安装、分区段使用未进行分区段验收，扣8分 架体搭设完毕未办理验收手续，扣10分 验收内容未进行量化，或未经责任人签字确认，扣5分 架体提升前未有检查记录，扣6分 架体提升后、使用前未履行验收手续或资料不全，扣2～8分	10		
8		脚手板	脚手板未满铺或铺设不严、不牢，扣3～5分 作业层与建筑结构之间空隙封闭不严，扣3～5分 脚手板规格、材质不符合要求，扣5～10分	10		
9		架体防护	脚手架外侧未采用密目式安全网封闭或网间连接不严，扣5～10分 作业层防护栏杆不符合规范要求，扣5分 作业层未设置高度不小于180mm的挡脚板，扣3分	10		
10		安全作业	操作前未向有关技术人员和作业人员进行安全技术交底或交底未有文字记录，扣5～10分 作业人员未经培训或未定岗定责，扣5～10分 安装拆除单位资质不符合要求或特种作业人员未持证上岗，扣5～10分 安装、升降、拆除时未设置安全警戒区及专人监护，扣10分 荷载不均匀或超载，扣5～10分	10		
		小计		40		
检查项目合计				100		

表B.10　高处作业吊篮检查评分表

序号	检查项目		扣分标准	应得分数	扣减分数	实得分数
1	保证项目	施工方案	未编制专项施工方案或未对吊篮支架支撑处结构的承载力进行验算，扣10分 专项施工方案未按规定审核、审批，扣10分	10		
2		安全装置	未安装防坠安全锁或安全锁失灵，扣10分 防坠安全锁超过标定期限仍在使用，扣10分 未设置挂设安全带专用安全绳及安全锁扣或安全绳未固定在建筑物可靠位置，扣10分 吊篮未安装上限位装置或限位装置失灵，扣10分	10		
3		悬挂机构	悬挂机构前支架支撑在建筑物女儿墙上或挑檐边缘，扣10分 前梁外伸长度不符合产品说明书规定，扣10分 前支架与支撑面不垂直或脚轮受力，扣10分 上支架未固定在前支架调节杆与悬挑梁连接的节点处，扣5分 使用破损的配重块或采用其他替代物，扣10分 配重块未固定或重量不符合设计规定，扣10分	10		
4		钢丝绳	钢丝绳有断丝、松股、硬弯、锈蚀或有油污附着物，扣10分 安全钢丝绳规格、型号与工作钢丝绳不相同或未独立悬挂，扣10分 安全钢丝绳不悬垂，扣10分 电焊作业时未对钢丝绳采取保护措施，扣5～10分	10		

续表

序号	检查项目		扣分标准	应得分数	扣减分数	实得分数
5	保证项目	安装作业	吊篮平台组装长度不符合产品说明书和规范要求，扣10分 吊篮组装的构配件不是同一生产厂家的产品，扣5～10分	10		
6		升降作业	操作升降人员未经培训合格，扣10分 吊篮内作业人员数量超过2人，扣10分 吊篮内作业人员未将安全带用安全锁扣挂置在独立设置的专用安全绳上，扣10分 作业人员未从地面进出吊篮，扣5分	10		
		小计		60		
7	一般项目	交底与验收	未履行验收程序，验收表未经责任人签字确认，扣5～10分 验收内容未进行量化，扣5分 每天班前班后未进行检查，扣5分 吊篮安装使用前未进行交底或交底未留有文字记录，扣5～10分	10		
8		安全防护	吊篮平台周边的防护栏杆或挡脚板的设置不符合规范要求，扣5～10分 多层或立体交叉作业未设置防护顶板，扣8分	10		
9		吊篮稳定	吊篮作业未采取防摆动措施，扣5分 吊篮钢丝绳不垂直或吊篮距建筑物空隙过大，扣5分	10		
10		荷载	施工荷载超过设计规定，扣10分 荷载堆放不均匀，扣5分	10		
		小计		40		
检查项目合计				100		

表B.11 基坑工程检查评分表

序号	检查项目		扣分标准	应得分数	扣减分数	实得分数
1	保证项目	施工方案	基坑工程未编制专项施工方案，扣10分 专项施工方案未按规定审核、审批，扣10分 超过一定规模条件的基坑工程专项施工方案未按规定组织专家论证，扣10分 基坑周边环境或施工条件发生变化，专项施工方案未重新进行审核、审批，扣10分	10		
2		基坑支护	人工开挖的狭窄基槽，开挖深度较大或存在边坡塌方危险未采取支护措施，扣10分 自然放坡的坡率不符合专项施工方案和规范要求，扣10分 基坑支护结构不符合设计要求，扣10分 支护结构水平位移达到设计报警值未采取有效控制措施，扣10分	10		
3		降排水	基坑开挖深度范围内有地下水未采取有效的降排水措施，扣10分 基坑边沿周围地面未设排水沟或排水沟设置不符合规范要求，扣5分 放坡开挖对坡顶、坡面、坡脚未采取降排水措施，扣5～10分 基坑底四周未设排水沟和集水井或排除积水不及时，扣5～8分	10		

续表

序号	检查项目		扣分标准	应得分数	扣减分数	实得分数
4	保证项目	基坑开挖	支护结构未达到设计要求的强度提前开挖下层土方，扣10分 未按设计和施工方案的要求分层、分段开挖或开挖不均衡，扣10分 基坑开挖过程中未采取防止碰撞支护结构或工程桩的有效措施，扣10分 机械在软土场地作业，未采取铺设渣土、砂石等硬化措施，扣10分	10		
5		坑边荷载	基坑边堆置土、料具等荷载超过基坑支护设计允许要求，扣10分 施工机械与基坑边沿的安全距离不符合设计要求，扣10分	10		
6		安全防护	开挖深度2m及以上的基坑周边未按规范要求设置防护栏杆或栏杆设置不符合规范要求，扣5～10分 基坑内未设置供施工人员上下的专用梯道或梯道设置不符合规范要求，扣5～10分 降水井口未设置防护盖板或围栏，扣10分	10		
		小计		60		
7	一般项目	基坑监测	未按要求进行基坑工程监测，扣10分 基坑监测项目不符合设计和规范要求，扣5～10分 监测的时间间隔不符合监测方案要求或监测结果变化速率较大未加密观测次数，扣5～8分 未按设计要求提交监测报告或监测报告内容不完整，扣5～8分	10		
8		支撑拆除	基坑支撑结构的拆除方式、拆除顺序不符合专项施工方案要求，扣5～10分 机械拆除作业时，施工荷载大于支撑结构承载能力，扣10分 人工拆除作业时，未按规定设置防护设施，扣8分 采用非常规拆除方式不符合国家现行相关规范要求，扣10分	10		
9		作业环境	基坑内土方机械、施工人员的安全距离不符合规范要求，扣10分 上下垂直作业未采取防护措施，扣5分 在各种管线范围内挖土作业未设专人监护，扣5分 作业区光线不良，扣5分	10		
10		应急预案	未按要求编制基坑工程应急预案或应急预案内容不完整，扣5～10分 应急组织机构不健全或应急物资、材料、工具机具储备不符合应急预案要求，扣2～6分	10		
		小计		40		
检查项目合计				100		

表 B.12　模板支架检查评分表

序号	检查项目		扣　分　标　准	应得分数	扣减分数	实得分数
1	保证项目	施工方案	未编制专项施工方案或结构设计未经计算，扣10分 专项施工方案未经审核、审批，扣10分 超规模模板支架专项施工方案未按规定组织专家论证，扣10分	10		
2		支架基础	基础不坚实平整、承载力不符合专项施工方案要求，扣5～10分 支架底部未设置垫板或垫板的规格不符合规范要求，扣5～10分 支架底部未按规范要求设置底座，每处扣2分 未按规范要求设置扫地杆，扣5分 未设置排水设施，扣5分 支架设在楼面结构上时，未对楼面结构的承载力进行验算或楼面结构下方未采取加固措施，扣10分	10		
3		支架构造	立杆纵、横间距大于设计和规范要求，每处扣2分 水平杆步距大于设计和规范要求，每处扣2分 水平杆未连续设置，扣5分 未按规范要求设置竖向剪刀撑或专用斜杆，扣10分 未按规范要求设置水平剪刀撑或专用水平斜杆，扣10分 剪刀撑或斜杆设置不符合规范要求，扣5分	10		
4		支架稳定	支架高宽比超过规范要求未采取与建筑结构刚性连接或增加架体宽度等措施，扣10分 立杆伸出顶层水平杆的长度超过规范要求，每处扣2分 浇筑混凝土未对支架的基础沉降、架体变形采取监测措施，扣8分	10		
5		施工荷载	荷载堆放不均匀，每处扣5分 施工荷载超过设计规定，扣10分 浇筑混凝土未对混凝土堆积高度进行控制，扣8分	10		
6		交底与验收	支架搭设、拆除前未进行交底或无文字记录，扣5～10分 架体搭设完毕未办理验收手续，扣10分 验收内容未进行量化，或未经责任人签字确认，扣5分	10		
		小计		60		
7	一般项目	杆件连接	立杆连接不符合规范要求，扣3分 水平杆连接不符合规范要求，扣3分 剪刀撑斜杆接长不符合规范要求，每处扣3分 杆件各连接点的紧固不符合规范要求，每处扣2分	10		
8		底座与托撑	螺杆直径与立杆内径不匹配，每处扣3分 螺杆旋入螺母内的长度或外伸长度不符合规范要求，每处扣3分	10		
9		构配件材质	钢管、构配件的规格、型号、材质不符合规范要求，扣5～10分 杆件弯曲、变形、锈蚀严重，扣10分	10		
10		支架拆除	支架拆除前未确认混凝土强度达到设计要求，扣10分 未按规定设置警戒区或未设置专人监护，扣5～10分	10		
		小计		40		
检查项目合计				100		

表 B.13　高处作业检查评分表

序号	检查项目	扣分标准	应得分数	扣减分数	实得分数
1	安全帽	施工现场人员未戴安全帽，每人扣 5 分 未按标准佩戴安全帽，每人扣 2 分 安全帽质量不符合现行国家相关标准的要求，扣 5 分	10		
2	安全网	在建工程外脚手架架体外侧未采用密目式安全网封闭或网间连接不严，扣 2～10 分 安全网质量不符合现行国家相关标准的要求，扣 10 分	10		
3	安全带	高处作业人员未按规定系挂安全带，每人扣 5 分 安全带系挂不符合要求，每人扣 5 分 安全带质量不符合现行国家相关标准的要求，扣 10 分	10		
4	临边防护	工作面边沿无临边防护，扣 10 分 临边防护设施的构造、强度不符合规范要求，扣 5 分 防护设施未形成定型化、工具式，扣 3 分	10		
5	洞口防护	在建工程的孔、洞未采取防护措施，每处扣 5 分 防护措施、设施不符合要求或不严密，每处扣 3 分 防护设施未形成定型化、工具式，扣 3 分 电梯井内未按每隔两层且不大于 10m 设置安全平网，扣 5 分	10		
6	通道口防护	未搭设防护棚或防护不严、不牢固，扣 5～10 分 防护棚两侧未进行封闭，扣 4 分 防护棚宽度小于通道口宽度，扣 4 分 防护棚长度不符合要求，扣 4 分 建筑物高度超过 24m，防护棚顶未采用双层防护，扣 4 分 防护棚的材质不符合规范要求，扣 5 分	10		
7	攀登作业	移动式梯子的梯脚底部垫高使用，扣 3 分 折梯未使用可靠拉撑装置，扣 5 分 梯子的材质或制作质量不符合规范要求，扣 10 分	10		
8	悬空作业	悬空作业处未设置防护栏杆或其他可靠的安全设施，扣 5～10 分 悬空作业所用的索具、吊具等未经验收，扣 5 分 悬空作业人员未系挂安全带或佩戴工具袋，扣 2～10 分	10		
9	移动式操作平台	操作平台未按规定进行设计计算，扣 8 分 移动式操作平台，轮子与平台的连接不牢固可靠或立柱底端距离地面超过 80mm，扣 5 分 操作平台的组装不符合设计和规范要求，扣 10 分 平台台面铺板不严，扣 5 分 操作平台四周未按规定设置防护栏杆或未设置登高扶梯，扣 10 分 操作平台的材质不符合规范要求，扣 10 分	10		
10	悬挑式物料钢平台	未编制专项施工方案或未经设计计算，扣 10 分 悬挑式钢平台的下部支撑系统或上部拉结点，未设置在建筑结构上，扣 10 分 斜拉杆或钢丝绳未按要求在平台两侧各设置两道，扣 10 分 钢平台未按要求设置固定的防护栏杆或挡脚板，扣 3～10 分 钢平台台面铺板不严或钢平台与建筑结构之间铺板不严，扣 5 分 未在平台明显处设置荷载限定标牌，扣 5 分	10		
检查项目合计			100		

表 B.14　施工用电检查评分表

序号	检查项目		扣　分　标　准	应得分数	扣减分数	实得分数
1	保证项目	外电防护	外电线路与在建工程及脚手架、起重机械、场内机动车道之间的安全距离不符合规范要求且未采取防护措施，扣 10 分 防护设施未设置明显的警示标志，扣 5 分 防护设施与外电线路的安全距离及搭设方式不符合规范要求，扣 5～10 分 在外电架空线路正下方施工、建造临时设施或堆放材料物品，扣 10 分	10		
2		接地与接零保护系统	施工现场专用的电源中性点直接接地的低压配电系统未采用 TN-S 接零保护系统，扣 20 分 配电系统未采用同一保护系统，扣 20 分 保护零线引出位置不符合规范要求，扣 5～10 分 电气设备未接保护零线，每处扣 2 分 保护零线装设开关、熔断器或通过工作电流，扣 20 分 保护零线材质、规格及颜色标记不符合规范要求，每处扣 2 分 工作接地与重复接地的设置、安装及接地装置的材料不符合规范要求，扣10～20 分 工作接地电阻大于 4Ω，重复接地电阻大于 10Ω，扣 20 分 施工现场起重机、物料提升机、施工升降机、脚手架防雷措施不符合规范要求，扣 5～10 分 做防雷接地机械上的电气设备，保护零线未做重复接地，扣 10 分	20		
3		配电线路	线路及接头不能保证机械强度和绝缘强度，扣 5～10 分 线路未设短路、过载保护，扣 5～10 分 线路截面不能满足负荷电流，每处扣 2 分 线路的设施、材料及相序排列、挡距、与邻近线路或固定物的距离不符合规范要求，扣 5～10 分； 电缆沿地面明设，沿脚手架、树木等敷设或敷设不符合规范要求，扣 5～10 分 线路敷设的电缆不符合规范要求，扣 5～10 分 室内明敷主干线距地面高度小于 2.5m，每处扣 2 分	10		
4		配电箱与开关箱	配电系统未采用三级配电、二级漏电保护系统，扣 10～20 分 用电设备未有各自专用的开关箱，每处扣 2 分 箱体结构、箱内电器设置不符合规范要求，扣 10～20 分 配电箱零线端子板的设置、连接不符合规范要求，扣 5～10分 漏电保护器参数不匹配或检测不灵敏，每处扣 2 分 配电箱与开关箱电器损坏或进出线混乱，每处扣 2 分 箱体未设置系统接线图和分路标记，每处扣 2 分 箱体未设门、锁，未采取防雨措施，每处扣 2 分 箱体安装位置、高度及周边通道不符合规范要求，每处扣 2 分 分配电箱与开关箱、开关箱与用电设备的距离不符合规范要求，每处扣 2 分	20		
		小计		60		
5	一般项目	配电室与配电装置	配电室建筑耐火等级未达到三级，扣 15 分 未配置适用于电气火灾的灭火器材，扣 3 分 配电室、配电装置布设不符合规范要求，扣 5～10 分 配电装置中的仪表、电气元件设置不符合规范要求或仪表、电气元件损坏，扣 5～10 分 备用发电机组未与外电线路进行连锁，扣 15 分 配电室未采取防雨雪和小动物侵入的措施，扣 10 分 配电室未设警示标志、工地供电平面图和系统图，扣 3～5 分	15		

续表

序号	检查项目		扣分标准	应得分数	扣减分数	实得分数
6	一般项目	现场照明	照明用电与动力用电混用，每处扣2分 特殊场所未使用36V及以下安全电压，扣15分 手持照明灯未使用36V以下电源供电，扣10分 照明变压器未使用双绕组安全隔离变压器，扣15分 灯具金属外壳未接保护零线，每处扣2分 灯具与地面、易燃物之间小于安全距离，每处扣2分 照明线路和安全电压线路的架设不符合规范要求，扣10分 施工现场未按规范要求配备应急照明，每处扣2分	15		
7		用电档案	总包单位与分包单位未订立临时用电管理协议，扣10分 未制定专项用电施工组织设计、外电防护专项方案或设计、方案缺乏针对性，扣5～10分 专项用电施工组织设计、外电防护专项方案未履行审批程序，实施后相关部门未组织验收，扣5～10分 接地电阻、绝缘电阻和漏电保护器检测记录未填写或填写不真实，扣3分 安全技术交底、设备设施验收记录未填写或填写不真实，扣3分 定期巡视检查、隐患整改记录未填写或填写不真实，扣3分 档案资料不齐全、未设专人管理，扣3分	10		
		小计		40		
检查项目合计				100		

表B.15　物料提升机检查评分表

序号	检查项目		扣分标准	应得分数	扣减分数	实得分数
1	保证项目	安全装置	未安装起重量限制器、防坠安全器，扣15分 起重量限制器、防坠安全器不灵敏，扣15分 安全停层装置不符合规范要求或未达到定型化，扣5～10分 未安装上行程限位，扣15分 上行程限位不灵敏、安全越程不符合规范要求，扣10分 物料提升机安装高度超过30m，未安装渐进式防坠安全器、自动停层、语音及影像信号监控装置，每项扣5分	15		
2		防护设施	未设置防护围栏或设置不符合规范要求，扣5～15分 未设置进料口防护棚或设置不符合规范要求，扣5～15分 停层平台两侧未设置防护栏杆、挡脚板，每处扣2分 停层平台脚手板铺设不严、不牢，每处扣2分 未安装平台门或平台门不起作用，扣5～15分 平台门未达到定型化，每处扣2分 吊笼门不符合规范要求，扣10分	15		
3		附墙架与缆风绳	附墙架结构、材质、间距不符合产品说明书要求，扣10分 附墙架未与建筑结构可靠连接，扣10分 缆风绳设置数量、位置不符合规范要求，扣5分 缆风绳未使用钢丝绳或未与地锚连接，扣10分 钢丝绳直径小于8mm或角度不符合45°～60°要求，扣5～10分 安装高度超过30m的物料提升机使用缆风绳，扣10分 地锚设置不符合规范要求，每处扣5分	10		

续表

序号	检查项目		扣 分 标 准	应得分数	扣减分数	实得分数
4	保证项目	钢丝绳	钢丝绳磨损、变形、锈蚀达到报废标准，扣10分 钢丝绳绳夹设置不符合规范要求，每处扣2分 吊笼处于最低位置，卷筒上钢丝绳少于3圈，扣10分 未设置钢丝绳过路保护措施或钢丝绳拖地，扣5分	10		
5	保证项目	安拆、验收与使用	安装、拆卸单位未取得专业承包资质和安全生产许可证，扣10分 未制定专项施工方案或未经审核、审批，扣10分 未履行验收程序或验收表未经责任人签字，扣5～10分 安装、拆除人员及司机未持证上岗，扣10分 物料提升机作业前未按规定进行例行检查或未填写检查记录，扣4分 实行多班作业未按规定填写交接班记录，扣3分	10		
	保证项目	小计		60		
6	一般项目	基础与导轨架	基础的承载力、平整度不符合规范要求，扣5～10分 基础周边未设排水设施，扣5分 导轨架垂直度偏差大于导轨架高度0.15%，扣5分 井架停层平台通道处的结构未采取加强措施，扣8分	10		
7	一般项目	动力与传动	卷扬机、曳引机安装不牢固，扣10分 卷筒与导轨架底部导向轮的距离小于20倍卷筒宽度未设置排绳器，扣5分 钢丝绳在卷筒上排列不整齐，扣5分 滑轮与导轨架、吊笼未采用刚性连接，扣10分 滑轮与钢丝绳不匹配，扣10分 卷筒、滑轮未设置防止钢丝绳脱出装置，扣5分 曳引钢丝绳为2根及以上时，未设置曳引力平衡装置，扣5分	10		
8	一般项目	通信装置	未按规范要求设置通信装置，扣5分 通信装置信号显示不清晰，扣3分	5		
9	一般项目	卷扬机操作棚	未设置卷扬机操作棚，扣10分 操作棚搭设不符合规范要求，扣5～10分	10		
10	一般项目	避雷装置	物料提升机在其他防雷保护范围以外未设置避雷装置，扣5分 避雷装置不符合规范要求，扣3分	5		
	一般项目		小计	40		
检查项目合计				100		

表 B.16　施工升降机检查评分表

序号	检查项目		扣 分 标 准	应得分数	扣减分数	实得分数
1	保证项目	安全装置	未安装起重量限制器或起重量限制器不灵敏，扣10分 未安装渐进式防坠安全器或防坠安全器不灵敏，扣10分 防坠安全器超过有效标定期限，扣10分 对重钢丝绳未安装防松绳装置或防松绳装置不灵敏，扣5分 未安装急停开关或急停开关不符合规范要求，扣5分 未安装吊笼和对重缓冲器或缓冲器不符合规范要求，扣5分 SC型施工升降机未安装安全钩，扣10分	10		

续表

序号	检查项目		扣 分 标 准	应得分数	扣减分数	实得分数
2	保证项目	限位装置	未安装极限开关或极限开关不灵敏，扣10分 未安装上限位开关或上限位开关不灵敏，扣10分 未安装下限位开关或下限位开关不灵敏，扣5分 极限开关与上限位开关安全越程不符合规范要求，扣5分 极限开关与上、下限位开关共用一个触发元件，扣5分 未安装吊笼门机电连锁装置或不灵敏，扣10分 未安装吊笼顶窗电气安全开关或不灵敏，扣5分	10		
3		防护设施	未设置地面防护围栏或设置不符合规范要求，扣5～10分 未安装地面防护围栏门联锁保护装置或联锁保护装置不灵敏，扣5～8分 未设置出入口防护棚或设置不符合规范要求，扣5～10分 停层平台搭设不符合规范要求，扣5～8分 未安装层门或层门不起作用，扣5～10分 层门不符合规范要求、未达到定型化，每处扣2分	10		
4		附墙架	附墙架采用非配套标准产品未进行设计计算，扣10分 附墙架与建筑结构连接方式、角度不符合产品说明书要求，扣5～10分 附墙架间距、最高附着点以上导轨架的自由高度超过产品说明书要求，扣10分	10		
5		钢丝绳、滑轮与对重	对重钢丝绳绳数少于2根或未相对独立，扣5分 钢丝绳磨损、变形、锈蚀达到报废标准，扣10分 钢丝绳的规格、固定不符合产品说明书及规范要求，扣10分 滑轮未安装钢丝绳防脱装置或不符合规范要求，扣4分 对重重量、固定不符合产品说明书及规范要求，扣10分 对重未安装防脱轨保护装置，扣5分	10		
6		安拆、验收与使用	安装、拆卸单位未取得专业承包资质和安全生产许可证，扣10分 未编制安装、拆卸专项方案或专项方案未经审核、审批，扣10分 未履行验收程序或验收表未经责任人签字，扣5～10分 安装、拆除人员及司机未持证上岗，扣10分 施工升降机作业前未按规定进行例行检查，未填写检查记录，扣4分 实行多班作业未按规定填写交接班记录，扣3分	10		
		小计		60		
7	一般项目	导轨架	导轨架垂直度不符合规范要求，扣10分 标准节质量不符合产品说明书及规范要求，扣10分 对重导轨不符合规范要求，扣5分 标准节连接螺栓使用不符合产品说明书及规范要求，扣5～8分	10		
8		基础	基础制作、验收不符合产品说明书及规范要求，扣5～10分 基础设置在地下室顶板或楼面结构上，未对其支承结构进行承载力验算，扣10分 基础未设置排水设施，扣4分	10		

续表

序号	检查项目		扣分标准	应得分数	扣减分数	实得分数
9	一般项目	电气安全	施工升降机与架空线路距离不符合规范要求，未采取防护措施，扣10分 防护措施不符合规范要求，扣5分 未设置电缆导向架或设置不符合规范要求，扣5分 施工升降机在防雷保护范围以外未设置避雷装置，扣10分 避雷装置不符合规范要求，扣5分	10		
10		通信装置	未安装楼层信号联络装置，扣10分 楼层联络信号不清晰，扣5分	10		
			小计	40		
检查项目合计				100		

表B.17 塔式起重机检查评分表

序号	检查项目		扣分标准	应得分数	扣减分数	实得分数
1	保证项目	载荷限制装置	未安装起重量限制器或不灵敏，扣10分 未安装力矩限制器或不灵敏，扣10分	10		
2		行程限位装置	未安装起升高度限位器或不灵敏，扣10分 起升高度限位器的安全越程不符合规范要求，扣6分 未安装幅度限位器或不灵敏，扣10分 回转不设集电器的塔式起重机未安装回转限位器或不灵敏，扣6分 行走式塔式起重机未安装行走限位器或不灵敏，扣10分	10		
3		保护装置	小车变幅的塔式起重机未安装断绳保护及断轴保护装置，扣8分 行走及小车变幅的轨道行程末端未安装缓冲器及止挡装置或不符合规范要求，扣4～8分 起重臂根部绞点高度大于50m的塔式起重机未安装风速仪或不灵敏，扣4分 塔式起重机顶部高度大于30m且高于周围建筑物未安装障碍指示灯，扣4分	10		
4		吊钩、滑轮、卷筒与钢丝绳	吊钩未安装钢丝绳防脱钩装置或不符合规范要求，扣10分 吊钩磨损、变形达到报废标准，扣10分 滑轮、卷筒未安装钢丝绳防脱装置或不符合规范要求，扣4分 滑轮及卷筒磨损达到报废标准，扣10分 钢丝绳磨损、变形、锈蚀达到报废标准，扣10分 钢丝绳的规格、固定、缠绕不符合产品说明书及规范要求，扣5～10分	10		
5		多塔作业	多塔作业未制定专项施工方案或施工方案未经审批，扣10分 任意两台塔式起重机之间的最小架设距离不符合规范要求，扣10分	10		
6		安拆、验收与使用	安装、拆卸单位未取得专业承包资质和安全生产许可证，扣10分 未制定安装、拆卸专项方案，扣10分 方案未经审核、审批，扣10分 未履行验收程序或验收表未经责任人签字，扣5～10分 安装、拆除人员及司机、指挥未持证上岗，扣10分 塔式起重机作业前未按规定进行例行检查，未填写检查记录，扣4分 实行多班作业未按规定填写交接班记录，扣3分	10		
		小计		60		

续表

序号	检查项目		扣分标准	应得分数	扣减分数	实得分数
7	一般项目	附着	塔式起重机高度超过规定未安装附着装置，扣10分 附着装置水平距离不满足产品说明书要求，未进行设计计算和审批，扣8分 安装内爬式塔式起重机的建筑承载结构未进行承载力验算，扣8分 附着装置安装不符合产品说明书及规范要求，扣5～10分 附着前和附着后塔身垂直度不符合规范要求，扣10分	10		
8		基础与轨道	塔式起重机基础未按产品说明书及有关规定设计、检测、验收，扣5～10分 基础未设置排水措施，扣4分 路基箱或枕木铺设不符合产品说明书及规范要求，扣6分 轨道铺设不符合产品说明书及规范要求，扣6分	10		
9		结构设施	主要结构件的变形、锈蚀不符合规范要求，扣10分 平台、走道、梯子、护栏的设置不符合规范要求，扣4～8分 高强螺栓、销轴、紧固件的紧固、连接不符合规范要求，扣5～10分	10		
10		电气安全	未采用TN-S接零保护系统供电，扣10分 塔式起重机与架空线路安全距离不符合规范要求，未采取防护措施，扣10分 防护措施不符合规范要求，扣5分 未安装避雷接地装置，扣10分 避雷接地装置不符合规范要求，扣5分 电缆使用及固定不符合规范要求，扣5分	10		
		小计		40		
检查项目合计				100		

表B.18 起重吊装检查评分表

序号	检查项目		扣分标准	应得分数	扣减分数	实得分数
1	保证项目	施工方案	未编制专项施工方案或专项施工方案未经审核、审批，扣10分 超规模的起重吊装专项施工方案未按规定组织专家论证，扣10分	10		
2		起重机械	未安装荷载限制装置或不灵敏，扣10分 未安装行程限位装置或不灵敏，扣10分 起重拔杆组装不符合设计要求，扣10分 起重拔杆组装后未履行验收程序或验收表无责任人签字，扣5～10分	10		
3		钢丝绳与地锚	钢丝绳磨损、断丝、变形、锈蚀达到报废标准，扣10分 钢丝绳规格不符合起重机产品说明书要求，扣10分 吊钩、卷筒、滑轮磨损达到报废标准，扣10分 吊钩、卷筒、滑轮未安装钢丝绳防脱装置，扣5～10分 起重拔杆的缆风绳、地锚设置不符合设计要求，扣8分	10		
4		索具	索具采用编结连接时，编结部分的长度不符合规范要求，扣10分 索具采用绳夹连接时，绳夹的规格、数量及绳夹间距不符合规范要求，扣5～10分 索具安全系数不符合规范要求，扣10分 吊索规格不匹配或机械性能不符合设计要求，扣5～10分	10		

续表

序号	检查项目		扣 分 标 准	应得分数	扣减分数	实得分数
5	保证项目	作业环境	起重机行走作业处地面承载能力不符合产品说明书要求或未采用有效加固措施，扣10分 起重机与架空线路安全距离不符合规范要求，扣10分	10		
6		作业人员	起重机司机无证操作或操作证与操作机型不符，扣5～10分 未设置专职信号指挥和司索人员，扣10分 作业前未按规定进行安全技术交底或交底未形成文字记录，扣5～10分	10		
		小 计		60		
7	一般项目	起重吊装	多台起重机同时起吊一个构件时，单台起重机所承受的荷载不符合专项施工方案要求，扣10分 吊索系挂点不符合专项施工方案要求，扣5分 起重机作业时起重臂下有人停留或吊运重物从人的正上方通过，扣10分 起重机吊具载运人员，扣10分 吊运易散落物件不使用吊笼，扣6分	10		
8		高处作业	未按规定设置高处作业平台，扣10分 高处作业平台设置不符合规范要求，扣5～10分 未按规定设置爬梯或爬梯的强度、构造不符合规范要求，扣5～8分 未按规定设置安全带悬挂点，扣8分	10		
9		构件码放	构件码放荷载超过作业面承载能力，扣10分 构件码放高度超过规定要求，扣4分 大型构件码放无稳定措施，扣8分	10		
10		警戒监护	未按规定设置作业警戒区，扣10分 警戒区未设专人监护，扣5分	10		
		小计		40		
检查项目合计				100		

表B.19 施工机具检查评分表

序号	检查项目	扣 分 标 准	应得分数	扣减分数	实得分数
1	平刨	平刨安装后未履行验收程序，扣5分 未设置护手安全装置，扣5分 传动部位未设置防护罩，扣5分 未做保护接零或未设置漏电保护器，扣10分 未设置安全作业棚，扣6分 使用多功能木工机具，扣10分	10		
2	圆盘锯	圆盘锯安装后未履行验收程序，扣5分 未设置锯盘护罩、分料器、防护挡板安全装置和传动部位未设置防护罩，每处扣3分 未做保护接零或未设置漏电保护器，扣10分 未设置安全作业棚，扣6分 使用多功能木工机具，扣10分	10		
3	手持电动工具	Ⅰ类手持电动工具未采取保护接零或未设置漏电保护器，扣8分 使用Ⅰ类手持电动工具不按规定穿戴绝缘用品，扣6分 手持电动工具随意接长电源线，扣4分	8		

续表

序号	检查项目	扣分标准	应得分数	扣减分数	实得分数
4	钢筋机械	机械安装后未履行验收程序，扣5分 未做保护接零或未设置漏电保护器，扣10分 钢筋加工区未设置作业棚、钢筋对焊作业区未采取防止火花飞溅措施或冷拉作业区未设置防护栏板，每处扣5分 传动部位未设置防护罩，扣5分	10		
5	电焊机	电焊机安装后未履行验收程序，扣5分 未做保护接零或未设置漏电保护器，扣10分 未设置二次空载降压保护器，扣10分 一次线长度超过规定或未进行穿管保护，扣3分 二次线未采用防水橡皮护套铜芯软电缆，扣10分 二次线长度超过规定或绝缘层老化，扣3分 电焊机未设置防雨罩或接线柱未设置防护罩，扣5分	10		
6	搅拌机	搅拌机安装后未履行验收程序，扣5分 未做保护接零或未设置漏电保护器，扣10分 离合器、制动器、钢丝绳达不到规定要求，每项扣5分 上料斗未设置安全挂钩或止挡装置，扣5分 传动部位未设置防护罩，扣4分 未设置安全作业棚，扣6分	10		
7	气瓶	气瓶未安装减压器，扣8分 乙炔瓶未安装回火防止器，扣8分 气瓶间距小于5m或与明火距离小于10m未采取隔离措施，扣8分 气瓶未设置防振圈和防护帽，扣2分 气瓶存放不符合要求，扣4分	8		
8	翻斗车	翻斗车制动、转向装置不灵敏，扣5分 驾驶员无证操作，扣8分 行车载人或违章行车，扣8分	8		
9	潜水泵	未做保护接零或未设置漏电保护器，扣6分 负荷线未使用专用防水橡皮电缆，扣6分 负荷线有接头，扣3分	6		
10	振捣器	未做保护接零或未设置漏电保护器，扣8分 未使用移动式配电箱，扣4分 电缆线长度超过30m，扣4分 操作人员未穿戴绝缘防护用品，扣8分	8		
11	桩工机械	机械安装后未履行验收程序，扣10分 作业前未编制专项施工方案或未按规定进行安全技术交底，扣10分 安全装置不齐全或不灵敏，扣10分 机械作业区域地面承载力不符合规定要求或未采取有效硬化措施，扣12分 机械与输电线路安全距离不符合规范要求，扣12分	12		
检查项目合计			100		

第三章　安全生产评价

一、评价内容

(一) 安全生产管理评价

(1) 施工企业安全生产条件应按安全生产管理、安全技术管理、设备和设施管理、企业市场行为和施工现场安全管理5项内容进行考核，并应按本章附录A中的内容具体实施考核评价。

(2) 每项考核内容应以评分表的形式和量化的方式，根据其评定项目的量化评分标准及其重要程度进行评定。

(3) 安全生产管理评价应为对企业安全管理制度建立和落实情况的考核，其内容应包括安全生产责任制度、安全文明资金保障制度、安全教育培训制度、安全检查及隐患排查制度、生产安全事故报告处理制度、安全生产应急救援制度6个评定项目。

(4) 施工企业安全生产责任制度的考核评价应符合下列要求：

1) 未建立以企业法人为核心分级负责的各部门及各类人员的安全生产责任制，则该评定项目不应得分；

2) 未建立各部门、各级人员安全生产责任落实情况考核的制度及未对落实情况进行检查的，则该评定项目不应得分；

3) 未实行安全生产的目标管理、制订年度安全生产目标计划、落实责任和责任人及未落实考核的，则该评定项目不应得分；

4) 对责任制和目标管理等的内容和实施，应根据具体情况评定折减分数。

(5) 施工企业安全文明资金保障制度的考核评价应符合下列要求：

1) 制度未建立且每年未对与本企业施工规模相适应的资金进行预算和决算，未专款专用，则该评定项目不应得分；

2) 未明确安全生产、文明施工资金使用、监督及考核的责任部门或责任人，应根据具体情况评定折减分数。

(6) 施工企业安全教育培训制度的考核评价应符合下列要求：

1) 未建立制度且每年未组织对企业主要负责人、项目经理、安全专职人员及其他管理人员继续教育的，则该评定项目不应得分；

2) 企业年度安全教育计划的编制，职工培训教育的档案管理，各类人员的安全教育，应根据具体情况评定折减分数。

(7) 施工企业安全检查及隐患排查制度的考核评价应符合下列要求：

1) 未建立制度且未对所属的施工现场、后方场站、基地等组织定期和不定期安全检查的，则该评定项目不应得分；

2) 隐患的整改、排查及治理，应根据具体情况评定折减分数。

(8) 施工企业生产安全事故报告处理制度的考核评价应符合下列要求：

1）未建立制度且未及时、如实上报施工生产中发生伤亡事故的，则该评定项目不应得分；

2）对已发生的和未遂事故，未按照“四不放过”原则进行处理的，则该评定项目不应得分；

3）未建立生产安全事故发生及处理情况事故档案的，则该评定项目不应得分。

(9) 施工企业安全生产应急救援制度的考核评价应符合下列要求：

1）未建立制度且未按照本企业经营范围，并结合本企业的施工特点，制定易发、多发事故部位、工序、分部、分项工程的应急救援预案，未对各项应急预案组织实施演练的，则该评定项目不应得分；

2）应急救援预案的组织、机构、人员和物资的落实，应根据具体情况评定折减分数。

（二）安全技术管理评价

(1) 安全技术管理评价应为对企业安全技术管理工作的考核，其内容应包括法规、标准和操作规程配置，施工组织设计，专项施工方案（措施），安全技术交底，危险源控制 5 个评定项目。

(2) 施工企业法规、标准和操作规程配置及实施情况的考核评价应符合下列要求：

1）未配置与企业生产经营内容相适应的、现行的有关安全生产方面的法规、标准，以及各工种安全技术操作规程，并未及时组织学习和贯彻的，则该评定项目不应得分；

2）配置不齐全，应根据具体情况评定折减分数。

(3) 施工企业施工组织设计编制和实施情况的考核评价应符合下列要求：

1）未建立施工组织设计编制、审核、批准制度的，则该评定项目不应得分；

2）安全技术措施的针对性及审核、审批程序的实施情况等，应根据具体情况评定折减分数。

(4) 施工企业专项施工方案（措施）编制和实施情况的考核评价应符合下列要求：

1）未建立对危险性较大的分部、分项工程专项施工方案编制、审核、批准制度的，则该评定项目不应得分；

2）制度的执行，应根据具体情况评定折减分数。

(5) 施工企业安全技术交底制定和实施情况的考核评价应符合下列要求：

1）未制定安全技术交底规定的，则该评定项目不应得分；

2）安全技术交底资料的内容、编制方法及交底程序的执行，应根据具体情况评定折减分数。

(6) 施工企业危险源控制制度的建立和实施情况的考核评价应符合下列要求：

1）未根据本企业的施工特点，建立危险源监管制度的，则该评定项目不应得分；

2）危险源公示、告知及相应的应急预案编制和实施，应根据具体情况评定折减分数。

（三）设备和设施管理评价

(1) 设备和设施管理评价应为对企业设备和设施安全管理工作的考核，其内容应包括设备安全管理、设施和防护用品、安全标志、安全检查测试工具 4 个评定项目。

(2) 施工企业设备安全管理制度的建立和实施情况的考核评价应符合下列要求：

1）未建立机械、设备（包括应急救援器材）采购、租赁、安装、拆除、验收、检测、使用、检查、保养、维修、改造和报废制度的，则该评定项目不应得分；

2）设备的管理台账、技术档案、人员配备及制度落实，应根据具体情况评定折减分数。

（3）施工企业设施和防护用品制度的建立及实施情况的考核评价应符合下列要求：

1）未建立安全设施及个人劳保用品的发放、使用管理制度的，则该评定项目不应得分；

2）安全设施及个人劳保用品管理的实施及监管，应根据具体情况评定折减分数。

（4）施工企业安全标志管理规定的制定和实施情况的考核评价应符合下列要求：

1）未制定施工现场安全警示、警告标识、标志使用管理规定的，则该评定项目不应得分；

2）管理规定的实施、监督和指导，应根据具体情况评定折减分数。

（5）施工企业安全检查测试工具配备制度的建立和实施情况的考核评价应符合下列要求：

1）未建立安全检查检验仪器、仪表及工具配备制度的，则该评定项目不应得分；

2）配备及使用，应根据具体情况评定折减分数。

（四）企业市场行为评价

（1）企业市场行为评价应为对企业安全管理市场行为的考核，其内容包括安全生产许可证、安全生产文明施工、安全质量标准化达标、资质机构与人员管理制度4个评定项目。

（2）施工企业安全生产许可证许可状况的考核评价应符合下列要求：

1）未取得安全生产许可证而承接施工任务的、在安全生产许可证暂扣期间承接工程的、企业承发包工程项目的规模和施工范围与本企业资质不相符的，则该评定项目不应得分；

2）企业主要负责人、项目负责人和专职安全管理人员的配备和考核，应根据具体情况评定折减分数。

（3）施工企业安全生产文明施工动态管理行为的考核评价应符合下列要求：

1）企业资质因安全生产、文明施工受到降级处罚的，则该评定项目不应得分；

2）其他不良行为，视其影响程度、处理结果等，应根据具体情况评定折减分数。

（4）施工企业安全质量标准化达标情况的考核评价应符合下列要求：

1）本企业所属的施工现场安全质量标准化年度达标合格率低于国家或地方规定的，则该评定项目不应得分；

2）安全质量标准化年度达标优良率低于国家或地方规定的，应根据具体情况评定折减分数。

（5）施工企业资质、机构与人员管理制度的建立和人员配备情况的考核评价应符合下列要求：

1）未建立安全生产管理组织体系、未制定人员资格管理制度、未按规定设置专职安全管理机构、未配备足够的安全生产专管人员的，则该评定项目不应得分；

2）实行分包的，总承包单位未制定对分包单位资质和人员资格管理制度并监督落实的，则该评定项目不应得分。

（五）施工现场安全管理评价

（1）施工现场安全管理评价应为对企业所属施工现场安全状况的考核，其内容应包括施工现场安全达标、安全文明资金保障、资质和资格管理、生产安全事故控制、设备设施工艺选用、保险6个评定项目。

(2) 施工现场安全达标考核，企业应对所属的施工现场按现行规范标准进行检查，有一个工地未达到合格标准的，则该评定项目不应得分。

(3) 施工现场安全文明资金保障，应对企业按规定落实其所属施工现场安全生产、文明施工资金的情况进行考核，有一个施工现场未将施工现场安全生产、文明施工所需资金编制计划并实施、未做到专款专用的，则该评定项目不应得分。

(4) 施工现场分包资质和资格管理规定的制定以及施工现场控制情况的考核评价应符合下列要求：

1) 未制定对分包单位安全生产许可证、资质、资格管理及施工现场控制的要求和规定，且在总包与分包合同中未明确参建各方的安全生产责任，分包单位承接的施工任务不符合其所具有的安全资质，作业人员不符合相应的安全资格，未按规定配备项目经理、专职或兼职安全生产管理人员的，则该评定项目不应得分；

2) 对分包单位的监督管理，应根据具体情况评定折减分数。

(5) 施工现场生产安全事故控制的隐患防治、应急预案的编制和实施情况的考核评价应符合下列要求：

1) 未针对施工现场实际情况制定事故应急救援预案的，则该评定项目不应得分；

2) 对现场常见、多发或重大隐患的排查及防治措施的实施，应急救援组织和救援物资的落实，应根据具体情况评定折减分数。

(6) 施工现场设备、设施、工艺管理的考核评价应符合下列要求：

1) 使用国家明令淘汰的设备或工艺，则该评定项目不应得分；

2) 使用不符合国家现行标准的且存在严重安全隐患的设施，则该评定项目不应得分；

3) 使用超过使用年限或存在严重隐患的机械、设备、设施、工艺的，则该评定项目不应得分；

4) 对其余机械、设备、设施以及安全标识的使用情况，应根据具体情况评定折减分数；

5) 对职业病的防治，应根据具体情况评定折减分数。

(7) 施工现场保险办理情况的考核评价应符合下列要求：

1) 未按规定办理意外伤害保险的，则该评定项目不应得分；

2) 意外伤害保险的办理实施，应根据具体情况评定折减分数。

二、评价方法

(1) 施工企业每年度应至少进行一次自我考核评价。发生下列情况之一时，企业应再进行复核评价：

1) 适用法律、法规发生变化时；

2) 企业组织机构和体制发生重大变化后；

3) 发生生产安全事故后；

4) 其他影响安全生产管理的重大变化。

(2) 施工企业考核自评应由企业负责人组织，各相关管理部门均应参与。

(3) 评价人员应具备企业安全管理及相关专业能力，每次评价不应少于3人。

（4）对施工企业安全生产条件的量化评价应符合下列要求：

1）当施工企业无施工现场时，应采用《施工企业安全生产评价标准》（JGJ/T 77）附录 A 中表 A-1～表 A-4 进行评价（以下简称《标准》）；

2）当施工企业有施工现场时，应采用《施工企业安全生产评价标准》（JGJ/T 77）附录 A 中表 A-1～表 A-5 进行评价；

3）施工企业的安全生产情况应依据自评价之月起前 12 个月以内的情况，施工现场应依据自开工日起至评价时的安全管理情况；

4）施工现场评价结论，应取抽查及核验的施工现场评价结果的平均值，且其中不得有一个施工现场评价结果为不合格。

附录 A 施工企业安全生产评价表

表 A.1 安全生产管理评分表

序号	评定项目	评 分 标 准	评分方法	应得分	扣减分	实得分
1	安全生产责任制度	企业未建立安全生产责任制度，扣 20 分，各部门、各级（岗位）安全生产责任制度不健全，扣 10～15 分； 企业未建立安全生产责任制考核制度，扣 10 分，各部门、各级对各自安全生产责任制未执行，每起扣 2 分； 企业未按考核制度组织检查并考核的，扣 10 分，考核不全面，扣 5～10 分； 企业未建立、完善安全生产管理目标，扣 10 分，未对管理目标实施考核的，扣 5～10 分； 企业未建立安全生产考核、奖惩制度，扣 10 分，未实施考核和奖惩的，扣 5～10 分	查企业有关制度文本；抽查企业各部门、所属单位有关责任人对安全生产责任制的知晓情况，查确认记录，查企业考核记录。 查企业文件，查企业对下属单位各级管理目标设置及考核情况记录；查企业安全生产奖惩制度文本和考核、奖惩记录	20		
2	安全文明资金保障制度	企业未建立安全生产、文明施工资金保障制度，扣 20 分； 制度无针对性和具体措施的，扣 10～15 分； 未按规定对安全生产、文明施工措施费的落实情况进行考核，扣 10～15 分	查企业制度文本、财务资金预算及使用记录	20		
3	安全教育培训制度	企业未按规定建立安全培训教育制度，扣 15 分； 制度未明确企业主要负责人，项目经理，安全专职人员及其他管理人员，特种作业人员，待岗、转岗、换岗职工，新进单位从业人员安全培训教育要求的，扣 5～10 分； 企业未编制年度安全培训教育计划，扣 5～10 分，企业未按年度计划实施的，扣 5～10 分	查企业制度文本、企业培训计划文本和教育的实施记录、企业年度培训教育记录和管理人员的相关证书	15		
4	安全检查及隐患排查制度	企业未建立安全检查及隐患排查制度，扣 15 分，制度不全面、不完善的，扣 5～10 分； 未按规定组织检查的，扣 15 分，检查不全面、不及时的，扣 5～10 分； 对检查出的隐患未采取定人、定时、定措施进行整改的，每起扣 3 分，无整改复查记录的，每起扣 3 分； 对多发或重大隐患未排查或未采取有效治理措施的，扣 3～15 分	查企业制度文本、企业检查记录、企业对隐患整改消项、处理情况记录、隐患排查统计表	15		

续表

序号	评定项目	评分标准	评分方法	应得分	扣减分	实得分
5	生产安全事故报告处理制度	企业未建立生产安全事故报告处理制度，扣15分； 未按规定及时上报事故的，每起扣15分； 未建立事故档案，扣5分； 未按规定实施对事故的处理及落实“四不放过”原则的，扣10～15分	查企业制度文本； 查企业事故上报及结案情况记录	15		
6	安全生产应急救援制度	未制定事故应急救援预案制度的，扣15分，事故应急救援预案无针对性的，扣5～10分； 未按规定制定演练制度并实施的，扣5分； 未按预案建立应急救援组织或落实救援人员和救援物资的，扣5分	查企业应急预案的编制、应急队伍建立情况以及相关演练记录、物资配备情况	15		
	分项评分			100		

评分员：　　　　　　　　　　　　　　　　　　　　年　月　日

表 A.2　安全技术管理评分表

序号	评定项目	评分标准	评分方法	应得分	扣减分	实得分
1	法规、标准和操作规程配置	企业未配备与生产经营内容相适应的现行有关安全生产方面的法律、法规、标准、规范和规程的，扣10分，配备不齐全，扣3～10分； 企业未配备各工种安全技术操作规程，扣10分，配备不齐全的，缺一个工种扣1分； 企业未组织学习和贯彻实施安全生产方面的法律、法规、标准、规范和规程，扣3～5分	查企业现有的法律、法规、标准、操作规程的文本及贯彻实施记录	10		
2	施工组织设计	企业无施工组织设计编制、审核、批准制度，的，扣15分； 施工组织设计中未明确安全技术措施的，扣10分； 未按程序进行审核、批准的，每起扣3分	查企业技术管理制度，抽查企业备份的施工组织设计	15		
3	专项施工方案（措施）	未建立对危险性较大的分部、分项工程编写、审核、批准专项施工方案制度的，扣25分； 未实施或按程序审核、批准的，每起扣3分； 未按规定明确本单位需进行专家论证的危险性较大的分部、分项工程名录（清单）的，每起扣3分	查企业相关规定、实施记录和专项施工方案备份资料	25		
4	安全技术交底	企业未制定安全技术交底规定的，扣25分； 未有效落实各级安全技术交底，扣5～10分； 交底无书面记录，未履行签字手续，每起扣1～3分	查企业相关规定、企业实施记录	25		
5	危险源控制	企业未建立危险源监管制度，扣25分； 制度不齐全、不完善的，扣5～10分； 未根据生产经营特点明确危险源的，扣5～10分； 未针对识别评价出的重大危险源制定管理方案或相应措施，扣5～10分； 企业未建立危险源公示、告知制度的，扣8～10分	查企业规定及相关记录	25		
	分项评分			100		

评分员：　　　　　　　　　　　　　　　　　　　　年　月　日

表 A.3 设备和设施管理评分表

序号	评定项目	评 分 标 准	评分方法	应得分	扣减分	实得分
1	设备安全管理	未制定设备（包括应急救援器材）采购、租赁、安装（拆除）、验收、检测、使用、检查、保养、维修、改造和报废制度，扣30分； 制度不齐全、不完善的，扣10～15分； 设备的相关证书不齐全或未建立台账的，扣3～5分； 未按规定建立技术档案或档案资料不齐全的，每起扣2分； 未配备设备管理的专（兼）职人员的，扣10分	查企业设备安全管理制度，查企业设备清单和管理档案	20		
2	设施和防护用品	未制定安全物资供应单位及施工人员个人安全防护用品管理制度的，扣30分； 未按制度执行的，每起扣2分； 未建立施工现场临时设施（包括临时建、构筑物、活动板房）的采购、租赁、搭设与拆除、验收、检查、使用的相关管理规定的，扣30分； 未按管理规定实施或实施有缺陷的，每项扣2分	查企业相关规定及实施记录	30		
3	安全标志	未制定施工现场安全警示、警告标识、标志使用管理规定的，扣20分； 未定期检查实施情况的，每项扣5分	查企业相关规定及实施记录	20		
4	安全检查测试工具	企业未制定施工场所安全检查、检验仪器、工具配备制度的，扣20分； 企业未建立安全检查、检验仪器、工具配备清单的，扣5～15分	查企业相关记录	20		
分项评分				100		

评分员： 年 月 日

表 A.4 企业市场行为评分表

序号	评定项目	评 分 标 准	评分方法	应得分	扣减分	实得分
1	安全生产许可证	企业未取得安全生产许可证而承接施工任务的，扣20分； 企业在安全生产许可证暂扣期间继续承接施工任务的，扣20分； 企业资质与承发包生产经营行为不相符的，扣20分； 企业主要负责人、项目负责人、专职安全管理人员持有的安全生产合格证书不符合规定要求的，每起扣10分	查安全生产许可证及各类人员相关证书	20		

续表

序号	评定项目	评 分 标 准	评分方法	应得分	扣减分	实得分
2	安全生产文明施工	企业资质受到降级处罚，扣30分； 企业受到暂扣安全生产许可证的处罚，每起扣5～30分； 企业受当地建设行政主管部门通报处分，每起扣5分； 企业受当地建设行政主管部门经济处罚，每起扣5～10分； 企业受到省级及以上通报批评每次扣10分，受到地市级通报批评每次扣5分	查各级行政主管部门管理信息资料，各类有效证明材料	30		
3	安全质量标准化达标	安全质量标准化达标优良率低于规定的，每5%扣10分； 安全质量标准化年度达标合格率低于规定要求的，扣20分	查企业相应管理资料	20		
4	资质、机构与人员管理	企业未建立安全生产管理组织体系（包括机构和人员等）、人员资格管理制度的，扣30分； 企业未按规定设置专职安全管理机构的，扣30分，未按规定配足安全生产专管人员的，扣30分； 实行总、分包的企业未制定对分包单位资质和人员资格管理制度的，扣30分，未按制度执行的，扣30分	查企业制度文本和机构、人员配备证明文件，查人员资格管理记录及相关证件，查总、分包单位的管理资料	30		
		分项评分		100		

评分员： 年 月 日

表 A.5 施工现场安全管理评分表

序号	评定项目	评 分 标 准	评分方法	应得分	扣减分	实得分
1	施工现场安全达标	按《建筑施工安全检查标准》（JGJ 59）及相关现行标准规范进行检查，不合格的，每1个工地扣30分	查现场及相关记录	30		
2	安全文明资金保障	未按规定落实安全防护、文明施工措施费，发现一个工地扣15分	查现场及相关记录	15		
3	资质和资格管理	未制定对分包单位安全生产许可证、资质、资格管理及施工现场控制的要求和规定，扣15分，管理记录不全，扣5～15分； 合同未明确参建各方安全责任，扣15分； 分包单位承接的项目不符合相应的安全资质管理要求，或作业人员不符合相应的安全资格管理要求扣15分； 未按规定配备项目经理、专职或兼职安全生产管理人员（包括分包单位），扣15分	查对管理记录、证书，抽查合同及相应管理资料	15		

续表

序号	评定项目	评　分　标　准	评分方法	应得分	扣减分	实得分
4	生产安全事故控制	对多发或重大隐患未排查或未采取有效措施的，扣3～15分； 未制定事故应急救援预案的，扣15分，事故应急救援预案无针对性的，扣5～10分； 未按规定实施演练的，扣5分； 未按预案建立应急救援组织或落实救援人员和救援物资的，扣5～15分	查检查记录及隐患排查统计表，应急预案的编制及应急队伍建立情况以及相关演练记录、物资配备情况	15		
5	设备、设施、工艺选用	现场使用国家明令淘汰的设备或工艺的，扣15分； 现场使用不符合标准的、且存在严重安全隐患的设施，扣15分； 现场使用的机械、设备、设施、工艺超过使用年限或存在严重隐患的，扣15分； 现场使用不合格的钢管、扣件的，每起扣1～2分； 现场安全警示、警告标志使用不符合标准的扣5～10分； 现场职业危害防治措施没有针对性，扣1～5分	查现场及相关记录	15		
6	保险	未按规定办理意外伤害保险的，扣10分； 意外伤害保险办理率不足100%，每低2%扣1分	查现场及相关记录	10		
	分项评分			100		

评分员：　　　　　　　　　　　　　　　　　　　　　　年　月　日

（5）抽查及核验企业在建施工现场，应符合下列要求：

1）抽查在建工程实体数量，对特级资质企业不应少于8个施工现场；对一级资质企业不应少于5个施工现场；对一级资质以下企业不应小于3个施工现场；企业在建工程实体少于上述规定数量的，则应全数检查。

2）核验企业所属其他在建施工现场安全管理状况，核验总数不应少于企业在建工程项目总数的50%。

（6）抽查发生因工死亡事故的企业在建施工现场，应按事故等级或情节轻重程度，在《标准》第4.0.5条规定的基础上分别增加2～4个在建工程项目；应增加核验企业在建工程项目总数的10%～30%。

（7）对评价时无在建工程项目的企业，应在企业有在建工程项目时，再次进行跟踪评价。

（8）安全生产条件和能力评分应符合下列要求：

1）施工企业安全生产评价应按评定项目、评分标准和评分方法进行，并应符合《标准》附录A的规定，满分分值均应为100分；

2）在评价施工企业安全生产条件能力时，应采用加权法计算，权重系数应符合表 2-3-1 的规定，并应按《标准》附录 B 进行评价。

表 2-3-1 权重系数

评价内容			权重系数
无施工项目	①	安全生产管理	0.3
	②	安全技术管理	0.2
	③	设备和设施管理	0.2
	④	企业市场行为	0.3
有施工项目	①②③④加权值		0.6
	⑤	施工现场安全管理	0.4

（9）各评分表的评分应符合下列要求：

1）评分表的实得分数应为各评定项目实得分数之和；

2）评分表中的各个评定项目应采用扣减分数的方法，扣减分数总和不得超过该项目的应得分数；

3）项目遇有缺项的，其评分的实得分应为可评分项目的实得分之和与可评分项目的应得分之和比值的百分数。

三、评价等级

（1）施工企业安全生产考核评定应分为合格、基本合格、不合格三个等级，并宜符合下列要求：

1）对有在建工程的企业，安全生产考核评定宜分为合格、不合格 2 个等级；

2）对无在建工程的企业，安全生产考核评定宜分为基本合格、不合格 2 个等级。

（2）考核评价等级划分应按表 2-3-2 核定。

表 2-3-2 施工企业安全生产考核评价等级划分

考核评价等级	考核内容		
	各项评分表中的实得分数为零的项目数/个	各评分表实得分数/分	汇总分数/分
合格	0	≥70 且其中不得有一个施工现场评定结果为不合格	≥75
基本合格	0	≥70	≥75
不合格	出现不满足基本合格条件的任意一项时		

附录B　施工企业安全生产评价汇总表

评价类型：□市场准入　□发生事故　□不良业绩　□资质评价　□日常管理　□年终评价　□其他

企业名称：____________________经济类型：________________

资质等级：________________上年度施工产值：________________在册人数：________________

<table>
<tr><td colspan="3" rowspan="2">评价内容</td><td colspan="5">评价结果</td></tr>
<tr><td>零分项/个</td><td>应得分数/分</td><td>实得分数/分</td><td>权重系数</td><td>加权分数</td></tr>
<tr><td rowspan="5">无施工项目</td><td>表 A-1</td><td>安全生产管理</td><td></td><td></td><td></td><td>0.3</td><td></td></tr>
<tr><td>表 A-2</td><td>安全技术管理</td><td></td><td></td><td></td><td>0.2</td><td></td></tr>
<tr><td>表 A-3</td><td>设备和设施管理</td><td></td><td></td><td></td><td>0.2</td><td></td></tr>
<tr><td>表 A-4</td><td>企业市场行为</td><td></td><td></td><td></td><td>0.3</td><td></td></tr>
<tr><td colspan="2">汇总分数①＝表 A-1～表 A-4 加权值</td><td></td><td></td><td></td><td>0.6</td><td></td></tr>
<tr><td rowspan="2">有施工项目</td><td>表 A-5</td><td>施工现场安全管理</td><td></td><td></td><td></td><td>0.4</td><td></td></tr>
<tr><td colspan="2">汇总分数②＝汇总分数①×0.6＋表 A-5×0.4</td><td></td><td></td><td></td><td></td><td></td></tr>
</table>

评价意见：

评价负责人 （签名）		评价人员 （签名）	
企业负责人 （签名）		企业签章	

年　　月　　日

第四章　危险性较大工程安全技术管理

一、基本规定

（一）应编制专项方案的危险性较大工程

（1）基坑支护、降水工程：

开挖深度超过 3m（含 3m）或虽未超过 3m 但地质条件和周边环境复杂的基坑（槽）支护、降水工程。

（2）土方开挖工程：

开挖深度超过 3m（含 3m）的基坑（槽）的土方开挖工程。

（3）模板工程及支撑体系：

1）各类工具式模板工程：包括大模板、滑模、爬模、飞模等工程；

2）混凝土模板支撑工程：搭设高度 5m 及以上；搭设跨度 10m 及以上；施工总荷载 $10kN/m^2$ 及以上；集中线荷载 15kN/m 及以上；高度大于支撑水平投影宽度且相对独立无联系构件的混凝土模板支撑工程；

3）承重支撑体系：用于钢结构安装等满堂支撑体系。

（4）起重吊装及安装拆卸工程：

1）采用非常规起重设备、方法，且单件起吊重量在 10kN 及以上的起重吊装工程；

2）采用起重机械进行安装的工程；

3）起重机械设备自身的安装、拆卸工程。

（5）脚手架工程：

1）搭设高度 24m 及以上的落地式钢管脚手架工程；

2）附着式整体和分片提升脚手架工程；

3）悬挑式脚手架工程；

4）吊篮脚手架工程；

5）自制卸料平台、移动操作平台工程；

6）新型及异型脚手架工程。

（6）拆除、爆破工程：

1）建筑物、构筑物拆除工程；

2）采用爆破拆除的工程。

（7）其他：

1）建筑幕墙安装工程；

2）钢结构、网架和索膜结构安装工程；

3）人工挖扩孔桩工程；

4）地下暗挖、顶管及水下作业工程；

5）预应力工程；

6）采用新技术、新工艺、新材料、新设备及尚无相关技术标准的特殊工程。

（二）应组织专家论证的超过一定规模的危险性较大的分部分项工程

（1）深基坑工程

1）开挖深度超过5m（含）的基坑（槽）土方的开挖支护、降水工程；

2）开挖深度虽未超过5m，但地质条件、周围环境和地下管线复杂，或影响毗邻建（构）筑物安全的基坑（槽）土方的开挖支护、降水工程。

（2）模板工程及支撑体系

1）工具式模板工程：包括滑模、爬模、飞模工程；

2）混凝土模板支撑工程：支撑高度8m及以上；搭设跨度18m及以上，施工总荷载$15kN/m^2$及以上；集中线荷载$20kN/m^2$及以上；

3）承重支撑体系：用于钢结构安装等满堂支撑体系，承受单点集中荷载700kg以上。

（3）起重吊装及安装拆卸工程

1）采用非常规起重设备、方法，且单件起吊重量在100kN及以上的起重吊装工程；

2）起重量300kN及以上的起重设备安装工程；高度200m及以上内爬起重设备的拆除工程。

（4）脚手架工程

1）搭设高度50m及以上落地式钢管脚手架工程；

2）提升高度150m及以上附着式整体和分片提升脚手架工程；

3）架体高度20m及以上悬挑脚手架工程。

（5）拆除、爆破工程

1）采用爆破拆除的工程。

2）码头、桥梁、高架、烟囱、水塔或拆除中容易引起有毒有害气（液）体或粉尘扩散、易燃易爆事故发生的特殊建（构）筑物的拆除工程；

3）可能影响行人、交通、电力设施、通信设施或其他建（构）筑物安全的拆除工程；

4）文物保护建筑、优秀历史建筑或历史文化风貌区控制范围的拆除工程。

（6）其他

1）施工高度50m及以上的建筑幕墙安装工程；

2）跨度大于36m及以上的钢结构安装工程；跨度大于60m及以上的网架和索膜结构安装工程；

3）开挖深度超过16m的人工挖孔桩工程；

4）地下暗挖工程、顶管工程、水下作业工程；

5）采用新技术、新工艺、新材料、新设备尚无相关技术标准的危险性工程。

二、专项施工方案编制要求

（一）内容

（1）工程概况：危险性较大的分部分项工程概况、施工平面布置、施工要求和技术保证条件。

（2）编制依据：相关法律、法规、规范性文件、标准、规范及图纸（国标图集）、施工组织设计等。

（3）施工计划：包括施工进度计划、材料与设备计划。

（4）施工工艺技术：技术参数、工艺流程、施工方法、检查验收等。

（5）施工安全保证措施：组织保障、技术措施、应急预案、监测监控等。

（6）劳动力计划：专职安全生产管理人员、特种作业人员等。

（7）计算书及相关图纸。

（二）要求

（1）施工企业应根据工程规模、施工难度等要素，明确各管理层方案编制、审核、审批的权限。

（2）专业分包工程，应先由专业承包单位编制，专业承包单位技术负责人审批后报总包单位审核备案。

（3）经过审批或论证的方案，不准随意变更修改。确因客观原因需修改时，应按原审核、审批的分工与程序办理。

三、分级安全技术交底的形式

（1）危险性较大的工程开工前，新工艺、新技术、新设备应用前，企业的技术负责人向施工管理人员进行安全技术方案交底，安全管理机构参与。

（2）分部分项工程、关键工序实施前，项目技术负责人、方案编制人应会同安全员、项目施工员向参加施工的施工管理人员进行方案实施安全交底。

（3）各个管理岗位人员应对新进场的工人应实施作业人员工种交底，安全员参与督促。

（4）作业班组应对作业人员进行班前安全操作规程交底。

第五章　施工现场消防安全管理制度

一、现场消防机构建设、人员配备及消防安全职责

（一）机构建设、人员配备

施工企业的消防保卫工作必须按照“谁主管，谁负责”的原则，确定一名主要领导负责此项工作。实行施工总承包的，由总承包负责。分包企业向总包企业负责，接受总承包企业的统一领导和监督检查。施工现场应根据工程规模，建立相应的保卫、消防组织，配备保卫、消防人员。

（二）消防安全职责

施工单位应当履行下列消防安全义务：

（1）制定并落实消防安全管理措施和消防安全操作规程。

（2）建立本项目消防安全责任考核奖惩制度。

（3）开展消防安全宣传教育和消防知识培训。

（4）进行经常性的内部防火安全检查，及时制止、纠正违法、违章行为，发现并消除火灾隐患。

（5）按规定配备消防设施、器材并指定专人维护管理，保证消防设施、器材的正常有效使用。

（6）按规定设置安全疏散指示标志和应急照明设施，保证消防安全疏散指示标志、应急照明处于正常状态。

（7）保证疏散通道、安全出口畅通。不得占用疏散通道或在疏散通道、安全出口上设置影响疏散的障碍物，不得在生产工作期间封闭安全出口，不得遮挡安全疏散指示标志。

（8）消防值班人员、巡逻人员坚守岗位，不得擅离职守。

（9）火灾发生后，及时报警、迅速组织扑救和人员疏散。不得不报、迟报、谎报火警，或者隐瞒火灾情况。

（10）制定并完善火灾扑救和应急疏散预案，并至少每半年进行一次演练。

（11）对项目施工人员至少每年进行一次消防安全培训。

（12）建立健全并统一保管消防档案。消防档案应当翔实和全面反映本单位消防安全工作的基本情况，并根据情况变化及时补充、更新。

（13）严格落实有关动用明火的管理制度。公众聚集场所在营业期间禁止动火施工；在非营业期间施工需要使用明火时，施工单位和使用单位应当共同采取措施，将施工区和使用区进行防火分隔，清除动火区域的易燃物、可燃物，配备消防器材，专人监护，保证施工和使用范围的消防安全。

（14）在消防安全重点部位设置明显的防火标志，实行严格管理。

（三）义务消防队组织

施工现场应当根据消防法规的有关规定，建立义务消防队，配备相应的消防装备、器材，并组织开展消防业务学习和灭火技能训练，提高预防和扑救火灾的能力。

（1）义务消防队组建原则

1）义务消防队（组）的人数，一般按不得少于职工总人数的5%～10%的比例标准建队：火灾危险性较大的按不少于职工总数30%；各种物资仓库不少于70%的比例建队。

2）义务消防队员力求精干，应选拔热爱消防工作，身体健康的生产骨干、班组长、特殊工种的职工群众参加。

3）施工现场防火负责人是义务消防组织的指挥者。义务消防队一般应设正副队长，应由具有一定组织能力，熟悉消防基本知识的安全保卫部门人员担任。

4）义务消防队可根据实际需要与可能建立防火宣传、检查、火灾扑救等小组。在进行火灾扑救时，一般分为灭火组、抢救组、通信组、警戒组等。

5）义务消防队应建立必要的学习、训练、执勤制度。定期组织队员学习消防知识，训练扑救初起火灾的技能。每年至少集中整训一次。队员调离岗位要及时补充调整，使队伍保持充足的力量。

（2）义务消防队应达到的“两知三会”标准

两知：知防火知识、知灭火知识。

三会：会报火警、会疏散自救、会协助救援。

二、总平面布局

（一）一般规定

（1）临时用房、临时设施的布置应满足现场防火、灭火及人员安全疏散的要求。

（2）下列临时用房和临时设施应纳入施工现场总平面布局：

1）施工现场的出入口、围墙、围挡。

2）场内临时道路。

3）给水管网或管路和配电线路敷设或架设的走向、高度。

4）施工现场办公用房、宿舍、发电机房、变配电房、可燃材料库房、易燃易爆危险品库房、可燃材料堆场及其加工场、固定动火作业场等。

5）临时消防车道、消防救援场地和消防水源。

（3）施工现场出入口的设置应满足消防车通行的要求，并宜布置在不同方向，其数量不宜少于2个。当确有困难只能设置1个出入口时，应在施工现场内设置满足消防车通行的环形道路。

（4）施工现场临时办公、生活、生产、物料存储等功能区宜相对独立布置，防火间距应符合GB 50720—2011（二）第1条和第2条的规定。

（5）固定动火作业场应布置在可燃材料堆场及其加工场、易燃易爆危险品库房等全年最小频率风向的上风侧，并宜布置在临时办公用房、宿舍、可燃材料库房、在建工程等全年最小频率风向的上风侧。

（6）易燃易爆危险品库房应远离明火作业区、人员密集区和建筑物相对集中区。

（7）可燃材料堆场及其加工场、易燃易爆危险品库房不应布置在架空电力线下。

（二）防火间距

（1）易燃易爆危险品库房与在建工程的防火间距不应小于15m，可燃材料堆场及其加工场、固定动火作业场与在建工程的防火间距不应小于10m，其他临时用房、临时设施与在建工程的防火间距不应小于6m。

（2）施工现场主要临时用房、临时设施的防火间距不应小于表2-5-1的规定，当办公用房、宿舍成组布置时，其防火间距可适当减小，但应符合下列规定：

1）每组临时用房的栋数不应超过10栋，组与组之间的防火间距不应小于8m。

2）组内临时用房之间的防火间距不应小于3.5m，当建筑构件燃烧性能等级为A级时，其防火间距可减少到3m。

表2-5-1　施工现场主要临时用房、临时设施的防火间距　　单位：m

名称（行）＼间距＼名称（列）	办公用房、宿舍	发电机房、变配电房	可燃材料库房	厨房操作间、锅炉房	可燃材料堆场及其加工场	固定动火作业场	易燃易爆危险品库房
办公室用房、宿舍	4	4	5	5	7	7	10
发电机房、变配电房	4	4	5	5	7	7	10
可燃材料库房	5	5	5	5	7	7	10
厨房操作间、锅炉房	5	5	5	5	7	7	10
可燃材料堆场及其加工场	7	7	7	7	7	10	10
固定动火作业场	7	7	7	7	10	10	12
易燃易爆危险品库房	10	10	10	10	10	12	12

注：1. 临时用房、临时设施的防火间距应按临时用房外墙外边线或堆场、作业场、作业棚边线间的最小距离计算，当临时用房外墙有突出可燃构件时，应从其突出可燃构件的外缘算起；

2. 两栋临时用房相邻较高一面的外墙为防火墙时，防火间距不限；

3. 本表未规定的，可按同等火灾危险性的临时用房、临时设施的防火间距确定。

（三）消防车道

（1）施工现场内应设置临时消防车道，临时消防车道与在建工程、临时用房、可燃材料堆场及其加工场的距离不宜小于5m，且不宜大于40m；施工现场周边道路满足消防车通行及灭火救援要求时，施工现场内可不设置临时消防车道。

（2）临时消防车道的设置应符合下列规定：

1）临时消防车道宜为环形，设置环形车道确有困难时，应在消防车道尽端设置尺寸不小于12m×12m的回车场。

2）临时消防车道的净宽度和净空高度均不应小于4m。

3）临时消防车道的右侧应设置消防车行进路线指示标识。

4）临时消防车道路基、路面及其下部设施应能承受消防车通行压力及工作荷载。

（3）下列建筑应设置环形临时消防车道，设置环形临时消防车道确有困难时，除应按《建设工程施工现场消防安全技术规范》（GB 50720—2011）第 3.3.2 条的规定设置回车场外，尚应按第 3.3.4 条的规定设置临时消防救援场地：

1）建筑高度大于 24m 的在建工程。

2）建筑工程单体占地面积大于 $3000m^2$ 的在建工程。

3）超过 10 栋，且成组布置的临时用房。

（4）临时消防救援场地的设置应符合下列规定：

1）临时消防救援场地应在在建工程装饰装修阶段设置。

2）临时消防救援场地应设置在成组布置的临时用房场地的长边一侧及在建工程的长边一侧。

3）临时救援场地宽度应满足消防车正常操作要求，且不应小于 6m，与在建工程外脚手架的净距不宜小于 2m，且不宜超过 6m。

三、建筑防火

（一）临时用房防火

（1）宿舍、办公用房的防火设计应符合下列规定：

1）建筑构件的燃烧性能等级应为 A 级。当采用金属夹芯板材时，其芯材的燃烧性能等级应为 A 级。

2）建筑层数不应超过 3 层，每层建筑面积不应大于 $300m^2$。

3）层数为 3 层或每层建筑面积大于 $200m^2$ 时，应设置至少 2 部疏散楼梯，房间疏散门至疏散楼梯的最大距离不应大于 25m。

4）单面布置用房时，疏散走道的净宽度不应小于 1.0m；双面布置用房时，疏散走道的净宽度不应小于 1.5m。

5）疏散楼梯的净宽度不应小于疏散走道的净宽度。

6）宿舍房间的建筑面积不应大于 $30m^2$，其他房间的建筑面积不宜大于 $100m^2$。

7）房间内任一点至最近疏散门的距离不应大于 15m，房门的净宽度不应小于 0.8m；房间建筑面积超过 $50m^2$ 时，房门的净宽度不应小于 1.2m。

8）隔墙应从楼地面基层隔断至顶板基层底面。

（2）发电机房、变配电房、厨房操作间、锅炉房、可燃材料库房及易燃易爆危险品库房的防火设计应符合下列规定：

1）建筑构件的燃烧性能等级应为 A 级。

2）层数应为 1 层，建筑面积不应大于 $200m^2$。

3）可燃材料库房单个房间的建筑面积不应超过 $30m^2$，易燃易爆危险品库房单个房间的建筑面积不应超过 $20m^2$。

4）房间内任一点至最近疏散门的距离不应大于 10m，房门的净宽度不应小于 0.8m。

（3）其他防火设计应符合下列规定：

1）宿舍、办公用房不应与厨房操作间、锅炉房、变配电房等组合建造。

2）会议室、文化娱乐室等人员密集的房间应设置在临时用房的第一层，其疏散门应向疏散方向开启。

（二）在建工程防火

（1）在建工程作业场所的临时疏散通道应采用不燃、难燃材料建造，并应与在建工程结构施工同步设置，也可利用在建工程施工完毕的水平结构、楼梯。

（2）在建工程作业场所临时疏散通道的设置应符合下列规定：

1）耐火极限不应低于0.5h。

2）设置在地面上的临时疏散通道，其净宽度不应小于1.5m；利用在建工程施工完毕的水平结构、楼梯作临时疏散通道时，其净宽度不宜小于1.0m；用于疏散的爬梯及设置在脚手架上的临时疏散通道，其净宽度不应小于0.6m。

3）临时疏散通道坡道，且坡度大于25°时，应修建楼房或台阶踏步或设置防滑条。

4）临时疏散通道不宜采用爬梯，确需采用时，采取可靠固定措施。

5）临时疏散通道的侧面为临空面时，应沿临空面设置高度不小于1.2m的防护栏杆。

6）临时疏散通道设置在脚手架上时，脚手架应采用不燃材料搭设。

7）临时疏散通道应设置明显的疏散指示标识。

8）临时疏散通道应设置照明设施。

（3）既有建筑进行扩建、改建施工时，必须明确划分施工区和非施工区。施工区不得营业、使用和居住；非施工区继续营业、使用和居住时，应符合下列规定：

1）施工区和非施工区之间应采用不开设门、窗、洞口的耐火极限不低于3.0h的不燃烧体隔墙进行防火分隔。

2）非施工区内的消防设施应完好和有效，疏散通道应保持畅通，并应落实日常值班及消防安全管理制度。

3）施工区的消防安全应配有专人值守，发生火情应能立即处置。

4）施工单位应向居住和使用者进行消防宣传教育，告知建筑消防设施、疏散通道的位置及使用方法，同时应组织疏散演练。

5）外脚手架搭设不应影响安全疏散、消防车正常通行及灭火救援操作，外脚手架搭设长度不应超过该建筑物外立面周长的1/2。

（4）外脚手架、支模架的架体宜采用不燃或难燃材料搭设，下列工程的外脚手架、支模架的架体应采用不燃材料搭设：

1）高层建筑。

2）既有建筑改造工程。

（5）下列安全防护网应采用阻燃型安全防护网：

1）高层建筑外脚手架的安全防护网。

2）既有建筑外墙改造时，其外脚手架的安全防护网。

3）临时疏散通道的安全防护网。

（6）作业场所应设置明显的疏散指示标志，其指示方向应指向最近的临时疏散通道入口。

（7）作业层的醒目位置应设置安全疏散示意图。

四、临时消防设施

（一）一般规定

（1）施工现场应设置灭火器、临时消防给水系统和应急照明等临时消防设施。

（2）临时消防设施应与在建工程的施工同步设置。房屋建筑工程中，临时消防设施的位置与在建工程主体结构施工进度的差距不应超过3层。

（3）在建工程可利用已具备使用条件的永久性消防设施作为临时消防设施。当永久消防设施无法满足使用要求时，应增设临时消防设施，并应符合GB 50720—2011（二）～（四）的有关规定。

（4）施工现场的消火栓泵应采用专用消防配电线路。专用消防配电线路应自施工现场总配电箱的总断路器上端接入，且应保持不间断供电。

（5）地下工程的施工作业场所宜配备防毒面具。

（6）临时消防给水系统的贮水池、消火栓泵、室内消防竖管及水泵接合器等应设置醒目标识。

（二）灭火器

（1）在建工程及临时用房的下列场所应配置灭火器：

1）易燃易爆危险品存放及使用场所。

2）动火作业场所。

3）可燃材料存放、加工及使用场所。

4）厨房操作间、锅炉房、发电机房、变配电房、设备用房、办公用房、宿舍等临时用房。

5）其他具有火灾危险的场所。

（2）施工现场灭火器配置应符合下列规定：

1）灭火器的类型应与配备场所可能发生的火灾类型相匹配。

2）灭火器的最低配置标准应符合表2-5-2的规定。

表2-5-2　灭火器的最低配置标准

项　　目	固体物质火灾		液体或可熔化固体物质火灾、气体火灾	
	单具灭火器最小灭火级别	单位灭火级别（A）最大保护面积/（m^2/A）	单具灭火器最小灭火级别	单位灭火级别（B）最大保护面积/（m^2/B）
易燃易爆危险品存放及使用场所	3A	50	89B	0.5
固定动火作业场	3A	50	89B	0.5
临时动火作业点	2A	50	55B	0.5
可燃材料存放、加工及使用场所	2A	75	55B	1.0
厨房操作间、锅炉房	2A	75	55B	1.0
自备发电机房	2A	75	55B	1.0
变配电房	2A	75	55B	1.0
办公用房、宿舍	1A	100	—	—

3）灭火器的配置数量应按现行国家标准《建筑灭火器配置设计规范》（GB 50140—2005）的有关规定经计算确定，且每个场所的灭火器数量不应少于 2 具。

（三）临时消防给水系统

（1）施工现场或其附近应设置稳定、可靠的水源，并应能满足施工现场临时消防用水的需要。

消防水源可采用市政给水管网或天然水源。当采用天然水源时，应采取确保冰冻季节、枯水期最低水位时顺利取水的措施，并应满足临时消防用水量的要求。

（2）临时消防用水量应为临时室外消防用水量与临时室内消防用水量之和。

（3）临时室外消防用水量应按临时用房和在建工程的临时室外消防用水量的较大者确定，施工现场火灾次数可按同时发生 1 次确定。

（4）临时用房建筑面积之和大于 $1000m^2$ 或在建工程单体体积大于 $10000m^3$ 时，应设置临时室外消防给水系统。当施工现场处于市政消火栓 150m 保护范围内，且市政消火栓的数量满足室外消防用水量要求时，可不设置临时室外消防给水系统。

（5）临时用房的临时室外消防用水量不应小于表 2-5-3 的规定。

表 2-5-3　临时用房的临时室外消防用水量

临时用房的建筑面积之和	火灾延续时间/h	消火栓用水量/（L/s）	每支水枪最小流量/（L/s）
$1000m^2$＜面积≤$5000m^2$	1	10	5
面积＞$5000m^2$		15	5

（6）在建工程的临时室外消防用水量不应小于表 2-5-4 的规定。

表 2-5-4　在建工程的临时室外消防用水量

在建工程（单体）体积	火灾延续时间/h	消火栓用水量/（L/s）	每支水枪最小流量/（L/s）
$10000m^3$＜体积≤$30000m^3$	1	15	5
体积＞$30000m^3$	2	20	5

（7）施工现场临时室外消防给水系统的设置应符合下列规定：

1）给水管网宜布置成环状。

2）临时室外消防给水干管的管径，应根据施工现场临时消防用水量和干管内水流速度计算确定，且不应小于 *DN*100。

3）室外消火栓应沿在建工程、临时用房和可燃材料堆场及其加工场均匀布置，与在建工程、临时用房和可燃材料堆场及其加工场的外边线的距离不应小于 5m。

4）消火栓的间距不应大于 120m。

5）消火栓的最大保护半径不应大于 150m。

（8）建筑高度大于 24m 或单体体积超过 $30000m^3$ 的在建工程，应设置临时室内消防给水系统。

（9）在建工程的临时室内消防用水量不应小于表 2-5-5 的规定。

表 2-5-5　在建工程的临时室内消防用水量

建筑高度、在建工程体积（单体）	火灾延续时间/h	消火栓用水量/（L/s）	每支水枪最小流量/（L/s）
24m＜建筑高度≤50m^3 或 30000m^3＜体积≤50000m^3	1	10	5
建筑高度＞50m 或体积＞50000m^3	1	15	5

（10）在建工程临时室内消防竖管的设置应符合下列规定：

1）消防竖管的设置位置应便于消防人员操作，其数量不应少于 2 根，当结构封顶时，应将消防竖管设置成环状。

2）消防竖管的管径应根据在建工程临时消防用水量、竖管内水流速度计算确定，且不应小于 $DN100$。

（11）设置室内消防给水系统的在建工程，应设置消防水泵接合器。消防水泵接合器应设置在室外便于消防车取水的部位，与室外消火栓或消防水池取水口的距离宜为 15～40m。

（12）设置临时室内消防给水系统的在建工程，各结构层均应设置室内消火栓接口及消防软管接口，并应符合下列规定：

1）消火栓接口及软管接口应设置在位置明显且易于操作的部位。

2）消火栓接口的前端应设置截止阀。

3）消火栓接口或软管接口的间距，多层建筑不应大于 50m，高层建筑不应大于 30m。

（13）在建工程结构施工完毕的每层楼梯处应设置消防水枪、水带及软管，且每个设置点不应少于 2 套。

（14）高度超过 100m 的在建工程，应在适当楼层增设临时中转水池及加压水泵。中转水池的有效容积不应少于 10m^3，上、下两个中转水池的高差不宜超过 100m。

（15）临时消防给水系统的给水压力应满足消防水枪充实水柱长度不小于 10m 的要求；给水压力不能满足要求时，应设置消火栓泵，消火栓泵不应少于 2 台，且应互为备用；消火栓泵宜设置自动启动装置。

（16）当外部消防水源不能满足施工现场的临时消防用水量要求时，应在施工现场设置临时贮水池。临时贮水池宜设置在便于消防车取水的部位，其有效容积不应小于施工现场火灾延续时间内一次灭火的全部消防用水量。

（17）施工现场临时消防给水系统应与施工现场生产、生活给水系统合并设置，但应设置将生产、生活用水转为消防用水的应急阀门。应急阀门不应超过 2 个，且应设置在易于操作的场所，并应设置明显标识。

（18）严寒和寒冷地区的现场临时消防给水系统应采取防冻措施。

（四）应急照明

（1）施工现场的下列场所应配备临时应急照明：

1）自备发电机房及变配电房。

2）水泵房。

3）无天然采光的作业场所及疏散通道。

4）高度超过100m的在建工程的室内疏散通道。

5）发生火灾时仍需坚持工作的其他场所。

（2）作业场所应急照明的照度不应低于正常工作所需照度的90%，疏散通道的照度值不应小于0.5lx。

（3）临时消防应急照明灯具宜选用自备电源的应急照明灯具，自备电源的连续供电时间不应小于60min。

五、防火管理基本规定

（一）一般规定

（1）施工现场的消防安全管理应由施工单位负责。

实行施工总承包时，应由总承包单位负责。分包单位应向总承包单位负责，并应服从总承包单位的管理，同时应承担国家法律、法规规定的消防责任和义务。

（2）监理单位应对施工现场的消防安全管理实施监理。

（3）施工单位应根据建设项目规模、现场消防安全管理的重点，在施工现场建立消防安全管理组织机构及义务消防组织，并应确定消防安全负责人和消防安全管理人员，同时应落实相关人员的消防安全管理责任。

（4）施工单位应针对施工现场可能导致火灾发生的施工作业及其他活动，制定消防安全管理制度。消防安全管理制度应包括下列主要内容：

1）消防安全教育与培训制度。

2）可燃及易燃易爆危险品管理制度。

3）用火、用电、用气管理制度。

4）消防安全检查制度。

5）应急预案演练制度。

（5）施工单位应编制施工现场防火技术方案，并应根据现场情况变化及时对其修改、完善。防火技术方案应包括下列主要内容：

1）施工现场重大火灾危险源辨识。

2）施工现场防火技术措施。

3）临时消防设施、临时疏散设施配备。

4）临时消防设施和消防警示标识布置图。

（6）施工单位应编制施工现场灭火及应急疏散预案。灭火及应急疏散预案应包括下列主要内容：

1）应急灭火处置机构及各级人员应急处置职责。

2）报警、接警处置的程序和通信联络的方式。

3）扑救初起火灾的程序和措施。

4）应急疏散及救援的程序和措施。

（7）施工人员进场时，施工现场的消防安全管理人员应向施工人员进行消防安全教育和培训。消防安全教育和培训应包括下列内容：

1）施工现场消防安全管理制度、防火技术方案、灭火及应急疏散预案的主要内容。

2）施工现场临时消防设施的性能及使用、维护方法。

3）扑灭初起火灾及自救逃生的知识和技能。

4）报警、接警的程序和方法。

（8）施工作业前，施工现场的施工管理人员应向作业人员进行消防安全技术交底。消防安全技术交底应包括下列主要内容：

1）施工过程中可能发生火灾的部位或环节。

2）施工过程应采取的防火措施及应配备的临时消防设施。

3）初起火灾的扑救方法及注意事项。

4）逃生方法及路线。

（9）施工过程中，施工现场的消防安全负责人应定期组织消防安全管理人员对施工现场的消防安全进行检查。消防安全检查应包括下列主要内容：

1）可燃物及易燃易爆危险品的管理是否落实。

2）动火作业的防火措施是否落实。

3）用火、用电、用气是否存在违章操作，电、气焊及保温防水施工是否执行操作规程。

4）临时消防设施是否完好有效。

5）临时消防车道及临时疏散设施是否畅通。

（10）施工单位应依据灭火及应急疏散预案，定期开展灭火及应急疏散的演练。

（11）施工单位应做好并保存施工现场消防安全管理的相关文件和记录，并应建立现场消防安全管理档案。

（二）可燃物及易燃易爆危险品管理

（1）用于在建工程的保温、防水、装饰及防腐等材料的燃烧性能等级应符合设计要求。

（2）可燃材料及易燃易爆危险品应按计划限量进场。进场后，可燃材料宜存放于库房内，露天存放时，应分类成垛堆放，垛高不应超过2m，单垛体积不应超过50m^3，垛与垛之间的最小间距不应小于2m，且应采用不燃或难燃材料覆盖；易燃易爆危险品应分类专库储存，库房内应通风良好，并应设置严禁明火标志。

（3）室内使用油漆及其有机溶剂、乙二胺、冷底子油等易挥发产生易燃气体的物资作业时，应保持良好通风，作业场所严禁明火，并应避免产生静电。

（4）施工产生的可燃、易燃建筑垃圾或余料，应及时清理。

（三）用火、用电、用气管理

（1）施工现场用火应符合下列规定：

1）动火作业应办理动火许可证；动火许可证的签发人收到动火申请后，应前往现场查验并确认动火作业的防火措施落实后，再签发动火许可证。

2）动火操作人员应具有相应资格。

3）焊接、切割、烘烤或加热等动火作业前，应对作业现场的可燃物进行清理；作业现场及其附近无法移走的可燃物应采用不燃材料对其覆盖或隔离。

4）施工作业安排时，宜将动火作业安排在使用可燃建筑材料的施工作业前进行。确需在使用可燃建筑材料的施工作业之后进行动火作业时，应采取可靠的防火措施。

5）裸露的可燃材料上严禁直接进行动火作业。

6）焊接、切割、烘烤或加热等动火作业应配备灭火器材，并应设置动火监护人进行现场监护，每个动火作业点均应设置1个监护人。

7）5级（含5级）以上风力时，应停止焊接、切割等室外动火作业；确需动火作业时，应采取可靠的挡风措施。

8）动火作业后，应对现场进行检查，并应在确认无火灾危险后，动火操作人员再离开。

9）具有火灾、爆炸危险的场所严禁明火。

10）施工现场不应采用明火取暖。

11）厨房操作间炉灶使用完毕后，应将炉火熄灭，排油烟机及油烟管道应定期清理油垢。

（2）施工现场用电应符合下列规定：

1）施工现场供用电设施的设计、施工、运行和维护应符合现行国家标准《建设工程施工现场供用电安全规范》（GB 50194）的有关规定。

2）电气线路应具有相应的绝缘强度和机械强度，严禁使用绝缘老化或失去绝缘性能的电气线路，严禁在电气线路上悬挂物品。破损、烧焦的插座、插头应及时更换。

3）电气设备与可燃、易燃、易爆危险品和腐蚀性物品应保持一定的安全距离。

4）有爆炸和火灾危险的场所，应按危险场所等级选用相应的电气设备。

5）配电屏上每个电气回路应设置漏电保护器、过载保护器，距配电屏2m范围内不应堆放可燃物，5m范围内不应设置可能产生较多易燃、易爆气体、粉尘的作业区。

6）可燃材料库房不应使用高热灯具，易燃易爆危险品库房内应使用防爆灯具。

7）普通灯具与易燃物的距离不宜小于300mm，聚光灯、碘钨灯等高热灯具与易燃物的距离不宜小于500mm。

8）电气设备不应超负荷运行或带故障使用。

9）严禁私自改装现场供用电设施。

10）应定期对电气设备和线路的运行及维护情况进行检查。

（3）施工现场用气应符合下列规定：

1）储装气体的罐瓶及其附件应合格、完好和有效，严禁使用减压器及其他附件缺损的氧气瓶，严禁使用乙炔专用减压器、回火防止器及其他附件缺损的乙炔瓶。

2）气瓶运输、存放、使用时，应符合下列规定：

①气瓶应保持直立状态，并采取防倾倒措施，乙炔瓶严禁横躺卧放。

②严禁碰撞、敲打、抛掷、滚动气瓶。

③气瓶应远离火源，与火源的距离不应小于10m，并应采取避免高温和防止暴晒的措施。

④燃气储装瓶罐应设置防静电装置。

3）气瓶应分类储存，库房内应通风良好；空瓶和实瓶同库存放时，应分开放置，空瓶和实瓶的间距不应小于1.5m。

4）气瓶使用时，应符合下列规定：

①使用前，应检查气瓶及气瓶附件的完好性，检查连接气路的气密性，并采取避免气体泄漏的措施，严禁使用已老化的橡皮气管。

②氧气瓶与乙炔瓶的工作间距不应小于5m，气瓶与明火作业点的距离不应小于10m。

③冬季使用气瓶，气瓶的瓶阀、减压器等发生冻结时，严禁用火烘烤或用铁器敲击瓶

阀，严禁猛拧减压器的调节螺丝。

④氧气瓶内剩余气体的压力不应小于0.1MPa。

⑤气瓶用后应及时归库。

（四）其他防火管理

（1）施工现场的重点防火部位或区域应设置防火警示标识。

（2）施工单位应做好施工现场临时消防设施的日常维护工作，对已失效、损坏或丢失的消防设施应及时更换、修复或补充。

（3）临时消防车道、临时疏散通道、安全出口应保持畅通，不得遮挡、挪动疏散指示标识，不得挪用消防设施。

（4）施工期间，不应拆除临时消防设施及临时疏散设施。

（5）施工现场严禁吸烟。

六、施工现场消防安全管理问题性质的认定

（一）凡有下列行为之一为严重违章

（1）施工组织设计中未编制消防方案或危险性较大的作业如防水施工、保温材料安装使用、施工暂设搭建和冷却塔的安装及其他易燃、易爆物品的未编制防火措施。

（2）进行电焊作业、油漆粉刷或从事防水、保温材料、冷却塔安装等危险作业时，无防火要求的措施，也未进行安全交底。明火作业与防水施工、外墙保温材料等较大危险性作业进行违章交叉作业，存在较大火灾隐患的。

（3）明火作业无审批手续、非焊工从事电气焊、割作业，动火前未清理易燃物。

（4）施工暂设搭建未按防火规定使用非燃材料而采用易燃、可燃材料作围护结构的。

（5）在建筑工程主体内设置员工集体宿舍，设置的非燃品库房内住宿人员。

（6）在建筑物或库房内调配油漆、稀料。

（7）将在施建筑物作为仓库使用，或长期存放大量易燃、可燃材料。

（8）施工现场吸烟。

（9）工程内使用液化石油气钢瓶。

（10）冬季施工工程内采用炉火作取暖保温措施的。

（11）将住宿或办公区域安全出口上锁、遮挡，或者占用、堆放物品，或者影响疏散通道畅通的。

（二）凡下列问题为重大隐患

（1）施工现场未设消防车道。

（2）施工现场的消防重点部位（木工加工场所、油料及其他仓库等）未配备消防器材。

（3）施工现场无消防水源，或消火栓严重不足，未采取其他措施的。

（4）消火栓被埋、压、圈、占。因消火栓开启工具不匹配，不能及时开启出水的。

（5）施工现场进水干管直径小于100mm，无其他措施的。

（6）高度超过24m以上的建筑未设置消防竖管，或在正式消防给水系统投入使用前，

拆除或者停用临时消防竖管的。

(7) 消防竖管未设置水泵结合器，或设置水泵结合器，消防车无法靠近，不能起灭火作用的。

(8) 消防泵的专用配电线路，未引自施工现场总断路器的上端，不能保证连续不间断供电。

(9) 冬季施工消火栓、消防泵房、竖管无防冻保温措施，造成设备、管路被冻，不能出水起到灭火作用的。

(10) 将安全出口上锁、遮挡，或者占用、堆放物品，或者影响疏散通道畅通的。

(11) 消防设施管理、值班人员和防火巡查人员脱岗的。

(12) 生活区食堂使用液化气瓶到期未检验，无安全供气协议；工程内或生产区域使用液化石油气的。

七、消防教育和培训

(一) 施工单位应开展下列消防安全教育工作

(1) 施工单位应定期开展形式多样的消防安全宣传教育；

(2) 建设工程施工前应对施工人员进行消防安全教育；

(3) 在建设工地醒目位置、施工人员集中住宿场所设置消防安全宣传栏，悬挂消防安全挂图和消防安全警示标识；对新上岗和进入新岗位的职工（施工人员）进行上岗前消防安全培训；

(4) 对在岗的职工（施工人员）至少每年进行一次消防安全培训；

(5) 施工单位至少每半年组织一次灭火和应急疏散演练；

(6) 对明火作业人员进行经常性的消防安全教育。

(二) 总承包单位要组织分包单位管理人员、保安、成品保护人员以及施工人员等进行全员消防安全教育培训。教育培训应当包括

(1) 有关消防法规、消防安全制度和保障消防安全的操作规程；

(2) 本岗位的火灾危险性和防火措施；

(3) 有关消防设施的性能、灭火器材的使用方法；

(4) 报火警、扑救初起火灾以及自救逃生的知识和技能。

(三) 施工单位应落实电焊、气焊、电工等特殊工种作业人员持证上岗制度，电焊、气焊等危险作业前，应对作业人员进行消防安全教育，强化消防安全意识，落实危险作业施工安全措施。

(四) 通过消防宣传，职工要做到“三知三会”，即知道本岗位的火灾危险性、知道消防安全措施、知道灭火方法；会正确报火警、会扑救初期火灾、会组织疏散人员。

八、消防资料

施工单位应建立健全消防档案。消防档案应包括消防安全基本情况和消防安全管理情况，消防档案应翔实，全面反映施工单位消防工作的基本情况，并附有必要的图表，根据情况变化及时更新。施工单位应对消防档案统一保管、备查。

（一）消防安全基本情况应当包括以下内容

（1）施工现场的基本情况和消防安全重点部位情况。

（2）工程消防审批有关资料：

1）送审报告（施工单位加盖公章的书面申请）；

2）《××市消防局建筑设计消防审核意见书》；

3）《××市建筑工程施工现场消防安全审核申请表》；

4）施工现场消防安全措施方案、防火负责人和消防保卫人员名单；

5）施工组织设计和方案；

6）保卫消防方案。

（3）消防管理组织机构和各级消防安全责任人。

（4）消防安全责任协议。

（5）消防安全制度。

（6）消防设施灭火器材情况。

（7）义务消防队情况。

（8）与消防有关的重点工种人员情况。

（9）新增消防产品、防火材料的合格证明材料（施工现场一般是指对临建房屋围护结构的保温材料及现场使用的安全网、围网和施工保温材料的检测情况）。

（10）灭火和应急疏散预案。

（二）消防安全管理情况应当包括以下内容

（1）公安消防机构填发的各种法律文书；

（2）防火检查、巡查记录；

（3）火灾隐患及其整改记录；

（4）消防设施定期检查记录，灭火器材维修保养记录，燃气、电气设备监测（包括防雷、防静电）等记录资料；

（5）消防安全培训记录；

（6）明火作业审批手续；

（7）易燃、易爆化学危险物品，防水施工、保温材料安装、使用、存放的审批手续和措施；

（8）灭火和应急疏散预案的演练记录；

（9）火灾情况记录；

（10）消防奖惩情况记录。

第六章　绿色施工

一、职业健康与安全

（一）场地布置、作业条件及环境安全

（1）施工现场实行封闭式管理，围墙坚固、严密，高度不得低于1.8m。围墙材质使用专用金属定型材料或砌块砌筑。

（2）施工现场大门和门柱应牢固美观，高度不得低于2m，大门上应标有企业标识。

（3）施工现场在大门明显处设置标志牌和企业标识。标牌应写明工程名称、面积、层数，建设单位、设计单位、施工单位、监理单位、政府监督人员及联系电话、项目经理及联系电话，开、竣工日期。标牌面积不得小于0.7m×0.5m，字体为仿宋体，标牌底边距地面不得低于1.2m。

（4）施工现场大门内应有施工现场平面布置图、公共突发事件应急处置流程图和安全生产、消防保卫、环境卫生、文明施工制度板。

（5）建设单位、施工单位必须在施工现场设置群众来访接待室，有专人值班，并做好记录。

（6）施工区域、办公区域和生活区域应有明确划分，设标志牌，明确负责人。

（7）建筑工程红线外占用地须经有关部门批准，应按规定办理手续，并按施工现场的标准进行管理。

（8）施工现场临时搭建的建筑物应当符合安全使用要求，施工现场使用的装配式活动房屋应当具有产品合格证。建设工程竣工一个月内，临建设施应全部拆除。

（9）严禁在尚未竣工的建筑物内设置员工集体宿舍。

（二）材料码放

（1）施工现场内各种材料应按照施工平面图统一布置，分类码放整齐，材料标识要清晰准确。材料的存放场地应平整夯实，有排水措施。

（2）施工现场的材料保管应根据材料的特点采取相应的保护措施。

（三）卫生防疫

（1）施工现场办公区、生活区卫生工作应由专人负责，明确责任。

（2）办公区、生活区应保持整洁卫生，垃圾应存放在密闭容器，定期灭蝇，及时清运。

（3）施工现场设置的临时食堂必须具备餐饮服务许可证、炊事人员身体健康证、卫生知识培训证。

（4）食堂和操作间内墙应抹灰，屋顶不得吸附灰尘，应有水泥抹面锅台、地面，必须设排风设施。操作间必须有生熟分开的炊具及存放橱柜。库房内应有存放各种佐料和副食的密

闭器皿，有距墙距地面大于20cm的粮食存放台。

(5) 食堂操作间和仓库不得兼作宿舍使用。

(6) 食堂炊事员上岗必须穿戴洁净的工作服帽，并保持个人卫生。

(7) 施工现场应制定卫生急救措施，配备保健药箱、一般常用药品及急救器材。

(四) 职业健康

(1) 施工现场应在易产生职业病危害的作业岗位和设备、场所设置警示标识或警示说明。

(2) 深井、地下隧道、管道施工、地下室防腐、防水作业等不能保证良好自然通风的作业区，应配备强制通风设施。

(3) 在粉尘作业场所，应采取喷淋等设施降低粉尘浓度，操作人员应佩戴防尘口罩；焊接作业时，操作人员应佩戴防护面罩、护目镜及手套等个人防护用品。

(4) 高温作业时，施工现场应配备防暑降温用品，合理安排作息时间。

二、环境保护

(一) 一般规定

(1) 工程的施工组织设计中应有防治扬尘、噪声、固体废物和废水等污染环境的有效措施，并在施工作业中认真组织实施。

(2) 施工现场应建立环境保护管理体系，责任落实到人，并保证有效运行。

(3) 对施工现场防治扬尘、噪声、水污染及环境保护管理工作进行检查，填写检查记录。

(4) 对施工人员进行环境保护培训及考核。

(5) 定期对职工进行环保法规知识培训考核。

(二) 大气污染防治

(1) 施工现场主要道路必须进行硬化处理，其他路面应采取覆盖、固化、绿化等有效措施防止扬尘。施工现场的材料存放区、大模板存放区等场地必须平整夯实。

(2) 遇有4级风以上天气不得进行土方回填、转运以及其他可能产生扬尘污染的施工。

(3) 施工现场应有专人负责环保工作，配备相应的洒水设备，及时洒水，减少扬尘污染。

(4) 建筑物内的施工垃圾清运必须采用封闭式专用垃圾道或封闭式容器吊运，严禁凌空抛撒。施工现场应设密闭式垃圾站，施工垃圾、生活垃圾分类存放。施工垃圾清运时应提前适量洒水，并按规定及时清运消纳。

(5) 水泥和其他易飞扬的细颗粒建筑材料应密闭存放，使用过程中应采取有效措施防止扬尘。施工现场土方应集中堆放，100%采取覆盖或固化等措施。

(6) 从事土方、渣土和施工垃圾的运输，必须使用密闭式运输车辆。施工现场出入口处设置冲洗车辆的设施，出场时必须100%清理干净，不得将泥沙带出现场。

(7) 市政道路施工铣刨作业时，应采用冲洗等措施，控制扬尘污染。灰土和无机料拌和，应采用预拌进场，碾压过程中要洒水降尘。

(8) 规划市区内的施工现场，混凝土浇注量超过$100m^3$以上的工程，应当使用预拌混凝土，施工现场设置搅拌机的机棚必须封闭，并配备有效的降尘防尘装置。

(9) 施工现场使用的热水锅炉，炊事炉灶及冬施取暖锅炉等必须使用清洁燃料。施工机械、车辆尾气排放应符合环保要求。

(10) 拆除旧有建筑时，100%洒水，减少扬尘污染。渣土要在拆除施工完成之日起 3 日内清运完毕，并应遵守拆除工程的有关规定。

(11) 暂时不开发的空地 100%必须进行绿化。

(三) 水污染防治

(1) 搅拌机前台、混凝土输送泵及运输车辆清洗处应当设置沉淀池，废水不得直接排入市政污水管网，经二次沉淀后循环使用或用于洒水降尘。

(2) 现场存放油料，必须对库房进行防渗漏处理，储存和使用都要采取措施，防止油料泄漏，污染土壤水体。

(3) 施工现场食堂，应设置简易有效的隔油池，加强管理，指定专人负责定期掏油。

(四) 施工噪声污染防治

(1) 施工现场应遵照《中华人民共和国建筑施工场界噪声限值》制定降噪措施。在城市市区范围内，建筑施工过程中使用的设备，可能产生噪声污染的，施工单位应按有关规定向工程所在地的环保部门申报。

(2) 施工现场的电锯、电刨、搅拌机、固定式混凝土输送泵、大型空气压缩机等强噪声设备应搭设封闭式机棚，并尽可能设置在远离居民区的一侧，以减少噪声污染。

(3) 因生产工艺上要求必须连续作业或者特殊需要，确需在 22 时至次日 6 时进行施工的，建设单位和施工单位应当在施工前到工程所在地的区、县建设行政主管部门提出申请，经批准后方可进行夜间施工。

建设单位应当会同施工单位做好周边居民工作。并公布施工期限。

(4) 进行夜间施工作业的，应采取措施，最大限度减少施工噪声，可采用隔声布、低噪声振捣棒等方法。

(5) 对人为的施工噪声应有管理制度和降噪措施，并进行严格控制。承担夜间材料运输的车辆，进入施工现场严禁鸣笛，装卸材料应做到轻拿轻放，最大限度地减少噪声扰民。

(6) 施工现场应进行噪声值监测，监测方法执行《建筑施工场界噪声测量方法》，噪声值不应超过国家或地方噪声排放标准。

(7) 不同施工阶段作业噪声限值如表 2-6-1 所示。

表 2-6-1 等效声级 L_{Aeq}/dB

施工阶段	主要噪声源	噪声限值	
		昼 间	夜 间
土石方	推土机、挖掘机、装载机等	75	55
打桩	各种打桩机等	85	禁止施工
结构	混凝土搅拌机、振捣棒、电锯等	70	55
装修	吊车、升降机等	65	55

注：表中噪声值是指与敏感区域相应的建筑施工场地边界线处的限值，在建筑施工场地边界线处进行。

（五）废弃物的管理制度

（1）废弃物分类放置

各产生废弃物的单位、部门均设置废弃物临时置放点，并在临时存放场地配备有标识的废弃物容器并分类放置废弃物。有毒有害废弃物要单独封闭放在一个地方，防止再次污染，对于废电池还要与其他有毒有害废弃物分开单独放在密闭的容器内。

（2）废弃物的运输

场内废弃物的临时存放点指定专人管理，并负责将废弃物运输到场内废弃物指定堆放点并分类放置；废弃物外运必须由有准运证、合法的单位进行，在运输出场前必须覆盖，严防遗撒；对于有毒有害废弃物必须遵循国家有关法规，利用密闭容器装存。

（3）废弃物的处理

1）分包方的施工、生活垃圾由分包方自行处理，项目部检查其执行情况。

2）有毒有害废弃物委托外单位处理，要求接纳处置单位出示资质证明和经营许可证。

3）与废弃物单位签订《废弃物清运协议书》。

4）项目部对废弃物的处置要进行检查，确保废弃物按协议要求得到处理。

（六）施工现场环境保护管理网控制图

施工现场环境保护管理网控制如图 2-6-1 所示。

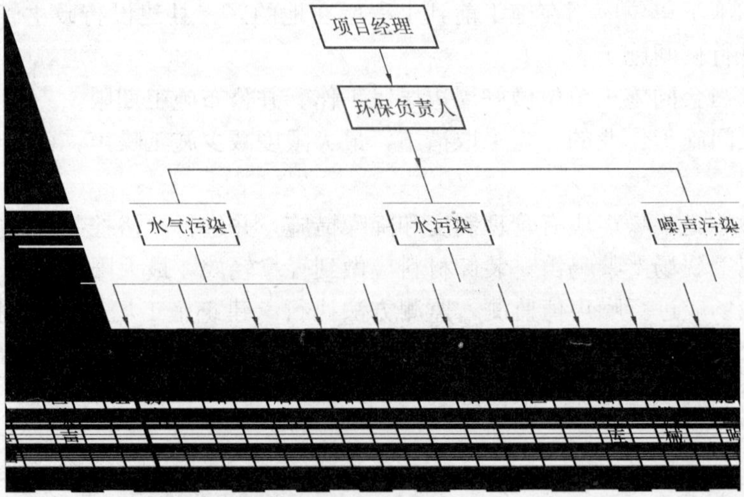

图 2-6-1　施工现场环境保护管理网控制

（七）重大环境因素控制

重大环境因素控制如表 2-6-2 所示。

表 2-6-2　重大环境因素控制

环境因素	活动点/工序/部位	环境影响	控制方式
噪声的排放	施工机械：推土机、挖掘机、装载机、钻孔桩机、打夯机、混凝土输送泵；运输设备：翻斗车；电动工具：电锯、电刨、空压机、切割机、混凝土振捣棒、冲击钻	影响人体健康、社区居民休息	执行《环境管理方案》
	脚手架装卸、安装与拆除		
	模板支拆、清理与修复		
粉尘的排放	施工场地平整作业、土堆、砂堆、石灰、现场路面、进出车辆车轮带泥砂、水泥搬运、混凝土搅拌、木工房锯末、拆除作业	污染大气、影响居民身体健康	
甲醛、氨、放射性核素及各种有害物质的超量排放	各种室内建筑装饰材料、混凝土外加剂（氨）、建筑材料作业和使用	影响用户健康	
化学危险品的使用排放	装饰、防水、焊接作业现场	大气、土地、光污染	
运输的遗撒	运输渣土、商品混凝土、生活垃圾	污染路面、影响居民生活	
有毒有害废弃物的排放	施工现场（废化工材料及其包装物、容器等，废玻璃丝布，废铝箔纸，工业棉布，油手套，含油棉纱棉布，漆刷，废旧测温计）	污染土地、水体	
	中心实验室有毒有害容器清洗液及废试液瓶、油布及油手套		
	现场清洗工具废渣、机械维修保养废渣		
	办公区废复写纸、复印机废墨盒和废粉、打印机废硒鼓、废色带、废电池、废磁盘、废计算器、废日光灯、废涂改液瓶		
火灾、爆炸的发生	油漆、易燃材料库房及作业面、木工房、电气焊作业点、氧气瓶（库）、乙炔气瓶（库）、液化气瓶、油库、建筑垃圾、冬季混凝土养护作业、施工现场配电室、实验室使用的乙醇、松节油、燃煤取暖	污染大气	
污水的排放	食堂、现场搅拌站、厕所、现场洗车处	污染水体	

三、环境保护岗位责任制

（一）主要职能部门岗位职责

（1）工会

1）负责公司环境、安全方针的宣传、教育，负责有关法律法规的宣传教育工作。

2）每季度组织有关人员进行现场环境安全检查工作。

（2）项目经理部

1）是公司环境保证体系的具体落实者，负责执行公司环境安全方针和相关的法律法规。

2）对环境保证体系的实施进行连续监控。

3）负责项目部环境因素、重大环境因素的识别、危险源、重大安全风险的识别与评定，建立项目部环境因素台账、重大环境因素清单，危险源台账和重大安全风险清单及控制计划。

4）负责建立项目环境保证管理方案，作业指导书、应急响应预案及安全技术交底。

5）负责配备满足要求的各类管理人员，建立健全项目各级人员环境职责分工，明确各级人员的责任。

6）组织进行三级安全教育，进行环境安全交底，进行分包方环境管理的考核和评定。

7）负责配备足够的工程项自施工管理过程的环境保证资源，进行生产进度、成本的管理，保证项目环境，保证体系的运行。

8）负责组织项目每月进行环境管理体系的运行自检，进行内部沟通，负责纠正措施的制定、实施与跟踪验证。

（3）质量部

1）负责公司环境保证体系的策划、建立与实施。

2）组织编制公司环境保证体系文件。

3）负责环境管理文件和记录的控制管理。

4）负责公司环境管理体系的内、外部信息交流。

5）负责每季度组织公司有关部门监督检查公司的体系运行情况。

6）协助人力资源部组织举办环境保证体系标准、相关法律法规、专业知识和文件要求的培训或讲座。

7）负责审核各部门下发的环境管理方面的文件。

（4）工程部

1）负责施工全过程环境保证体系的控制。

2）负责环境因素的识别、评价、更新管理。

3）负责公司环境目标指标管理方案的制订与实施跟踪。

4）负责公司环境管理的具体运作，负责施工场界噪声的监测和控制管理。

5）负责公司安全监视和测量装置管理。

6）参加质量管理部组织的体系运行季度考核，重点检查环境运行控制绩效。

（5）技术部

1）负责获取、评价、更新公司适用的环境、安全法律法规与其他要求。

2）负责组织环境、安全管理的数据收集与分析，指导进行统计技术的应用，建立和保持《数据分析程序》。

3）负责组织环境、安全严重不合格的纠正与预防措施的制定，并跟踪验证其实施的结果。

（二）施工现场管理人员岗位

（1）项目经理

1）负责贯彻执行国家环境方面的法律、法规、方针、政策。

2）负责本项目部环境管理体系的建立、保持和实施。

3）负责组织进行环境因素和危险源的识别，控制重大环境因素和安全风险。

4）保障环境管理体系运行所需资源。

（2）技术负责人

1）对项目经理负责，贯彻实施环境方针和环境目标，协助建立、完善环境管理体系，确保其有效运行。

2）负责施工过程所涉及的有关环境的法律、法规及其他要求的识别与传递。

3）负责运行程序和对有关环境人员的培训、意识和能力的评价。

4）负责制订纠正和预防措施，并验证结果。

（3）环境管理员

1）对项目经理负责，贯彻实施环境方针和环境目标，协助建立、完善环境管理体系，确保其有效运行。

2）负责制订环境管理方案，并保存记录。

3）负责环境管理体系文件收发工作，及时传递到有关人员手中，保证运行有效。

4）负责与外部、本部门各层次之间的信息交流，并保持渠道畅通。

5）负责收集整理有关记录，以备查阅。

（4）工长

1）识别环境因素，并协助制订环境管理方案。

2）负责对本专业人员及相关方的环境意识培训，并施加直接影响。

3）保存有关活动记录以备查阅。

4）及时反馈该专业所涉及的有关环保方面的信息，以便做出响应。

（5）质检员

1）遵守有关环境方面的法律法规，贯彻执行总公司的环境方针，保证目标和指标的顺利实现。

2）协助识别本工程的环境因素，制订环境管理方案。

3）负责工程劳务分包方对环境管理协议的履行监督工作，并施加直接影响。

4）协助做好体系运行控制工作。

5）协助本部门各层次人员的工作并做出响应。

（6）试验员

1）遵守有关环境方面的法律法规，贯彻执行总公司的环境方针，保证目标和指标的顺利实现。

2）识别本岗位的环境因素并进行控制。

3）协助本部门各层次人员的工作并做出响应。

（7）安全员

1）对项目经理负责，贯彻实施环境方针和环境目标，协助建立、完善环境管理体系，确保其有效运行。

2）负责对有关环境方面法律、法规及其他要求等的识别与传递。

3）负责制订环境管理方案。

4）负责纠正和预防措施。

（8）库管员

1）遵守有关环境方面的法律法规，贯彻执行总公司的环境方针，保证目标和指标的顺利实现。

2）负责对油漆类、化学危险品、油类等物资的妥善保存，并做好应急准备与响应。

3）协助本部门各层次人员的工作，并做出响应。

4）参加环境管理体系审核。

（9）班组长

1）遵守工地各项有关环境方面的规章制度。

2）负责向职工传达有关环保方面的知识，协助做好培训工作。

3）协助各层次人员工作，对异常事件做出应急准备和响应，如火灾、地震等。

四、卫生防疫管理制度

（1）施工现场办公区、生活区卫生工作应由专人负责，明确责任。

（2）办公区、生活区应保持整洁卫生，垃圾应存放在密闭式容器中，定期灭蝇，及时清运。

（3）生活垃圾与施工垃圾不得混放。

（4）生活区、宿舍内夏季应采取消暑和灭蚊蝇措施，冬季应有采暖和防煤气中毒措施，并建立验收制度。宿舍内应有必要的生活设施及保证必要的生活空间，高度不得低于2.5m，通道的宽度不得小于1m，应有高于地面300cm的床铺，每人床铺占有面积不小于$2m^2$，床铺被褥干净整洁，生活用品摆放整齐，室内保持通风。

（5）生活区内必须有盥洗设施和洗浴间。应设阅览室、娱乐场所。

（6）施工现场应设水冲式厕所，厕所墙壁、屋顶严密，门窗齐全，要有灭蝇措施，设专人负责定期保洁。

（7）严禁随地大小便。

（8）施工现场设置的临时食堂必须具备食堂卫生许可证、炊事人员身体健康证、卫生知识培训证。建立食品卫生管理制度，严格执行食品卫生法和有关管理规定。施工现场的食堂和操作间相对固定、封闭，并且具备清洗消毒的条件和杜绝传染疾病的措施。

（9）食堂和操作间内墙应抹灰，屋顶不得吸附灰尘，应有水泥抹面锅台、地面，必须设排风设施。

操作间必须有生熟分开的刀、盆、案板等炊具及存放橱柜。

库房内应有存放各种佐料和副食的密闭器皿，有距墙距地面大于200cm的粮食存放台。

不得使用石棉制品的建筑材料装修食堂。

（10）食堂内外整洁卫生，炊具干净，无腐烂变质食品，生熟食品分开加工保管，食品有遮盖，应有灭蝇、灭鼠、灭蟑措施。

（11）食堂操作间和仓库不得兼作宿舍使用。

（12）食堂炊事员上岗必须穿戴洁净的工作服、帽，并保持个人卫生。

（13）严禁购买无证、无照商贩食品，严禁食用变质食物。

（14）施工现场应保证供应卫生饮水，有固定的盛水容器，有专人管理并定期清洗消毒。

（15）施工现场应制定卫生急救措施，配备保健药箱、一般常用药品及急救器材。为从事有毒有害作业人员配备有效的防护用品。

（16）施工现场发生法定传染病和食物中毒、急性职业中毒时立即向上级主管部门及有关部门报告，同时要积极配合卫生防疫部门进行调查处理。

（17）现场工人患有法定传染病或是病源携带者，应予以及时必要的隔离治疗，直至卫生防疫部门证明不具有传染性时方可恢复工作。

(18) 对从事有毒有害作业人员应按照《职业病防治法》做职业健康检查。

(19) 施工现场应制定暑期防暑降温措施。

五、食堂卫生管理制度

(一) 食堂卫生管理制度

(1) 食堂工作人员必须经体检合格，并经上岗培训考核合格，取得健康证后方可上岗。

(2) 上岗前应洗手消毒，穿戴工作服、帽，保持个人清洁卫生。

(3) 食品原料进货应有验收制度，专人负责，以达到原料新鲜、无腐蚀变质。清洗要彻底，保证食品的卫生质量。

(4) 冰箱内，生熟食品必须严格分开存放，不得存放私物、药物等。

(5) 不得供应生冷拌菜和生食小水产、菜肴烧熟煮透，隔夜的剩菜应回锅加热，不得混入当餐鲜菜中。

(6) 保持食堂内外整洁，不堆放与食品无关的施工物料和工具，操作间和储藏间分开设置，做好防潮、防虫、防蝇、防鼠工作。

(7) 炊事用具无锈、无油垢。采购、加工、储存生与熟食品要严格分开，并设有生熟、荤素标志，防止食品混存污染。

(8) 制售过程及刀、墩、案板、盆、框、水池、抹布和冰柜等工具要严格分开。每天加工、制售食品之后应全面清洗炊具、冲刷地面，各种炊事用品按规定存放。

(9) 食堂的隔油池、沉淀池必须规范有效，定期清污掏油。

(二) 食堂工作人员管理制度

(1) 每年进行健康检查，防止传染病和食物中毒事故的发生。

(2) 要认真学习食品卫生管理法规，了解食品的卫生制度及营养知识。

(3) 必须严格执行领导的工作指示，并保证厨房及饭堂的卫生整洁有序。

(4) 当班工作人员应保持仪表整洁，注重个人卫生，穿工作服、戴工作帽，并做到“四勤”(勤换衣、勤洗头、勤理发、勤剪指甲)。

(5) 任何人不得私自拿走厨房的用具和食物，一经发现有此行为者要严肃处理。

(6) 食堂一般不对外来人员开放，公司员工如有亲友来访需要就餐者，必须到管理处买饭票就餐，违者由后勤处予以处理。

六、宿舍、厕所、浴室管理制度

(一) 宿舍管理制度

(1) 集体宿舍必须有专人负责管理，住宿人员必须服从管理，自觉遵守工地各项规章制度。

(2) 集体宿舍是施工人员休息、生活、学习的场所，应保持宿舍卫生整洁、安静和良好的秩序，每个住宿人员应遵守文明宿舍公约。

(3) 住宿职工要维护公共卫生，保持室内干净、整洁，生活用品摆设、叠放整齐，地面不乱扔杂物、烟头。

(4) 每个宿舍房间要编号并选室长，室长负责安排卫生值日和清扫工作，住宿人员名单要上墙，每日卫生值日人员要自觉负责门前和室内卫生的打扫，督促同室人员不乱扔垃圾，不乱倒脏水，不随地便溺。

(5) 工地管理人员每周一次组织人员检查，如宿舍内发现脏、乱、臭现象应责令整改，屡违者经教育后视情节轻重给予处罚或清退。宿舍内不得留宿无关人员和家属子女。

(6) 宿舍无人时关好窗户，切断电源，锁上门锁。

(7) 宿舍内不准聚众酗酒，不得聚众赌博，严禁斗殴，严禁从楼上向下倒水。

(8) 冬季宿舍内要防止火灾和煤气中毒。

(二) 宿舍卫生制度

(1) 宿舍必须有卫生负责人和卫生轮流值日包干表，明确职责。

(2) 职工宿舍合理布置，床单、枕巾干净卫生，被子叠放整齐。

(3) 洗脸毛巾挂成一条线，不穿的衣服叠整齐，放在固定地方。

(4) 洗漱用具、餐具放在固定地方，整齐干净，餐具要遮盖。

(5) 床铺下边不得有杂物，鞋子放在固定的地方。

(6) 室内地面保持干净，桌椅表面无灰尘，窗户明亮。

(7) 宿舍内由室长安排值日表，使职工自觉打扫宿舍卫生。

(8) 剩饭、剩菜一律要倒入泔水桶，不准乱倒。

(9) 不乱抛杂物，不随地大小便。

(三) 文明宿舍住宿制度

(1) 每人必须交住宿保证抵押金。

(2) 严禁在室内私接电线、电器设备及使用电加热器具。

(3) 严禁乱倒垃圾、脏水，严禁随地大小便。

(4) 严禁在床上吸烟和在室内点蜡烛。

(5) 严禁在室内烧饭、烧菜及吃饭。

(6) 严禁在规定区域外晒衣、晒被子，注意个人卫生。

(7) 必须建立宿舍值日制度，搞好室内卫生及门前三包工作。

(8) 必须建立室长负责制，严禁赌博、斗殴、酗酒。

(9) 必须爱护生活区内及宿舍内的公共财物、公共设施。

(10) 外来人员应办理会客登记，未经许可不准随意进入宿舍及留宿。

(11) 宿舍内物品堆放必须规范。

(四) 厕所管理制度

(1) 设有专人打扫，每日早晚各清扫一次。

(2) 两天喷洒一次药物，防止蚊蝇蛆孳生。

(3) 做到墙面清洁、整洁，无乱写乱画，无乱划。

(4) 厕所保持清洁卫生，无臭无味，保证空气流通清新，环境整洁。

(5) 大便槽使用水冲式，便池无害化处理，三池式储粪池；无污水外流，无堵塞，保持清洁无害。

(6) 定期、不定期检查，健全卫生制度。

(五) 浴室卫生管理制度

(1) 设专人打扫、保证室内外清洁。

(2) 浴室内禁止随地吐痰，禁止大小便、洗衣服或洗刷劳动工具。

(3) 洗浴人员必须节约用水，浴后应随手关闭水龙头。

(4) 爱护浴室内各种设备，严禁破坏。禁止在浴室内追逐打闹。

(5) 注意洗浴安全，谨防滑跌伤人。

(6) 加强相互监督，对违反制度者，将按文明施工管理规定处以罚款。

七、施工降水

(一) 一般规定

施工降水应遵循保护优先、合理抽取、抽水有偿、综合利用的原则。

(二) 限制施工降水

(1) 建设单位或者施工单位应当采用连续墙、护坡桩＋桩间旋喷桩、水泥土桩＋型钢等帷幕隔水方法，隔断地下水进入施工区域。

(2) 因地下结构、地层及地下水、施工条件和技术等原因，使得采用帷幕隔水方法很难实施或者虽能实施，但增加的工程投资明显不合理的，施工降水方案经过专家评审并通过后，可以采用管井、井点等方法进行施工降水。

(3) 施工降水方案评审内容：

1) 采用帷幕隔水方法不可行的依据和理由是否充分；

2) 施工降水对施工安全、环境影响评估是否合理；

3) 计算抽排水量是否合理；

4) 降水综合利用措施是否合理。

(4) 采用管井、井点等进行施工降水的工程，施工单位应当安装抽排水计量设施，并按有关规定缴费。

施工单位应当按照住房和城乡建设部《城市排水许可管理办法》的规定，申领城市排水许可证。

(三) 施工降水管理

(1) 采用管井、井点等进行施工降水的，抽排水计量设施必须有效工作。建设单位、施工单位应保证降水利用设施的正常运行，并采取有效措施，防止污染地下水和地表水。

(2) 施工现场应综合利用工地抽排的全部地下水，减少资源浪费。降水应优先用于工地钢筋混凝土的养护、降尘、冲厕、工地车辆的洗刷等方面；剩余部分，施工单位应主动与园林、环卫部门和居民社区联系，将其用于周边指定绿地、景观及环境卫生。

（3）监理单位应当对施工降水进行全过程监理，检查和督促建设单位和施工单位严格执行和相关技术标准。

（4）施工单位未经专家评审通过，采用管井、井点等进行施工降水的，或者施工单位违反规定的，监理单位应当及时予以制止。

八、《绿色施工管理规程》（DB 11/513—2008）的有关规定（节选）

《绿色施工管理规程》规定如下：

3.3　施工单位职责

3.3.1　建设工程实行施工总承包的，总承包单位应对施工现场的绿色施工负总责。分包单位应服从总承包单位的绿色施工管理，并对所承包工程的绿色施工负责。

3.3.2　施工单位应建立以项目经理为第一责任人的绿色施工管理体系，制定绿色施工管理责任制度，定期开展自检、考核和评比工作。

3.3.3　施工单位应在施工组织设计中编制绿色施工技术措施或专项施工方案，并确保绿色施工费用的有效使用。

3.3.4　施工单位应组织绿色施工教育培训，增强施工人员绿色施工意识。

3.3.5　施工单位应定期对施工现场绿色施工实施情况进行检查，做好检查记录。

3.3.6　在施工现场的办公区和生活区应设置明显的有节水、节能、节约材料等具体内容的警示标志，并按规定设置安全警示标志。

3.3.7　施工前，施工单位应根据国家和地方法律、法规的规定，制定施工现场环境保护和人员安全与健康等突发事件的应急预案。

3.3.8　按照建设单位提供的设计资料，施工单位应统筹规划，合理组织一体化施工。

4　资源节约

4.1　节约土地

4.1.1　建设工程施工总平面规划布置应优化土地利用，减少土地资源的占用。

施工现场的临时设施建设禁止使用黏土砖。

4.1.2　土方开挖施工应采取先进的技术措施，减少土方开挖量，最大限度地减少对土地的扰动，保护周边自然生态环境。

4.2　节能

4.2.1　施工现场应制定节能措施，提高能源利用率，对能源消耗量大的工艺必须制定专项降耗措施。

4.2.2　临时设施的设计、布置与使用，应采取有效的节能降耗措施，并符合下列规定：

（1）利用场地自然条件，合理设计办公及生活临时设施的体形、朝向、间距和窗墙面积比，冬季利用日照并避开主导风向，夏季利用自然通风。

（2）临时设施宜选用由高效保温隔热材料制成的复合墙体和屋面，以及密封保温隔热性能好的门窗。

（3）规定合理的温、湿度标准和使用时间，提高空调和采暖装置的运行效率。

（4）照明器具宜选用节能型器具。

4.2.3 施工现场机械设备管理应满足下列要求：

（1）施工机械设备应建立按时保养、保修、检验制度。

（2）施工机械宜选用高效节能电动机。

（3）220V/380V 单相用电设备接入 220V/380V 三相系统时，宜使用三相平衡。

（4）合理安排工序，提高各种机械的使用率和满载率。

4.2.4 建设工程施工应实行用电计量管理，严格控制施工阶段用电量。

4.2.5 施工现场宜充分利用太阳能。

4.2.6 建筑施工使用的材料宜就地取材。

4.3 节水

4.3.1 建设工程施工应实行用水计量管理，严格控制施工阶段用水量。

4.3.2 施工现场生产、生活用水必须使用节水型生活用水器具，在水源处应设置明显的节约用水标识。

4.3.3 建设工程施工应采取地下水资源保护措施，新开工的工程限制进行施工降水。因特殊情况需要进行降水的工程，必须组织专家论证审查。

4.3.4 施工现场应充分利用雨水资源，保持水体循环，有条件的宜收集屋顶、地面雨水再利用。

4.3.5 施工现场应设置废水回收设施，对废水进行回收后循环利用。

4.4 节约材料与资源利用

4.4.1 优化施工方案，选用绿色材料，积极推广新材料、新工艺，促进材料的合理使用，节省实际施工材料消耗量。

4.4.2 根据施工进度、材料周转时间、库存情况等制订采购计划，并合理确定采购数量，避免采购过多，造成积压或浪费。

4.4.3 对周转材料进行保养维护，维护其质量状态，延长其使用寿命。按照材料存放要求进行材料装卸和临时保管，避免因现场存放条件不合理而导致浪费。

4.4.4 依照施工预算，实行限额领料，严格控制材料的消耗。

4.4.5 施工现场应建立可回收再利用物资清单，制定并实施可回收废料的回收管理办法，提高废料利用率。

4.4.6 根据场地建设现状调查，对现有的建筑、设施再利用的可能性和经济性进行分析，合理安排工期。利用拟建道路和建筑物，提高资源再利用率。

4.4.7 建设工程施工所需临时设施（办公及生活用房、给排水、照明、消防管道及消防设备）应采用可拆卸可循环使用材料，并在相关专项方案中列出回收再利用措施。

5 环境保护

5.1 扬尘污染控制

5.1.1 施工现场主要道路应根据用途进行硬化处理，土方应集中堆放，裸露的场地和集中堆放的土方应采取覆盖、固化或绿化等措施。

5.1.2 施工现场大门口应设置冲洗车辆设施。

5.1.3 施工现场易飞扬、细颗粒散体材料，应密闭存放。

5.1.4 遇有 4 级以上大风天气，不得进行土方回填、转运以及其他可能产生扬尘污染的施工。

5.1.5　施工现场办公区和生活区的裸露场地应进行绿化、美化。

5.1.6　施工现场材料存放区、加工区及大模板存放场地应平整坚实。

5.1.7　建筑拆除工程施工时应采取有效的降尘措施。

5.1.8　规划市区范围内的施工现场，混凝土浇注量超过 $100m^3$ 以上的工程，应当使用预拌混凝土；施工现场应采用预拌砂浆。

5.1.9　施工现场进行机械剔凿作业时，作业面局部应遮挡、掩盖或采取水淋等降尘措施。

5.1.10　市政道路施工铣刨作业时，应采用冲洗等措施，控制扬尘污染。无机料拌和，应采用预拌进场，碾压过程中要洒水降尘。

5.1.11　施工现场应建立封闭式垃圾站。建筑物内施工垃圾的清运，必须采用相应容器或管道运输，严禁凌空抛掷。

5.2　有害气体排放控制

5.2.1　施工现场严禁焚烧各类废弃物。

5.2.2　施工车辆、机械设备的尾气排放应符合国家规定的排放标准。

5.2.3　建筑材料应有合格证明。对含有害物质的材料应进行复检，合格后方可使用。

5.2.4　民用建筑工程室内装修严禁采用沥青、煤焦油类防腐、防潮处理剂。

5.2.5　施工中所使用的阻燃剂、混凝土外加剂氯的释放量应符合国家标准。

5.3　水土污染控制

5.3.1　施工现场搅拌机前台、混凝土输送泵及运输车辆清洗处应当设置沉淀池。废水不得直接排入市政污水管网，可经二次沉淀后循环使用或用于洒水降尘。

5.3.2　施工现场存放的油料和化学溶剂等物品应设有专门的库房，地面应做防渗漏处理。废弃的油料和化学溶剂应集中处理，不得随意倾倒。

5.3.3　食堂应设隔油池，并应及时清理。

5.3.4　施工现场设置的临时厕所化粪池应做抗渗处理。

5.3.5　食堂、盥洗室、淋浴间的下水管线应设置过滤网，并应与市政污水管线连接，保证排水畅通。

5.4　噪声污染控制

5.4.1　施工现场应根据国家标准《建筑施工场界噪声测量方法》（GB/T 12524）和《建筑施工场地噪声限值》（GB 12523）的要求制定降噪措施，并对施工现场场界噪声进行检测和记录，噪声排放不得超过国家标准。

5.4.2　施工场地的强噪声设备宜设置在远离居民区的一侧，可采取对强躁声设备进行封闭等降低噪声措施。

5.4.3　运输材料的车辆进入施工现场，严禁鸣笛。装卸材料应做到轻拿轻放。

5.5　光污染控制

5.5.1　施工单位应合理安排作业时间，尽量避免夜间施工。必要时的夜间施工，应合理调整灯光照射方向，在保证现场施工作业面有足够光照的条件下，减少对周围居民生活的干扰。

5.5.2　在高处进行电焊作业时应采取遮挡措施，避免电弧光外泄。

5.6　施工固体废弃物控制

5.6.1　施工中应减少施工固体废弃物的产生。工程结束后，对施工中产生的固体废弃物必须全部清除。

5.6.2 施工现场应设置封闭式垃圾站，施工垃圾、生活垃圾应分类存放，并按规定及时清运消纳。

5.7 环境影响控制

5.7.1 工程开工前，建设单位应组织对施工场地所在地区的土壤环境现状进行调查，制定科学的保护或恢复措施，防止施工过程中造成土壤侵蚀、退化，减少施工活动对土壤环境的破坏和污染。

5.7.2 建设项目涉及古树名木保护的，工程开工前，应由建设单位提供政府主管部门批准的文件，未经批准，不得施工。

5.7.3 建设项目施工中涉及古树名木确需迁移，应按照古树名木移植的有关规定办理移植许可证和组织施工。

5.7.4 对场地内无法移栽、必须原地保留的古树名木应划定保护区域。严格履行园林部门批准的保护方案，采取有效保护措施。

5.7.5 施工单位在施工过程中一旦发现文物，应立即停止施工，保护现场并通报文物管理部门。

5.7.6 建设项目场址内因特殊情况不能避开地上文物，应积极履行经文物行政主管部门审核批准的原址保护方案，确保其不受施工活动损害。

5.7.7 对于因施工而破坏的植被、造成的裸土，必须及时采取有效措施，以避免土壤侵蚀、流失。如采取覆盖砂石、种植速生草种等措施。施工结束后，被破坏的原有植被场地必须恢复或进行合理绿化。

6 职业健康与安全

6.1 场地布置及临时设施建设

6.1.1 施工现场办公区、生活区应与施工区分开设置，并保持安全距离；办公、生活区的选址应当符合安全要求。

6.1.2 施工现场应设置办公室、宿舍、食堂、厕所、淋浴间、开水房、文体活动室（或农民工夜校培训室）、吸烟室、密闭式垃圾站（或容器）及盥洗设施等临时设施。

6.1.3 施工现场临时搭建的建筑物应当符合安全使用要求，施工现场使用的装配式活动房屋应当具有产品合格证书。

建设工程竣工一个月内，临建设施应全部拆除。

6.1.4 严禁在尚未竣工的建筑物内设置员工集体宿舍。

6.2 作业条件及环境安全

6.2.1 施工现场必须采用封闭式硬质围挡，高度不得低于1.8m。

6.2.2 施工现场应设置标志牌和企业标识，按规定应有现场平面布置图和安全生产、消防保卫、环境保护、文明施工制度板，公共突发事件应急处置流程图。

6.2.3 施工单位应采取保护措施，确保与建设工程毗邻的建筑物、构筑物安全和地下管线安全。

6.2.4 施工现场高大脚手架，塔式起重机等大型机械设备应与架空输电导线保持安全距离，高压线路应采用绝缘材料进行安全防护。

6.2.5 施工期间应对建设工程周边临街人行道路，车辆出入口采取硬质安全防护措施，夜间应设置照明指示装置。

6.2.6 施工现场出入口、施工起重机械、临时用电设施、脚手架、出入通道口、楼梯口、电梯井口、孔洞口、桥梁口、隧道口、基坑边沿、爆破物及有害危险气体和液体存放处等危险部位，应设置明显的安全警示标志。安全警示标志必须符合国家标准。

6.2.7 在不同的施工阶段及施工季节，气候和周边环境发生变化时，施工现场应采取相应的安全技术措施，达到文明安全施工条件。

6.3 职业健康

6.3.1 施工现场应在易产生职业病危害的作业岗位和设备、场所设置警示标识或警示说明。

6.3.2 定期对从事有毒有害作业人员进行职业健康培训和体检，指导操作人员正确使用职业病防护设备和个人劳动防护用品。

6.3.3 施工单位应为施工人员配备安全帽、安全带及与所从事工种相匹配的安全鞋、工作服等个人劳动防护用品。

6.3.4 施工现场应采用低噪声设备，推广使用自动化、密闭化施工工艺，降低机械噪声。作业时，操作人员应戴耳塞进行听力保护。

6.3.5 深井、地下隧道、管道施工、地下室防腐、防水作业等不能保证良好自然通风的作业区，应配备强制通风设施。操作人员在有毒有害气体作业场所应戴防毒面具或防护口罩。

6.3.6 在粉尘作业场所，应采取喷淋等设施降低粉尘浓度，操作人员应佩戴防尘口罩；焊接作业时，操作人员应佩戴防护面罩、护目镜及手套等个人防护用品。

6.3.7 高温作业时，施工现场应配备防暑降温用品，合理安排作息时间。

6.4 卫生防疫

6.4.1 施工现场员工膳食、饮水、休息场所应符合卫生标准。

6.4.2 宿舍、食堂、浴室、厕所应有通风、照明设施，日常维护应有专人负责。

6.4.3 食堂应有相关部门发放的有效卫生许可证，各类器具规范清洁。炊事员应持有效健康证。

6.4.4 厕所、卫生设施、排水沟及阴暗潮湿地带应定期消毒。

6.4.5 生活区应设置密闭式容器，垃圾分类存放，定期灭蝇，及时清运。

6.4.6 施工现场应设立医务室，配备保健药箱、常用药品及绷带、止血带、颈托、担架等急救器材。

6.4.7 施工人员发生传染病、食物中毒、急性职业中毒时，应及时向发生地的卫生防疫部门和建设主管部门报告，并按照卫生防疫部门的有关规定进行处置。

第七章　劳动保护管理制度

一、劳动保护工作制度

（一）项目经理部工会劳动保护工作制度

（1）会议制度。每季度召开一次劳动保护监督检查委员会会议，通报研究有关劳动保护工作事宜。

（2）检查制度。每月协同行政进行一次劳动安全卫生方面的现场检查，并进行一次“建筑施工安全工会检查标准”的自检，认真填写自检记录，整改发现的问题。

（3）培训制度。工会劳动保护监督检查员每年参加相关知识的培训不低于24h，有安全资质的要积极参加安全资质年审培训；班组劳动保护检查员的安全培训，每年不低于16学时，每年至少进行一次全员安全培训。

（4）信息反馈制度。工会劳动保护工作要贯彻系统管理原则，项目工会要及时下情上达。上情下达，按要求及时进行信息反馈，对发现的问题提出整改措施。

（5）内业资料管理制度。贯彻“写应做的，做所写的，记所做的”原则，搞好原始记录和基础资料的管理。

（6）总结评比制度。每月进行一次工作小结，半年进行一次初评，年终总结评比，搞好奖优罚劣。

（二）劳动保护工作会议制度

（1）劳动保护监督检查小组，每季度召开一次工作例会。

（2）学习和传达上级有关安全生产、劳动保护方面的文件、指示、规定和要求等。

（3）结合本单位安全生产和劳动保护的特点和形式，制定劳动保护监督检查工作措施和计划。

（4）研究、讨论和分析劳动保护方面存在的问题及整改、解决办法。

（5）建立完整的会议记录制度，包括会议时间、地点、主要内容、参加人以及研究讨论的主要问题、发言记录、决议、决定和结果等。

（三）劳动保护工作检查考核制度

（1）工会主席必须积极参加同级和上级的安全文明施工检查。

（2）工会组织职工代表经常深入施工现场和生产一线，巡视安全生产和劳动保护情况，每年一次到两次。

（3）劳动保护组织要坚持每季度检查一次，劳动保护检查员要坚持每班的检查。

（4）要认真按照标准进行检查，做好记录（参加人、时间、地点、单位）。对事故隐患和处理意见，监督专业人员填写事故隐患通知书和整改建议书，待整改后进行复查。

（5）工会要参与伤亡事故调查和重大事故隐患的跟踪调查，坚持“三不放过”的原则（事故原因分析不清不放过，事故责任者和群众没受到教育不放过，没有防范措施不放过）。

（6）对本单位每次购置的劳动保护用品进行监督，没有“三证”的禁止使用。对发放劳动用品使用情况进行检查。

（四）劳动保护工作教育与信息反馈制度

（1）充分利用简报、板报、橱窗、标语、口号等各种形式宣传安全生产、劳动保护等有关政策、法令、法规及安全技术卫生知识等。劳动保护宣传专栏要坚持每月更换一次内容。

（2）组织工会劳动保护人员的业务培训，协助专业部门搞好特殊工种的培训。

（3）劳动保护组织，每半年向公司工会交一份总结材料，汇报劳动保护监督检查情况。

（4）工会小组和劳务分包队伍的劳动保护检查员，每月向劳动保护组织汇报一次情况。

（5）劳动保护组织要注意收集信息，对在安全生产、劳动保护方面有突出贡献的职工和集体，要及时总结先进典型事迹，宣传报道，申报奖励。

（6）劳动保护组织对发生重大伤亡事故，坚持执行速报，用电话、通信便条、传呼等方式（一般不得超过24h）报告到公司工会。报告内容包括：事故发生单位、伤亡人员姓名、年龄、工种、伤亡地点、伤亡部位状况、事故类别及简要经过。

二、劳动保护监督检查工作责任制

（一）工会劳动保护监督检查委员会工作责任制

（1）监督和协助项目经理贯彻执行国家和企业关于劳动保护政策、法律和法规，参加集体合同、劳动合同和劳动安全卫生条款的协商与制定，并对执行情况进行监督检查。

（2）贯彻执行中华全国总工会《基层工会劳动保护检查委员会工作条例》，宣传国家和企业关于劳动保护的政策、法律和法规，普及安全文明生产知识，协同行政进行职工的安全生产培训，开展安全生产和文明施工竞赛。

（3）协同行政进行安全检查，监督整改，问题严重的下达《限期解决问题的通知书》，要求限期解决。

（4）参加伤亡事故的调查，提出处理意见，维护职工合法权益，协助项目经理部采取防范措施。

（5）制止违章指挥、违章作业，发现明显重大的事故隐患和严重职业危害，危及职工生命的紧急状况时，协助现场指挥人员立即采取紧急避险措施。

（6）实行分工责任制，各负其责。

（二）项目经理部劳动保护监督检查员工作责任制

（1）全面负责本单位劳动保护监督检查委员会工作。

（2）认真贯彻执行中华全国总工会《工会劳动保护监督检查员工作条例》和全国建设建材工会和地方总工会等上级有关文件精神，在施工现场佩戴“监督检查员”标识，依法实行安全生产的监督检查。

（3）参与施工生产的安全管理，对安全生产的现状进行调查研究，提出意见和建议，对不符合国家标准的劳动条件和安全卫生设施，协同行政予以解决，并如实上报同一级工会。

(4) 严格执行“职工伤亡速报制度”，现场发生重伤、重大伤亡、特大伤亡事故或紧急中毒事故，须在24h内如实报告上一级工会，并按照“三不放过”的原则，参与伤亡事故的调查处理工作，提出意见和建议。

(5) 支持班组劳动保护检查员开展工作，在劳动保护业务上给予指导。

(6) 定期召开劳动保护监督检查委员会会议。

(三) 班组劳动保护检查员工作责任制

(1) 认真贯彻执行中华全国总工会《工会小组劳动保护检查员工作条例》，佩戴“检查员”标识上岗，协助班组长落实国家和企业的劳动保护政策、法律和法规，开展安全生产竞赛。

(2) 协助和监督班组长对本班组人员搞好安全交底、班前讲话，进行安全教育，提高全员安全意识和安全技能。

(3) 制止违章指挥、违章作业。

(4) 进行安全检查，发现事故隐患及时报告，提出建议，督促解决；发现明显危及职工生命安全的紧急情况时，立即报告，并组织职工采取紧急避险措施。

(5) 发生伤亡事故立即报告，迅速参加抢险、急救工作，保护事故现场，协助检查。

(6) 协助班组长优化作业环境，建议现场改善劳动条件和作业环境。

三、职业病防治管理制度

(1) 用人单位应当采取下列职业病防治管理措施：

1) 设置或者指定职业卫生管理机构或者组织，配备专职或者兼职的职业卫生专业人员，负责本单位的职业病防治工作；

2) 制定职业病防治计划和实施方案；

3) 建立、健全职业卫生管理制度和操作规程；

4) 建立、健全职业卫生档案和劳动者健康监护档案；

5) 建立、健全工作场所职业病危害因素监测及评价制度；

6) 建立、健全职业病危害事故应急救援预案。

(2) 采取有效的职业病防护设施，并为劳动者提供合格的职业病防护用品。

(3) 优先采用有利于防治职业病和保护劳动者健康的新技术、新工艺、新材料。

(4) 对产生严重职业病危害的作业岗位，应当在其醒目位置，设置警示标识和中文警示说明。警示说明应当载明产生职业病危害的种类、后果、预防以及应急救治措施等内容。

(5) 对可能发生急性职业损伤的有毒、有害工作场所，设置报警装置，配置现场急救用品、冲洗设备、应急撤离通道和必要的泄险区。

(6) 用人单位应当按照卫生行政部门的规定，定期对工作场所进行职业病危害因素检测、评价。检测、评价结果存入用人单位职业卫生档案，定期向所在地卫生行政部门报告并向劳动者公布。

(7) 不得将产生职业病危害的作业转移给不具备职业病防护条件的单位和个人。

(8) 不得安排未成年人从事接触职业病危害的作业；不得安排孕期、哺乳期的女职工从事对本人和胎儿、婴儿有危害的作业。

四、有害作业防护措施

（一）油漆涂料作业卫生防护制度

（1）油漆配料应有较好的自然通风条件并减少连续工作时间。

（2）喷漆应采用密闭喷漆间。在较小的喷漆室内进行小件喷漆，应采取隔离防护措施。

（3）施工现场必须通风良好。在通风不良的车间、地下室、管道和容器内进行油漆、涂料作业时，应根据场地大小设置抽风机排除有害气体，防止急性中毒。

（4）在地下室、池槽、管道和容器内进行有害或刺激性较大的涂料作业时，除应使用防护用品外，还应采取人员轮换间歇、通风换气等措施。

（5）以无毒、低毒防锈漆代替含铅的红丹防锈漆，必须使用红丹防锈漆时，宜采用刷涂方式，并加强通风和防护措施。

（二）沥青作业卫生防护制度

（1）装卸、搬运、使用沥青和含有沥青的制品均应使用机械和工具，有散漏粉末时，应洒水，防止粉末飞扬。

（2）从事沥青或含沥青制品作业的工人应按规定使用防护用品，并根据季节、气候和作业条件安排适当的间歇时间。

（3）熔化桶装沥青，应先将桶盖和气眼全部打开，用铁条串通后，方准烘烤，并经常疏通防油孔和气眼，严禁火焰与油直接接触。

（4）熬制沥青时，操作工人应站在上风方向。

（三）焊接作业卫生防护制度

（1）焊接作业场所应通风良好，可视情况在焊接作业点装设局部排烟装置、采取局部通风或全面通风换气措施。

（2）分散焊接点可设置移动式锰烟除尘器，集中焊接场所可采用机械抽风系统。

（3）流动频繁、每次作业时间较短的焊接作业，焊接应选择上风方向进行，以减少锰烟尘危害。

（4）在容器内施焊时，容器应有进、出风口，设通风设备，焊接时必须有人在场监护。

（5）在密闭容器内施焊时，容器必须可靠接地，设置良好通风和有人监护，且严禁向容器内输入氧气。

（四）施工现场粉尘防护制度

（1）混凝土搅拌站，木加工、金属切削加工，锅炉房等产生粉尘的场所，必须装置除尘器或吸尘罩，将尘粒捕捉后送到储仓内或经过净化后排放，以减少对大气的污染。

（2）施工和作业现场经常洒水，控制和减少灰尘飞扬。

（3）采取综合防尘措施或低尘的新技术、新工艺、新设备，使作业场所的粉尘浓度不超过国家的卫生标准。

（五）施工现场噪声防护制度

（1）施工现场的噪声应严格控制在 90dB 以内。

（2）改革工艺和选用低噪声设备，控制和减弱噪声源。

（3）采取消声措施，装设消声器。

（4）采取吸声措施，采用吸声材料和结构，吸收和降低噪声。

（5）采取隔声措施，把发声的物体和场所封闭起来。

（6）采用隔震措施，装设减振器或设置减振垫层，减轻震源声及其传播。

（7）采用阻尼措施，用一些内耗损、内摩擦大的材料涂在金属薄板上，减少其辐射噪声的能量。

（8）做好个人防护，戴耳塞、耳罩、头盔等防噪声用品。

（9）定期进行体检。

五、劳动防护用品管理制度

（一）劳动防护用品的使用管理

基本要求：

（1）建立健全劳动防护用品的购买、验收、保管、发放、使用、更换、报废等管理制度；并应按照劳动防护用品的使用要求，在使用前对其防护功能进行必要的检查。

（2）购买的劳动防护用品须经本单位的安全技术部门验收。

（3）教育本单位劳动者按照劳动防护用品使用规则和防护要求正确使用劳动防护用品。

（二）劳动防护用品选用规定

劳动防护用品选用规定如表 2-7-1 所示。

表 2-7-1 劳动防护用品选用规定

作业类别编号	作业类别名称	不可使用的品类	必须使用的护品	可考虑使用的护品
A01	易燃易爆场所作业	的确良、尼龙等着火焦结的衣物； 聚氯乙烯塑料鞋； 底面钉铁件的鞋	棉布工作服； 防静电服； 防静电鞋	
A02	可燃性粉尘场所作业	的确良、尼龙等着火焦结的衣物； 底面钉铁件的鞋	棉布工作服； 防毒口罩	防静电服； 防静电鞋
A03	高温作业	的确良、尼龙等着火焦结的衣物； 聚氯乙烯塑料鞋	白帆布类隔热服； 耐高温鞋； 防强光、紫外线、红外线护目镜或面罩	镀反射膜类隔热服； 其他零星护品的披肩帽、鞋罩、围裙、袖套等

续表

作业类别编号	作业类别名称	不可使用的品类	必须使用的护品	可考虑使用的护品
A04	低温作业	底面钉铁件的鞋	防寒服、防寒手套、防寒鞋	防寒帽、防寒工作鞋
A05	低压带电作业		绝缘手套、绝缘鞋	安全帽、防异物伤害护目镜
A06		高压带电作业	绝缘手套、绝缘鞋、安全帽	等电位工作服、防异物伤害护目镜
A07	吸入性气相毒物作业		防毒口罩	有相应滤毒罐的防毒面罩；供应空气的呼吸保护器
A08	吸入性气溶胶毒物作业		防毒口罩或防尘口罩、护发罩	防化学液眼镜；有相应滤毒罐的防毒面罩；供应空气的呼吸保护器；防毒物渗透工作服
A09	沾染性毒物作业		防化学液眼镜、防毒口罩；防毒物渗透工作服 防毒物渗透手套；护发帽	有相应滤毒罐的防毒面罩；供应空气的呼吸保护器；相应的皮肤保护剂
A10	生物性毒物作业		防毒口罩、防毒物渗透工作服、护发帽、防毒物渗透手套、防异物伤害护目镜	有相应滤毒罐的防毒面罩；相应的皮肤保护剂
A11	腐蚀性作业		防化学液眼镜、防毒口罩、防酸（碱）工作服；耐酸（碱）手套、耐酸（碱）鞋、护发帽	供应空气的呼吸保护器
A12	易污作业		防尘口罩、护发帽、一般性工作服，其他零星护品如披肩帽、鞋罩、围裙、袖套等	相应的皮肤保护剂
A13	恶味作业		一般性工作服	供应空气的呼吸保护器；相应的皮肤保护剂；护发帽
A14	密闭场所作业		供应空气的呼吸保护器	
A15	噪声作业			塞栓式耳塞；耳罩
A16	强光作业		防强光、紫外线、红外线护目镜或面罩	
A17	激光作业		防激光护目镜	
A18	荧光屏作业			荧光屏作业护目镜
A19	微波作业			防微波护目镜、屏蔽服
A20	射线作业		防射线护目镜、防射线服	

续表

作业类别编号	作业类别名称	不可使用的品类	必须使用的护品	可考虑使用的护品
A21	高处作业	底面钉铁件的鞋	安全帽、安全带	防滑工作鞋
A22	存在物体坠落、撞击的作业		安全帽、防砸安全鞋	
A23	有碎屑飞溅的作业		防异物伤害护目镜；一般性工作服	
A24	操纵转动机械	手套	护发帽、防异物伤害护目镜；一般性的工作服	
A25	人工搬运	底面钉铁件的鞋	防滑手套	安全帽、防滑工作鞋；防砸安全鞋
A26	接触使用锋利器具		一般性的工作服	防割伤手套、防砸安全鞋、防刺穿鞋
A27	地面存在尖利器物的作业		防刺穿鞋	
A28	手持振动机械作业		防射线服	
A29	人承受全身震动的作业		减震鞋	
A30	野外作业		防水工作服（包括防水鞋）	防寒帽、防寒服、防寒手套、防寒鞋、防异物伤害护目镜、防滑工作鞋
A31	水上作业		防滑工作鞋、救生衣(服)	安全带、水上作业服
A32	涉水作业		防水工作服（包括防水鞋）	
A33	潜水作业		潜水服	
A34	地下挖掘建筑作业		安全帽	防尘口罩、塞栓式耳塞、减震手套、防砸安全鞋、防水工作服（包括防水鞋）
A35	车辆驾驶		一般性的工作服	防强光、紫外线、红外线护目镜或面罩；防异物伤害护目镜；防冲击安全头盔
A36	铲、装、吊、推机械操纵		一般性的工作服	防尘口罩；防强光、紫外线、红外线护目镜或面罩；防异物伤害护目镜；防水工作服（包括防水鞋）
A37	一般性作业			一般性的工作服
A38	其他作业			一般性的工作服

六、安全网、安全帽、安全带（简称“三宝”）安全使用制度

（一）安全网安全使用制度

（1）网内不得存留建筑垃圾，网下不能堆积物品，网身不能出现严重变形和磨损，防止受化学品与酸、碱烟雾的污染及电焊火花的烧灼等。

（2）支撑架不得出现严重变形和磨损，其连接部位不得有松脱现象。网与网之间及网与支撑架之间的连接点亦不允许出现松脱。所有绑拉的绳都不能使其受严重的磨损或有变形。

（3）网内的坠落物要经常清理，保持网体洁净。还要避免大量焊接或其他火星落入网内，并避免高温或蒸汽环境。当网体受到化学品的污染或网绳嵌入粗砂粒或其他可能引起磨损的异物时，即须进行清洗，洗后使其自然干燥。

（4）安全网在搬运中不可使用铁钩或带尖刺的工具，以防损伤网绳。网体要存放在仓库或专用场所，并将其分类、分批存放在架子上，不允许随意乱堆。对仓库要求具备通风、遮光、隔热、防潮、避免化学物品的侵蚀等条件。在存放过程中，亦要求对网体作定期检验，发现问题，立即处理，以确保安全。

（二）安全帽安全使用制度

（1）凡进入施工现场的所有人员，都必须佩戴安全帽。作业中不得将安全帽脱下，搁置一旁，或当坐垫使用。

（2）国家标准中规定佩戴安全帽的高度，为帽箍底边至人头顶端（以试验时木质人头模型为代表）的垂直距离为80～90mm。国家标准对安全帽最主要的要求是能够承受5000N的冲击力。

（3）要正确使用安全帽，要扣好帽带，调整好帽衬间距（一般为40～50mm），勿使轻易松脱或颠动摇晃。缺衬缺带或破损的安全帽不准使用。

（三）安全带安全使用制度

（1）使用时要高挂低用，防止摆动碰撞，绳子不能打结，钩子要挂在连接环上。当发现有异常时要立即更换，换新绳时要加绳套。使用3m以上的长绳要加缓冲器。

（2）在攀登和悬空等作业中，必须佩戴安全带并有牢靠的挂钩设施，严禁只在腰间佩戴安全带，而不在固定的设施上拴挂钩环。

（3）安全带不使用时要妥善保管，不可接触高温、明火、强酸、强碱或尖锐物体。使用频繁的绳要经常做外观检查；使用两年后要做抽检，抽验过的样带要更换新绳。

七、建筑施工人员个人劳动保护用品使用管理规定

该管理规定内容如下：

第一条　为加强对建筑施工人员个人劳动保护用品的使用管理，保障施工作业人员安全与健康，根据《中华人民共和国建筑法》《建设工程安全生产管理条例》《安全生产许可证条例》等法律法规，制定本规定。

第二条 本规定所称个人劳动保护用品，是指在建筑施工现场，从事建筑施工活动的人员使用的安全帽、安全带以及安全（绝缘）鞋、防护眼镜、防护手套、防尘（毒）口罩等个人劳动保护用品（以下简称“劳动保护用品”）。

第三条 凡从事建筑施工活动的企业和个人，劳动保护用品的采购、发放、使用、管理等必须遵守本规定。

第四条 劳动保护用品的发放和管理，坚持“谁用工，谁负责”的原则。施工作业人员所在企业（包括总承包企业、专业承包企业、劳务企业等，下同）必须按国家规定免费发放劳动保护用品，更换已损坏或已到使用期限的劳动保护用品，不得收取或变相收取任何费用。

劳动保护用品必须以实物形式发放，不得以货币或其他物品替代。

第五条 企业应建立完善劳动保护用品的采购、验收、保管、发放、使用、更换、报废等规章制度。同时应建立相应的管理台账，管理台账保存期限不得少于两年，以保证劳动保护用品的质量具有可追溯性。

第六条 企业采购、个人使用的安全帽、安全带及其他劳动防护用品等，必须符合《安全帽》（GB 2811）、《安全带》（GB 6095）及其他劳动保护用品相关国家标准的要求。

企业、施工作业人员，不得采购和使用无安全标记或不符合国家相关标准要求的劳动保护用品。

第七条 企业应当按照劳动保护用品采购管理制度的要求，明确企业内部有关部门、人员的采购管理职责。企业在一个地区组织施工的，可以集中统一采购；对企业工程项目分布在多个地区，集中统一采购有困难的，可由各地区或项目部集中采购。

第八条 企业采购劳动保护用品时，应查验劳动保护用品生产厂家或供货商的生产、经营资格，验明商品合格证明和商品标识，以确保采购劳动保护用品的质量符合安全使用要求。

企业应当向劳动保护用品生产厂家或供货商索要法定检验机构出具的检验报告或由供货商签字盖章的检验报告复印件，不能提供检验报告或检验报告复印件的劳动保护用品不得采购。

第九条 企业应加强对施工作业人员的教育培训，保证施工作业人员能正确使用劳动保护用品。

工程项目部应有教育培训的记录，有培训人员和被培训人员的签名和时间。

第十条 企业应加强对施工作业人员劳动保护用品使用情况的检查，并对施工作业人员劳动保护用品的质量和正确使用负责。实行施工总承包的工程项目，施工总承包企业应加强对施工现场内所有施工作业人员劳动保护用品的监督检查。督促相关分包企业和人员正确使用劳动保护用品。

第十一条 施工作业人员有接受安全教育培训的权利，有按照工作岗位规定使用合格的劳动保护用品的权利，有拒绝违章指挥、拒绝使用不合格劳动保护用品的权利。同时，也负有正确使用劳动保护用品的义务。

第十二条 监理单位要加强对施工现场劳动保护用品的监督检查。发现有不使用或使用不符合要求的劳动保护用品，应责令相关企业立即改正。对拒不改正的，应当向建设行政主管部门报告。

第十三条 建设单位应当及时、足额向施工企业支付安全措施专项经费，并督促施工企业落实安全防护措施，使用符合相关国家产品质量要求的劳动保护用品。

第十四条 各级建设行政主管部门应当加强对施工现场劳动保护用品使用情况的监督管理。发现有不使用或使用不符合要求的劳动保护用品的违法违规行为的，应当责令改正；对因不使用或使用不符合要求的劳动保护用品造成事故或伤害的，应当依据《建设工程安全生产管理条例》和《安全生产许可证条例》等法律法规，对有关责任方给予行政处罚。

第十五条 各级建设行政主管部门应将企业劳动保护用品的发放、管理情况列入建筑施工企业《安全生产许可证》条件的审查内容之一；施工现场劳动保护用品的质量情况作为认定企业是否降低安全生产条件的内容之一；施工作业人员是否正确使用劳动保护用品情况作为考核企业安全生产教育培训是否到位的依据之一。

第十六条 各地建设行政主管部门可建立合格劳动保护用品的信息公告制度，为企业购买合格的劳动保护用品提供信息服务。同时依法加大对采购、使用不合格劳动保护用品的处罚力度。

第十七条 施工现场内，为保证施工作业人员安全与健康所需的其他劳动保护用品可参照本规定执行。

第十八条 各地可根据本规定，制定具体的实施办法。

第十九条 本规定自发布之日起施行。

八、《建筑施工作业劳动保护用品配备及使用标准》(JGJ 184—2009)

（一）有关规定

（1）从事施工作业人员必须配备符合国家现行标准的劳动防护用品，并应按规定正确使用。

（2）劳动防护用品的配备，应按照“谁用工，谁负责”的原则，由用人单位为作业人员按作业工种配备。

（3）进入施工现场人员必须佩戴安全帽。作业人员必须戴安全帽、穿工作鞋和工作服；应按作业要求正确使用劳动防护用品。在高于2m及以上的无可靠安全防护设施的高处、悬崖和陡坡作业时，必须系挂安全带。

（4）从事机械作业的女工及长发者应配备工作帽等个人防护用品。

（5）从事登高架设作业、起重吊装作业的施工人员应配备防止滑落的劳动防护用品，应为从事自然强光环境下作业的施工人员配备防止强光伤害的劳动防护用品。

（6）从事施工现场临时用电工程作业的施工人员应配备防止触电的劳动防护用品。

（7）从事焊接作业的施工人员应配备防止触电、灼伤、强光伤害的劳动防护用品。

（8）从事锅炉、压力容器、管道安装作业的施工人员应配备防止触电、强光伤害的劳动防护用品。

（9）从事防水、防腐和油漆作业的施工人员应配备防止触电、中毒、灼伤的劳动防护用品。

（10）从事基础施工、主体结构、屋面施工、装饰装修作业人员应配备防止身体、手足、眼部等受到伤害的劳动防护用品。

（11）冬期施工期间或作业环境温度较低的，应为作业人员配备防寒类防护用品。

（12）雨期施工期间应为室外作业人员配备雨衣、雨鞋等个人防护用品。对环境潮湿及水中作业的人员应配备相应的劳动防护用品。

（二）劳动防护用品的配备

（1）架子工、起重吊装工、信号指挥工的劳动防护用品配备应符合下列规定：

1）架子工、塔式起重机操作人员、起重吊装工应配备灵便紧口的工作服、系带防滑鞋和工作手套。

2）信号指挥工应配备专用标志服装，在自然强光环境条件作业时，应配备有色防护眼镜。

（2）电工的劳动防护用品配备应符合下列规定：

1）维修电工应配备绝缘鞋、绝缘手套和灵便紧口的工作服。

2）安装电工应配备手套和防护眼镜。

3）高压电气作业时，应配备相应等级的绝缘鞋、绝缘手套和有色防护眼镜。

（3）电焊工、气割工的劳动防护用品配备应符合下列规定：

1）电焊工、气割工应配备阻燃防护服、绝缘鞋、鞋盖、电焊手套和焊接防护面罩。在高处作业时，应配备安全帽与面罩连接式焊接防护面罩和阻燃安全带。

2）从事清除焊渣作业时，应配备防护眼镜。

3）从事磨削钨极作业时，应配备手套、防尘口罩和防护眼镜。

4）从事酸碱等腐蚀性作业时，应配备防腐蚀性工作服、耐酸碱胶鞋、戴耐酸碱手套、防护口罩和防护眼镜。

5）在密闭环境或通风不良的情况下，应配备送风式防护面罩。

（4）锅炉、压力容器及管道安装工的劳动防护用品配备应符合下列规定：

1）锅炉及压力容器安装工、管道安装工应配备紧口工作服和保护足趾安全鞋，在强光环境条件作业时，应配备有色防护眼镜。

2）在地下或潮湿场所，应配备紧口工作服、绝缘鞋和绝缘手套。

（5）油漆工在从事涂刷、喷漆作业时，应配备防静电工作服、防静电鞋、防静电手套、防毒口罩和防护眼镜；从事砂纸打磨作业时，应配备防尘口罩和密闭式防护眼镜。

（6）普通工从事淋灰、筛灰作业时，应配备高腰工作鞋、鞋盖、手套和防尘口罩，宜配备防护眼镜；从事抬、扛物料作业时，应配备垫肩；从事人工挖扩桩孔孔井下作业时，应配备雨靴、手套和安全绳；从事拆除工程作业时，应配备保护足趾安全鞋、手套。

（7）混凝土工应配备工作服、系带高腰防滑鞋、鞋盖、防尘口罩和手套，宜配备防护眼镜；

从事混凝土浇筑作业时，应配备胶鞋和手套；从事混凝土振捣作业时，应配备绝缘胶靴、绝缘手套。

（8）瓦工、砌筑工应配备保护足趾安全鞋、胶面手套和普通工作服。

（9）抹灰工应配备高腰布面胶底防滑鞋和手套，宜配备防护眼镜。

（10）磨石工应配备紧口工作服、绝缘胶靴、绝缘手套和防尘口罩。

（11）石工应配备紧口工作服、保护足趾安全鞋、手套和防尘口罩，宜配备防护眼镜。

（12）木工从事机械作业时，应配备紧口工作服、防噪声耳罩和防尘口罩，宜配备防护眼镜。

(13) 钢筋工应配备紧口工作服、保护足趾安全鞋和手套；从事钢筋除锈作业时，应配备防尘口罩，宜配备防护眼镜。

(14) 防水工的劳动防护用品配备应符合下列规定：

1) 从事涂刷作业时，应配备防静电工作服、防静电鞋和鞋盖、防护手套、防毒口罩和防护眼镜。

2) 从事沥青熔化、运送作业时，应配备防烫工作服、高腰布面胶底防滑鞋和鞋盖、工作帽、耐高温长手套，防毒口罩和防护眼镜。

(15) 玻璃工应配备工作服和防切割手套；从事打磨玻璃作业时，应配备防尘口罩，宜配备防护眼镜。

(16) 司炉工应配备耐高温工作服、保护足趾安全鞋、工作帽、防护手套和防尘口罩，宜配备防护眼镜；从事添加燃料作业时，应配备有色防冲击眼镜。

(17) 钳工、铆工、通风工的劳动防护用品配备应符合下列规定：

1) 从事使用锉刀、刮刀、錾子、扁铲等工具作业时，应配备紧口工作服和防护眼镜。

2) 从事剔凿作业时，应配备手套和防护眼镜；从事搬抬作业时，应配备保护足趾安全鞋和手套。

3) 从事石棉、玻璃棉等含尘毒材料作业时，操作人员应配备防异物工作服、防尘口罩、风帽、风镜和薄膜手套。

(18) 筑炉工从事磨砖、切砖作业时，应配备紧口工作服、保护足趾安全鞋、手套和防尘口罩，宜配备防护眼镜。

(19) 电梯安装工、起重机械安装拆卸工从事安装、拆卸和维修作业时，应配备紧口工作服、保护足趾安全鞋和手套。

(20) 其他人员的劳动防护用品配备应符合下列规定：

1) 从事电钻、砂轮等手持电动工具作业时，应配备绝缘鞋、绝缘手套和防护眼镜。

2) 从事蛙式夯实机、振动冲击夯作业时，应配备具有绝缘功能的保护足趾安全鞋、绝缘手套和防噪声耳塞（耳罩）。

3) 从事可能飞溅渣屑的机械设备作业时，应配备防护眼镜。

4) 从事地下管道检修作业时，应配备防毒面罩、防滑鞋（靴）和工作手套。

(三) 劳动防护用品使用及管理

(1) 建筑施工企业应选定劳动防护用品的合格供货方，为作业人员配备的劳动防护用品必须符合国家有关标准，应具备生产许可证、产品合格证等相关资料。经本单位安全生产管理部门审查合格后方可使用。

建筑施工企业不得采购和使用无厂家名称、无产品合格证、无安全标志的劳动防护用品。

(2) 劳动防护用品的使用年限应按国家现行相关标准执行。劳动防护用品达到使用年限或报废标准的应由建筑施工企业统一收回报废，并应为作业人员配备新的劳动防护用品。劳动防护用品有定期检测要求的应按照其产品的检测周期进行检测。

(3) 建筑施工企业应建立健全劳动防护用品购买、验收、保管、发放、使用、更换、报废管理制度，在劳动防护用品使用前，应对其防护功能进行必要的检查。

(4) 建筑施工企业应教育从业人员按照劳动防护用品使用规定和防护要求，正确使用劳动防护用品。

（5）建设单位应保证施工企业安全措施实施的费用，并应督促施工企业使用合格的劳动防护用品。

（6）建筑施工企业应对危险性较大的施工作业场所及具有尘毒危害的作业环境设置安全警示标识和应使用的安全防护用品标识牌。

第八章　机械设备安全管理制度

一、施工设备管理制度

（一）施工设备的购置、更新、改造管理

（1）新购置的施工设备，必须坚持结构合理、安全可靠、性能稳定、经济合理的原则认真选型、定型。经安装验收合格后，及时入账，纳入固定资产。

（2）经常调查研究，掌握好现有机械的技术状况和新品种、新技术的发展动态，做好更新换代工作，及时淘汰性能差、耗能高、不安全、修理改造又不合算的陈旧设备；促进技术进步。

（3）对局部不适应使用的施工设备，要经过技术论证，申报批准后进行技术改造，以求达到安全使用、提高效率、技术性能稳定的良好效果。

（二）财产管理

（1）凡属固定资产的施工机械设备，都要进行分类，建立台账、卡片，机械履历书，钉固定资产铭牌。主要机构应建立技术档案，并按规定存档。

（2）随时掌握机械设备使用动态，根据施工任务的实际情况，做好内部调配和借用的协调工作。每年年终对所有施工机械设备清查盘存一次，做到账、卡、物、号、金额五相符合。发生亏盈，要查清原因，按固定资产审批权限，报上级处理。

（三）现场施工设备管理

（1）对新购置和大修后的施工设备应按规定的走合期及保修期在现场试用评定。

（2）按时进行设备检查，平时经常定期或不定期对现场使用的设备进行检查，发现带病运转一律停机，并签发“设备安全整改通知单”限期整改并复查。

（3）现场在用的机械由操作人员按规定填写“机械运转卡”，每月初由机管员收集汇总后填入机械履行书中的“月运转记录表”。

（四）电动、机动工具和机械配件管理

各下属单位的震动器、冲击电锤、电钻等电动、机动工具及气压焊设备等机械零配件，必须由专人负责管理，建立账、卡。每季度编造收、发、存报表，做到账、卡相符，并将报表报送有关部门。

（五）技术管理

（1）新购机械初次安装使用之前，公司动力科、使用单位机管员及有关人员必须熟悉产品的性能结构、操作规程及安装拆卸应注意事项和安全操作规程。安装时有关人员必须在场

监护，安装完毕经验收合格并试用运转正常后，才能正式投入使用。

（2）需报废设备，必须经鉴定，设备技术负责人审查核准。按固定资产审批权限，办理报废手续。批准报废后的机械设备应建立账册备查。

（3）做好经常性的培训发证工作，机械设备操作人员必须凭证上岗。

（4）塔式起重机、汽车式起重机及大中型设备实行机长负责制；中小型设备实行现场专机专人操作制，设现场或施工片机长，负责现场或施工片的机械设备维修、保养及操作人员的安排调配。金属切削机床、汽车等实行专人负责制。

（5）掌握机械设备技术状况，及时做好保养、修理工作；大修后的机械设备需报公司物业管理科批准后方能继续使用；并按实填写在机械履行书中修理记录内。

（六）使用管理

（1）坚持持证上岗，严禁无操作证者上机作业，持实习证者不准单独顶班作业。

（2）不属于本人负责的设备，未经领导同意，不得随意上机操作。

（3）现场设备均应有防雨、防砸、防火、防盗、防破坏措施，并实行专人负责管理。

（4）机械设备的安装应严格遵守安装要求，遵守操作规程。安装场地应坚实、平整。起重类机械严禁超载使用，确保设备及人身安全。

（5）设备安装完毕后，应进行运行安全检查及性能试验，经试运转合格，专业职能人员检验签认后方可投入使用。

二、大型设备安全装拆管理制度

（1）大型施工设备的装拆工作，必须由具备相应装拆资质的单位来承担装拆工作。没有装拆资质的单位不得擅自承接任务，否则应负法律责任。

（2）大型施工设备装拆前都应编制装拆施工方案，并经总工审批签字后才能实施，并应对施工设备进行检查验收。合格后才能进行安装程序。如不合格应进行检修，合格后方可投入安装，安装前还应对设备的基础进行验收。

（3）装拆人员必须经过专业培训，考核合格的才可上岗作业。作业前还必须经过安全技术交底，方可进行装拆作业。

（4）装拆时对作业场所应做临栏，并设警示牌。严禁非作业人员进入，装拆时要指配专业安全技术人员在旁监护。

（5）装拆人员应正确使用安全防护用品和劳动保护用品。

（6）安装好的施工设备应进行验收，能正常运转、安全灵敏，并经上级有关部门检验合格后方可投入使用。

三、安全检查制度

（1）项目部机械安全检查每月不少于三次，工长、班组长每天普查。

（2）按照《建筑施工安全检查标准》（JGJ 59—2011）对现场实施定期和不定期检查，重点检查机械制动和安全装置是否齐全、有效、可靠。机械设备是否带病作业，是否有异常现象；金属结构部分是否开焊、开裂、变形；连接部位是否牢固、可靠；是否定期保养、清洁；操作人员是否持证上岗；有无违章指挥、违章作业行为等。

（3）对塔吊轨道接地装置、机身垂直度等，应定期检查、检测，并认真做好记录，备案待查。

（4）对检查中发现的问题要采取相应措施，定人、定时间、定措施落实解决，并及时进行复查，填写检查、整改记录表。

（5）每次检查后，进行全面评估，对违章指挥、违章操作和事故隐患按照“三不放过”的原则，进行严肃处理，并做好记录，归档备查。

四、使用与维修保养管理制度

（1）机械设备应有专人负责管理、使用。凡执行操作证的设备，必须实行“管用结合，人机固定”的原则，执行定人、定机、定岗位责任的“三定”制度。多班作业时，必须有交接班制度。

（2）大型设备要委托司机机长，一般设备要委托责任司机。

（3）机械设备操作人员要熟悉本机情况，做到“四懂，三会”，即懂原理、懂结构、懂性能、懂用途，会操作、会维修保养、会排查排除故障。

（4）在用的机械设备应保持技术性能良好，运转正常，安全装置齐全、灵敏、可靠。“失修”或“带病”的机械设备不得投入使用。

（5）严格执行日常保养、换季保养、走合期保养、停放保养制度。加强机械设备在作业前、运行中、作业后所进行的“清洁、紧固、调整、润滑、防腐”十字作业，保持设备的应有效能，消除事故隐患。

（6）大型机械设备要实行日常检查和定期检查，并做好记录，归档备查。

五、机械设备租赁管理制度

（1）为规范租赁经营，提高出租的机械设备及配件的完好率和质量，减少事故的发生，制定安全责任制度。

（2）出租的机械设备和施工机械及配件，应当具备生产（制度）许可证，产品合格证。生产（制造）许可证，产品合格证，应符合国家有关法律法规和安全技术标准、规范的要求。

（3）应当对出租的机械设备和施工机具及配件的安全性能进行检测，检测合格后方可出租。

（4）出租签订租赁协议时，应当出具检测合格证明书，签订协议时应明确双方安全生产职责。

（5）禁止国家明令淘汰的、存在严重事故隐患的、超过安全技术标准规定使用年限的、检测不合格的机械设备和施工机具及配件出租。

（6）出租工作由物业管理科管理实施。

六、建筑起重机械安全监督管理规定

建筑起重机械安全监督管理规定如下：

第一条 为了加强建筑起重机械的安全监督管理，防止和减少生产安全事故，保障人民群众生命和财产安全，依据《建设工程安全生产管理条例》《特种设备安全监察条例》《安全生产许可证条例》，制定本规定。

第二条 建筑起重机械的租赁、安装、拆卸、使用及其监督管理，适用本规定。

本规定所称建筑起重机械，是指纳入特种设备目录，在房屋建筑工地和市政工程工地安装、拆卸、使用的起重机械。

第三条 国务院建设主管部门对全国建筑起重机械的租赁、安装、拆卸、使用实施监督管理。

县级以上地方人民政府建设主管部门对本行政区域内的建筑起重机械的租赁、安装、拆卸、使用实施监督管理。

第四条 出租单位出租的建筑起重机械和使用单位购置、租赁、使用的建筑起重机械应当具有特种设备制造许可证、产品合格证、制造监督检验证明。

第五条 出租单位在建筑起重机械首次出租前，自购建筑起重机械的使用单位在建筑起重机械首次安装前，应当持建筑起重机械特种设备制造许可证、产品合格证和制造监督检验证明到本单位工商注册所在地县级以上地方人民政府建设主管部门办理备案。

第六条 出租单位应当在签订的建筑起重机械租赁合同中，明确租赁双方的安全责任，并出具建筑起重机械特种设备制造许可证、产品合格证、制造监督检验证明、备案证明和自检合格证明，提交安装使用说明书。

第七条 有下列情形之一的建筑起重机械，不得出租、使用：

（一）属国家明令淘汰或者禁止使用的；

（二）超过安全技术标准或者制造厂家规定的使用年限的；

（三）经检验达不到安全技术标准规定的；

（四）没有完整安全技术档案的；

（五）没有齐全有效的安全保护装置的。

第八条 建筑起重机械有本规定第七条第（一）、（二）、（三）项情形之一的，出租单位或者自购建筑起重机械的使用单位应当予以报废，并向原备案机关办理注销手续。

第九条 出租单位、自购建筑起重机械的使用单位，应当建立建筑起重机械安全技术档案。

建筑起重机械安全技术档案应当包括以下资料：

（一）购销合同、制造许可证、产品合格证、制造监督检验证明、安装使用说明书、备案证明等原始资料；

（二）定期检验报告、定期自行检查记录、定期维护保养记录、维修和技术改造记录、运行故障和生产安全事故记录、累计运转记录等运行资料；

（三）历次安装验收资料。

第十条 从事建筑起重机械安装、拆卸活动的单位（以下简称安装单位）应当依法取得建设主管部门颁发的相应资质和建筑施工企业安全生产许可证，并在其资质许可范围内承揽建筑起重机械安装、拆卸工程。

第十一条 建筑起重机械使用单位和安装单位应当在签订的建筑起重机械安装、拆卸合同中明确双方的安全生产责任。

实行施工总承包的，施工总承包单位应当与安装单位签订建筑起重机械安装、拆卸工程安全协议书。

第十二条 安装单位应当履行下列安全职责：

（一）按照安全技术标准及建筑起重机械性能要求，编制建筑起重机械安装、拆卸工程专项施工方案，并由本单位技术负责人签字；

（二）按照安全技术标准及安装使用说明书等检查建筑起重机械及现场施工条件；

（三）组织安全施工技术交底并签字确认；

（四）制定建筑起重机械安装、拆卸工程生产安全事故应急救援预案；

（五）将建筑起重机械安装、拆卸工程专项施工方案，安装、拆卸人员名单，安装、拆卸时间等材料报施工总承包单位和监理单位审核后，告知工程所在地县级以上地方人民政府建设主管部门。

第十三条 安装单位应当按照建筑起重机械安装、拆卸工程专项施工方案及安全操作规程组织安装、拆卸作业。

安装单位的专业技术人员、专职安全生产管理人员应当进行现场监督，技术负责人应当定期巡查。

第十四条 建筑起重机械安装完毕后，安装单位应当按照安全技术标准及安装使用说明书的有关要求对建筑起重机械进行自检、调试和试运转。自检合格的，应当出具自检合格证明，并向使用单位进行安全使用说明。

第十五条 安装单位应当建立建筑起重机械安装、拆卸工程档案。

建筑起重机械安装、拆卸工程档案应当包括以下资料：

（一）安装、拆卸合同及安全协议书；

（二）安装、拆卸工程专项施工方案；

（三）安全施工技术交底的有关资料；

（四）安装工程验收资料；

（五）安装、拆卸工程生产安全事故应急救援预案。

第十六条 建筑起重机械安装完毕后，使用单位应当组织出租、安装、监理等有关单位进行验收，或者委托具有相应资质的检验检测机构进行验收。建筑起重机械经验收合格后方可投入使用，未经验收或者验收不合格的不得使用。

实行施工总承包的，由施工总承包单位组织验收。

建筑起重机械在验收前应当经有相应资质的检验检测机构监督检验合格。

检验检测机构和检验检测人员对检验检测结果、鉴定结论依法承担法律责任。

第十七条 使用单位应当自建筑起重机械安装验收合格之日起30日内，将建筑起重机械安装验收资料、建筑起重机械安全管理制度、特种作业人员名单等，向工程所在地县级以上地方人民政府建设主管部门办理建筑起重机械使用登记。登记标志置于或者附着于该设备的显著位置。

第十八条 使用单位应当履行下列安全职责：

（一）根据不同施工阶段、周围环境以及季节、气候的变化，对建筑起重机械采取相应的安全防护措施；

（二）制定建筑起重机械生产安全事故应急救援预案；

（三）在建筑起重机械活动范围内设置明显的安全警示标志，对集中作业区做好安全防护；

（四）设置相应的设备管理机构或者配备专职的设备管理人员；

（五）指定专职设备管理人员、专职安全生产管理人员进行现场监督检查；

（六）建筑起重机械出现故障或者发生异常情况的，立即停止使用，消除故障和事故隐患后，方可重新投入使用。

第十九条 使用单位应当对在用的建筑起重机械及其安全保护装置、吊具、索具等进行经常性和定期的检查、维护和保养，并做好记录。

使用单位在建筑起重机械租期结束后，应当将定期检查、维护和保养记录移交出租单位。

建筑起重机械租赁合同对建筑起重机械的检查、维护、保养另有约定的，从其约定。

第二十条 建筑起重机械在使用过程中需要附着的，使用单位应当委托原安装单位或者具有相应资质的安装单位按照专项施工方案实施，并按照本规定第十六条规定组织验收。验收合格后方可投入使用。

建筑起重机械在使用过程中需要顶升的，使用单位委托原安装单位或者具有相应资质的安装单位按照专项施工方案实施后，即可投入使用。

禁止擅自在建筑起重机械上安装非原制造厂制造的标准节和附着装置。

第二十一条 施工总承包单位应当履行下列安全职责：

（一）向安装单位提供拟安装设备位置的基础施工资料，确保建筑起重机械进场安装、拆卸所需的施工条件；

（二）审核建筑起重机械的特种设备制造许可证、产品合格证、制造监督检验证明、备案证明等文件；

（三）审核安装单位、使用单位的资质证书、安全生产许可证和特种作业人员的特种作业操作资格证书；

（四）审核安装单位制定的建筑起重机械安装、拆卸工程专项施工方案和生产安全事故应急救援预案；

（五）审核使用单位制定的建筑起重机械生产安全事故应急救援预案；

（六）指定专职安全生产管理人员监督检查建筑起重机械安装、拆卸、使用情况；

（七）施工现场有多台塔式起重机作业时，应当组织制定并实施防止塔式起重机相互碰撞的安全措施。

第二十二条 监理单位应当履行下列安全职责：

（一）审核建筑起重机械特种设备制造许可证、产品合格证、制造监督检验证明、备案证明等文件；

（二）审核建筑起重机械安装单位、使用单位的资质证书、安全生产许可证和特种作业人员的特种作业操作资格证书；

（三）审核建筑起重机械安装、拆卸工程专项施工方案；

（四）监督安装单位执行建筑起重机械安装、拆卸工程专项施工方案情况；

（五）监督检查建筑起重机械的使用情况；

（六）发现存在生产安全事故隐患的，应当要求安装单位、使用单位限期整改，对安装单位、使用单位拒不整改的，及时向建设单位报告。

第二十三条 依法发包给两个及两个以上施工单位的工程，不同施工单位在同一施工现场使用多台塔式起重机作业时，建设单位应当协调组织制定防止塔式起重机相互碰撞的安全措施。

安装单位、使用单位拒不整改生产安全事故隐患的，建设单位接到监理单位报告后，应当责令安装单位、使用单位立即停工整改。

第二十四条 建筑起重机械特种作业人员应当遵守建筑起重机械安全操作规程和安全管理制度，在作业中有权拒绝违章指挥和强令冒险作业，有权在发生危及人身安全的紧急情况时立即停止作业或者采取必要的应急措施后撤离危险区域。

第二十五条 建筑起重机械安装拆卸工、起重信号工、起重司机、司索工等特种作业人员应当经建设主管部门考核合格，并取得特种作业操作资格证书后，方可上岗作业。

省、自治区、直辖市人民政府建设主管部门负责组织实施建筑施工企业特种作业人员的考核。

特种作业人员的特种作业操作资格证书由国务院建设主管部门规定统一的样式。

第二十六条 建设主管部门履行安全监督检查职责时，有权采取下列措施：

（一）要求被检查的单位提供有关建筑起重机械的文件和资料；

（二）进入被检查单位和被检查单位的施工现场进行检查；

（三）对检查中发现的建筑起重机械生产安全事故隐患，责令立即排除；重大生产安全事故隐患排除前或者排除过程中无法保证安全的，责令从危险区域撤出作业人员或者暂时停止施工。

第二十七条 负责办理备案或者登记的建设主管部门应当建立本行政区域内的建筑起重机械档案，按照有关规定对建筑起重机械进行统一编号，并定期向社会公布建筑起重机械的安全状况。

第二十八条 违反本规定，出租单位、自购建筑起重机械的使用单位，有下列行为之一的，由县级以上地方人民政府建设主管部门责令限期改正，予以警告，并处以 5000 元以上 1 万元以下罚款：

（一）未按照规定办理备案的；

（二）未按照规定办理注销手续的；

（三）未按照规定建立建筑起重机械安全技术档案的。

第二十九条 违反本规定，安装单位有下列行为之一的，由县级以上地方人民政府建设主管部门责令限期改正，予以警告，并处以 5000 元以上 3 万元以下罚款：

（一）未履行第十二条第（二）、（四）、（五）项安全职责的；

（二）未按照规定建立建筑起重机械安装、拆卸工程档案的；

（三）未按照建筑起重机械安装、拆卸工程专项施工方案及安全操作规程组织安装、拆卸作业的。

第三十条 违反本规定，使用单位有下列行为之一的，由县级以上地方人民政府建设主管部门责令限期改正，予以警告，并处以 5000 元以上 3 万元以下罚款：

（一）未履行第十八条第（一）、（二）、（四）、（六）项安全职责的；

（二）未指定专职设备管理人员进行现场监督检查的；

（三）擅自在建筑起重机械上安装非原制造厂制造的标准节和附着装置的。

第三十一条 违反本规定，施工总承包单位未履行第二十一条第（一）、（三）、（四）（五）、（七）项安全职责的，由县级以上地方人民政府建设主管部门责令限期改正，予以警告，并处以5000元以上3万元以下罚款。

第三十二条 违反本规定，监理单位未履行第二十二条第（一）、（二）、（四）、（五）项安全职责的，由县级以上地方人民政府建设主管部门责令限期改正，予以警告，并处以5000元以上3万元以下罚款。

第三十三条 违反本规定，建设单位有下列行为之一的，由县级以上地方人民政府建设主管部门责令限期改正，予以警告，并处以5000元以上3万元以下罚款；逾期未改的，责令停止施工：

（一）未按照规定协调组织制定防止多台塔式起重机相互碰撞的安全措施的；

（二）接到监理单位报告后，未责令安装单位、使用单位立即停工整改的。

第三十四条 违反本规定，建设主管部门的工作人员有下列行为之一的，依法给予处分；构成犯罪的，依法追究刑事责任：

（一）发现违反本规定的违法行为不依法查处的；

（二）发现在用的建筑起重机械存在严重生产安全事故隐患不依法处理的；

（三）不依法履行监督管理职责的其他行为。

第三十五条 本规定自2008年6月1日起施行。

七、建筑起重机械备案登记办法

建筑起重机械备案登记办法内容如下：

第一条 为加强建筑起重机械备案登记管理，根据《建筑起重机械安全监督管理规定》（建设部令第166号），制定本办法。

第二条 本办法所称建筑起重机械备案登记包括建筑起重机械备案、安装（拆卸）告知和使用登记。

第三条 县级以上地方人民政府建设主管部门可以使用计算机信息管理系统办理建筑起重机械备案登记，并建立数据库。

县级以上地方人民政府建设主管部门应当提供本行政区域内建筑起重机械备案登记查询服务。

第四条 出租、安装、使用单位应当按规定提交建筑起重机械备案登记资料，并对所提供资料的真实性负责。

县级以上地方人民政府建设主管部门应当建立建筑起重机械备案登记诚信考核制度。

第五条 建筑起重机械出租单位或者自购建筑起重机械使用单位（以下简称“产权单位”）在建筑起重机械首次出租或安装前，应当向本单位工商注册所在地县级以上地方人民政府建设主管部门（以下简称“设备备案机关”）办理备案。

第六条 产权单位在办理备案手续时，应当向设备备案机关提交以下资料：

（一）产权单位法人营业执照副本；

（二）特种设备制造许可证；

（三）产品合格证；

（四）制造监督检验证明；

（五）建筑起重机械设备购销合同、发票或相应有效凭证；

（六）设备备案机关规定的其他资料。

所有资料复印件应当加盖产权单位公章。

第七条 设备备案机关应当自收到产权单位提交的备案资料之日起 7 个工作日内，对符合备案条件且资料齐全的建筑起重机械进行编号，向产权单位核发建筑起重机械备案证明。

建筑起重机械备案编号规则见附件一。

第八条 有下列情形之一的建筑起重机械，设备备案机关不予备案，并通知产权单位：

（一）属国家和地方明令淘汰或者禁止使用的；

（二）超过制造厂家或者安全技术标准规定的使用年限的；

（三）经检验达不到安全技术标准规定的。

第九条 起重机械产权单位变更时，原产权单位应当持建筑起重机械备案证明到设备备案机关办理备案注销手续。设备备案机关应当收回其建筑起重机械备案证明。

原产权单位应当将建筑起重机械的安全技术档案移交给现产权单位。

现产权单位应当按照本办法办理建筑起重机械备案手续。

第十条 建筑起重机械属于本办法第八条情形之一的，产权单位应当及时采取解体等销毁措施予以报废，并向设备备案机关办理备案注销手续。

第十一条 从事建筑起重机械安装、拆卸活动的单位（以下简称“安装单位”）办理建筑起重机械安装（拆卸）告知手续前，应当将以下资料报送施工总承包单位、监理单位审核：

（一）建筑起重机械备案证明；

（二）安装单位资质证书、安全生产许可证副本；

（三）安装单位特种作业人员证书；

（四）建筑起重机械安装（拆卸）工程专项施工方案；

（五）安装单位与使用单位签订的安装（拆卸）合同及安装单位与施工总承包单位签订的安全协议书；

（六）安装单位负责建筑起重机械安装（拆卸）工程专职安全生产管理人员、专业技术人员名单；

（七）建筑起重机械安装（拆卸）工程生产安全事故应急救援预案；

（八）辅助起重机械资料及其特种作业人员证书；

（九）施工总承包单位、监理单位要求的其他资料。

第十二条 施工总承包单位、监理单位应当在收到安装单位提交的齐全有效的资料之日起 2 个工作日内审核完毕并签署意见。

第十三条 安装单位应当在建筑起重机械安装（拆卸）前 2 个工作日内通过书面形式、传真或者计算机信息系统告知工程所在地县级以上地方人民政府建设主管部门，同时按规定提交经施工总承包单位、监理单位审核合格的有关资料。

第十四条 建筑起重机械使用单位在建筑起重机械安装验收合格之日起 30 日内，向工程所在地县级以上地方人民政府建设主管部门（以下简称“使用登记机关”）办理使用登记。

第十五条 使用单位在办理建筑起重机械使用登记时，应当向使用登记机关提交下列资料：

（一）建筑起重机械备案证明；

（二）建筑起重机械租赁合同；

（三）建筑起重机械检验检测报告和安装验收资料；

（四）使用单位特种作业人员资格证书；

（五）建筑起重机械维护保养等管理制度；

（六）建筑起重机械生产安全事故应急救援预案；

（七）使用登记机关规定的其他资料。

第十六条 使用登记机关应当自收到使用单位提交的资料之日起 7 个工作日内，对于符合登记条件且资料齐全的建筑起重机械核发建筑起重机械使用登记证明。

第十七条 有下列情形之一的建筑起重机械，使用登记机关不予使用登记并有权责令使用单位立即停止使用或者拆除：

（一）属于本办法第八条情形之一的；

（二）未经检验检测或者经检验检测不合格的；

（三）未经安装验收或者经安装验收不合格的。

第十八条 使用登记机关应当在安装单位办理建筑起重机械拆卸告知手续时，注销建筑起重机械使用登记证明。

第十九条 建筑起重机械实行年度统计上报制度。省、自治区、直辖市人民政府建设主管部门应当在每年年底将本地区建筑起重机械备案登记情况汇总后上报国务院建设主管部门。

建筑起重机械备案登记汇总表见附件二。

第二十条 县级以上地方人民政府建设主管部门应当对施工现场的建筑起重机械备案登记情况进行监督检查。

第二十一条 省级以上人民政府建设主管部门应当按照有关规定及时公布限制或禁止使用的建筑起重机械。

第二十二条 出租、安装、使用单位未按规定办理建筑起重机械备案、安装（拆卸）告知、使用登记及注销手续的，由建设主管部门依照有关法规和规章进行处罚。

第二十三条 省、自治区、直辖市人民政府建设主管部门可结合本地区实际制定实施细则。

第二十四条 本办法自 2008 年 6 月 1 日起施行。

附件一：建筑起重机械备案编号规则（略）

附件二：建筑起重机械备案登记汇总表（略）

第九章　安全生产教育培训制度

一、教育对象和培训时间

建设部要求建筑业从业人员每年必须接受一次专门的安全生产培训。

（1）企业法定代表人、经营负责人、项目经理每年接受安全生产培训的时间，不得少于30学时。

（2）企业专职安全生产管理人员每年必须接受安全专业技术培训，时间不得少于40学时。

（3）企业其他管理人员和技术人员每年接受安全生产培训的时间，不得少于20学时。

（4）企业特殊工种（包括电工、焊工、架子工、司炉工、爆破工、机械操作工、起重工、塔吊司机及指挥人员、人货两用电梯司机等）在通过专业技术培训并取得岗位操作证后，每年仍须接受有针对性的安全生产培训，时间不得少于20学时。

（5）企业其他职工每年接受安全生产培训的时间，不得少于15学时。

（6）企业待岗、转岗、换岗的职工，在重新上岗前，必须接受一次安全生产培训，时间不得少于20学时。

（7）建筑业企业新进场的工人，必须接受公司、项目（或工程处、工区、施工队）、班组的三级安全生产培训分别不少于15学时、15学时、20学时，经考核合格后方能上岗。

二、教育内容及形式

（一）教育内容

（1）三级教育内容

1）公司级教育内容：

①各级政府部门颁布的安全生产法律、法规；

②事故发生的一般规律及典型事故案例；

③预防事故的基本知识、急救措施。

2）工程项目（施工队）级教育内容：

①各级管理部门有关安全生产的标准；

②在施工程基本情况和必须遵守的安全事项；

③施工用化工产品的用途、防毒知识、防火及防煤气中毒知识。

3）班组级教育内容：

①本班组生产工作概况工作性质及范围；

②新工人个人从事生产工作的性质，必要的安全知识，各种机具设备及其安全防护设施的性能和作用；

③本工种的安全操作规程；

④本工程容易发生事故的部位及劳动防护用品的使用要求；

⑤工程项目中工人的安全生产责任制。

（2）转场及变换工种安全教育

1）施工人员转入另一个工程项目时必须进行转场安全教育。

2）转场教育内容：

①本工程项目安全生产状况及施工条件；

②施工现场中危险部位的防护措施及典型事故案例；

③本工程项目的安全管理体系、规定及制度。

3）变换工种安全教育：

①凡改变工种或调换工作岗位的工人必须进行变换工种安全教育。

②变换工种安全教育时间不得少于4h，教育考核合格后方可上岗。

③教育内容：

a. 新工作岗位或生产班组安全生产概况、工作性质和职责；

b. 新工作岗位必要的安全知识，各种机具设备及安全防护设施的性能和作用；

c. 新工作岗位、新工种的安全技术操作规程；

d. 新工作岗位容易发生事故及有毒有害的地方；

e. 新工作岗位个人防护用品的使用和保管。

（3）特种作业安全教育内容

电工、焊工、架工、司炉工、爆破工、机操工及起重工、打桩机和各种机动车辆司机等特殊工种工人，除进行一般安全教育外，还要经过本工种的安全技术教育，经考试合格发证后，方准独立操作，每年还要进行一次复审；对从事有尘毒危害作业的工作，要进行尘毒危害和防治知识教育。

（4）外施队安全生产教育内容

1）各用工单位使用的外施队，必须接受三级安全教育，经考试合格后方可上岗作业，未经安全教育或考试不合格者，严禁上岗作业。

2）外施队上岗作业前的三级安全教育，分别由用工单位（公司、厂或分公司）、项目经理部（现场）、班组（外施队）负责组织实施，总学时不得少于24学时。

3）外施队上岗前须由用工单位劳务部门负责将外施队人员名单提供给安全部门，由用工单位（公司、厂或分公司）安全部门负责组织安全生产教育，授课时间不得少于8学时，具体内容是：

①安全生产的方针、政策和法规制度。

②安全生产的重要意义和必要性。

③建筑安装工程施工中安全生产的特点。

④建筑施工中因工伤亡事故的典型案例和控制事故发生的措施。

4）项目经理部（现场）必须在外施队进场后，由负责劳务的人员组织并及时将注册名单提交给现场安全管理人员，由安全管理人员负责对外施队进行安全生产教育，时间不得小于8学时，具体内容是：

①介绍项目工程施工现场的概况。

②讲解项目工程施工现场安全生产和文明施工的制度、规定。

③讲解建筑施工中高处坠落、触电、物体打击、机械（起重）伤害、坍塌五大伤害事故的控制预防措施。

④讲解建筑施工中常用的有毒有害化学材料的用途和预防中毒的知识。

5）外施队上岗作业前，必须由外施队长（或班组长）负责组织学习本工种的安全操作和一般安全生产知识。

6）对外施队进行三级安全教育时，必须分级进行考试。经考试不合格者，允许补考一次，仍不合格者，必须请退，严禁使用。

7）外施队中的特种作业人员，如电工、起重工（塔式起重机、外用电梯、龙门吊、桥吊、履带吊、汽车吊、卷扬机司机和信号指挥）、锅炉压力容器工、电焊工、气焊工、场内机动车司机、架子工等，必须持有原所在地地（市）级以上劳动保护监察机关核发的特种作业证，并换领北京市临时特种作业操作证，方准从事特种作业。

8）换岗作业必须进行安全生产教育，凡采用新技术、新工艺、新材料和从事非本工种的操作岗位作业前，必须认真进行面对面的、详细的新岗位安全技术教育。

9）在向外施队（班组）下达生产任务的时候，必须向全体作业人员进行详细的书面安全技术交底并讲解，凡没有安全技术交底或未向全体作业人员进行讲解的，外施队（班组）有权拒绝接受任务。

10）每日上班前，外施队（班组）负责人，必须召集所辖全体人员，针对当天任务，结合安全技术交底内容和作业环境、设施、设备状况及本队人员技术素质、安全意识、自我保护意识以及思想状态，有针对性地进行班前安全活动，提出具体注意事项，跟踪落实，并做好活动记录。

（二）安全教育的形式

安全教育形式可分为以下几种：

（1）广告宣传式。包括安全广告、标语、宣传画、标志、展览、黑板报等形式。

（2）演讲式。包括教学、讲座、讲演、经验介绍、现身说法、演讲比赛等形式。

（3）会议讨论式。包括事故现场分析会、班前班后会、专题座谈会等。

（4）竞赛式。包括口头、笔头知识竞赛，安全、消防技能竞赛，其他各种安全教育活动评比等。

（5）声像式。用电影、录像等现代手段，使安全教育寓教于乐。主要有安全方面的广播、电影、电视、录像等。

（6）文艺演出式。以安全为题材编写和演出的相声、小品、话剧等文艺演出的教育形式。

（三）安全教育计划

安全教育计划可分为以下几种：

（1）结合企业实际情况，编制企业年度安全教育计划，每个季度应有教育重点，每月要有教育内容。

（2）严格按制度进行教育对象的登记、培训、考核、发证、资料存档等工作。考试不合格者，不准上岗工作。

（3）要有相对稳定的教育培训大纲、培训教材和培训师资，确保教育时间和质量。

（4）经常监督检查，认真查处未经培训就上岗操作和特种作业人员无证操作的责任单位和责任人员。

三、安全教育档案管理

（一）建立《职工安全教育卡》

职工的安全教育档案管理应由企业安全管理部门统一规范，为每位在职员工建立《职工安全教育卡》。

（二）教育卡的管理

（1）分级管理。《职工安全教育卡》由职工所属的安全管理部门负责保存和管理。班组人员的《职工安全教育卡》由所属项目负责保存和管理；机关人员的《职工安全教育卡》由企业安全管理部门负责保存和管理。

（2）跟踪管理《职工安全教育卡》实行跟踪管理，职工调动单位或变换工种时，交由职工本人带到新单位，由新单位的安全管理人员保存和管理。

（3）职工日常安全教育。职工的日常安全教育由公司安全管理部门负责组织实施，日常安全教育结束后，安全管理部门负责在职工的《职工安全教育卡》中作出相应的记录。

（4）新入厂职工安全教育规定。新入厂职工必须按规定经公司、项目、班组三级安全教育，分别由公司安全部门、项目安全部门、班组安全员在《职工安全教育卡》中作出相应的记录，并签名。

（三）考核规定

（1）公司安全管理部门每月抽查《职工安全教育卡》一次。

（2）对丢失《职工安全教育卡》的部门进行相应考核。

（3）对未按规定对本部门职工进行安全教育的进行相应考核。

（4）对未按规定对本部门职工的安全教育情况进行登记的部门进行相应考核。

四、特种作业人员持证上岗的相关要求

从事特种作业人员，均应经政府主管部门批准并有培训资质的机构培训合格，取得特种作业操作资格证方可上岗作业，并按照审查和发证的要求定期进行复审、换证，由使用单位负责审查操作资格证并留存复印件。电气焊工、场内机动车驾驶员的操作资格证按主管部门规定执行。

建筑施工特种作业包括：

1）建筑电工；

2）建筑架子工；

3）建筑起重信号司索工；

4）建筑起重机械司机；

5）建筑起重机械安装拆卸工；

6）高处作业吊篮安装拆卸工；

7）经省级以上人民政府建设主管部门认定的其他特种作业。

特种作业操作资格证的有效期为6年，每2年复审一次。特种作业操作资格证需延期或者复审的，应当于期满前1个月内向原发证部门或者异地相关部门办理延期或者复审手续。复审内容包括责任事故记录、违法违章记录、参加培训记录等。复审不合格的，经重新安全培训考核合格后，办理延期手续。个人在特种作业操作资格证有效期内，连续从事本工种10年以上，严格遵守有关安全生产法律法规的，在特种作业操作资格证的有效期满时，经原发证部门或者异地相关部门同意，不再复审，特种作业操作资格证的有效期延长2年。

第十章　生产安全事故处理

一、伤亡事故的分类

根据生产安全事故（以下简称事故）造成的人员伤亡或者直接经济损失，事故一般分为以下等级：

(1) 特别重大事故，是指造成 30 人以上死亡，或者 100 人以上重伤（包括急性工业中毒，下同），或者 1 亿元以上直接经济损失的事故；

(2) 重大事故，是指造成 10 人以上 30 人以下死亡，或者 50 人以上 100 人以下重伤，或者 5000 万元以上 1 亿元以下直接经济损失的事故；

(3) 较大事故，是指造成 3 人以上 10 人以下死亡，或者 10 人以上 50 人以下重伤，或者 1000 万元以上 5000 万元以下直接经济损失的事故；

(4) 一般事故，是指造成 3 人以下死亡，或者 10 人以下重伤，或者 1000 万元以下直接经济损失的事故。

二、伤亡事故的报告

(一) 伤亡事故的上报程序

(1) 事故发生后，事故现场有关人员应当立即向本单位负责人报告；单位负责人接到报告后，应当于 1h 内向事故发生地县级以上人民政府安全生产监督管理部门和负有安全生产监督管理职责的有关部门报告。

(2) 情况紧急时，事故现场有关人员可以直接向事故发生地县级以上人民政府安全生产监督管理部门和负有安全生产监督管理职责的有关部门报告。

(3) 安全生产监督管理部门和负有安全生产监督管理职责的有关部门接到事故报告后，应当依照下列规定上报事故情况，并通知公安机关、劳动保障行政部门、工会和人民检察院：

1) 特别重大事故、重大事故逐级上报至国务院安全生产监督管理部门和负有安全生产监督管理职责的有关部门；

2) 较大事故逐级上报至省、自治区、直辖市人民政府安全生产监督管理部门和负有安全生产监督管理职责的有关部门；

3) 一般事故上报至设区的市级人民政府安全生产监督管理部门和负有安全生产监督管理职责的有关部门；

4) 安全生产监督管理部门和负有安全生产监督管理职责的有关部门逐级上报事故情况，每级上报的时间不得超过 2h。

（二）事故报告内容

报告事故应当包括下列内容：

（1）事故发生单位概况；

（2）事故发生的时间、地点以及事故现场情况；

（3）事故的简要经过；

（4）事故已经造成或者可能造成的伤亡人数（包括下落不明的人数）和初步估计的直接经济损失；

（5）已经采取的措施；

（6）其他应当报告的情况；

（7）事故报告后出现新情况的，应当及时补报；

（8）自事故发生之日起30日内，事故造成的伤亡人数发生变化的，应当及时补报。

三、伤亡事故调查

（一）事故调查组的组成

（1）特别重大事故由国务院或者国务院授权有关部门组织事故调查组进行调查。

（2）重大事故、较大事故、一般事故分别由事故发生地省级人民政府、设区的市级人民政府、县级人民政府负责调查。省级人民政府、设区的市级人民政府、县级人民政府可以直接组织事故调查组进行调查，也可以授权或者委托有关部门组织事故调查组进行调查。

（3）未造成人员伤亡的一般事故，县级人民政府也可以委托事故发生单位组织事故调查组进行调查。

（4）自事故发生之日起30日内（道路交通事故、火灾事故自发生之日起7日内），因事故伤亡人数变化导致事故等级发生变化，依照《生产安全事故报告和调查处理条例》规定应当由上级人民政府负责调查的，上级人民政府可以另行组织事故调查组进行调查。

（5）特别重大事故以下等级事故，事故发生地与事故发生单位不在同一个县级以上行政区域的，由事故发生地人民政府负责调查，事故发生单位所在地人民政府应当派人参加。

（6）根据事故的具体情况，事故调查组由有关人民政府、安全生产监督管理部门、负有安全生产监督管理职责的有关部门、监察机关、公安机关以及工会派人组成，并应当邀请人民检察院派人参加。

（二）事故调查报告内容

事故调查报告应当包括下列内容：

（1）事故发生单位概况；

（2）事故发生经过和事故救援情况；

（3）事故造成的人员伤亡和直接经济损失；

（4）事故发生的原因和事故性质；

（5）事故责任的认定以及对事故责任者的处理建议；

（6）事故防范和整改措施。

四、法律责任

（1）事故发生单位主要负责人有下列行为之一的，处上一年年收入40%～90%的罚款；属于国家工作人员的，并依法给予处分；构成犯罪的，依法追究刑事责任：

1）不立即组织事故抢救的；

2）迟报或者漏报事故的；

3）在事故调查处理期间擅离职守的。

（2）事故发生单位及其有关人员有下列行为之一的，对事故发生单位处100万元以上500万元以下的罚款；对主要负责人、直接负责的主管人员和其他直接责任人员处上一年年收入60%～100%的罚款；属于国家工作人员的，并依法给予处分；构成违反治安管理行为的，由公安机关依法给予治安管理处罚；构成犯罪的，依法追究刑事责任：

1）谎报或者瞒报事故的；

2）伪造或者故意破坏事故现场的；

3）转移、隐匿资金、财产，或者销毁有关证据、资料的；

4）拒绝接受调查或者拒绝提供有关情况和资料的；

5）在事故调查中作伪证或者指使他人作伪证的；

6）事故发生后逃匿的。

（3）事故发生单位对事故发生负有责任的，依照下列规定处以罚款：

1）发生一般事故的，处10万元以上20万元以下的罚款；

2）发生较大事故的，处20万元以上50万元以下的罚款；

3）发生重大事故的，处50万元以上200万元以下的罚款；

4）发生特别重大事故的，处200万元以上500万元以下的罚款。

（4）事故发生单位主要负责人未依法履行安全生产管理职责，导致事故发生的，依照下列规定处以罚款；属于国家工作人员的，并依法给予处分；构成犯罪的，依法追究刑事责任：

1）发生一般事故的，处上一年年收入30%的罚款；

2）发生较大事故的，处上一年年收入40%的罚款；

3）发生重大事故的，处上一年年收入60%的罚款；

4）发生特别重大事故的，处上一年年收入80%的罚款。

（5）有关地方人民政府、安全生产监督管理部门和负有安全生产监督管理职责的有关部门有下列行为之一的，对直接负责的主管人员和其他直接责任人员依法给予处分；构成犯罪的，依法追究刑事责任：

1）不立即组织事故抢救的；

2）迟报、漏报、谎报或者瞒报事故的；

3）阻碍、干涉事故调查工作的；

4）在事故调查中作伪证或者指使他人作伪证的。

（6）事故发生单位对事故发生负有责任的，由有关部门依法暂扣或者吊销其有关证照；对事故发生单位负有事故责任的有关人员，依法暂停或者撤销其与安全生产有关的执业资格、岗位证书；事故发生单位主要负责人受到刑事处罚或者撤职处分的，自刑罚执行完毕或者受处分之日起，5年内不得担任任何生产经营单位的主要负责人。

(7) 为发生事故的单位提供虚假证明的中介机构，由有关部门依法暂扣或者吊销其有关证照及其相关人员的执业资格；构成犯罪的，依法追究刑事责任。

(8) 参与事故调查的人员在事故调查中有下列行为之一的，依法给予处分；构成犯罪的，依法追究刑事责任：

1) 对事故调查工作不负责任，致使事故调查工作有重大疏漏的；

2) 包庇、袒护负有事故责任的人员或者借机打击报复的。

五、事故档案管理

施工企业应建立生产安全事故档案，事故档案应包括下列资料：

(1) 依据生产安全事故报告要素形成的企业职工伤亡事故统计汇总表；

(2) 生产安全事故报告；

(3) 事故调查情况报告、对事故责任者的处理决定、伤残鉴定、政府的事故处理批复资料及相关影像资料；

(4) 其他有关的资料。

第十一章　安全事故应急救援预案

一、基本规定

《建设工程安全生产管理条例》明确规定：

第四十七条　县级以上地方人民政府建设行政主管部门应当根据本级人民政府的要求，制定本行政区域内建设工程特大生产安全事故应急救援预案。

第四十八条　施工单位应当制定本单位生产安全事故应急救援预案，建立应急救援组织或者配备应急救援人员，配备必要的应急救援器材、设备，并定期组织演练。

第四十九条　施工单位应当根据建设工程施工的特点、范围，对施工现场易发生重大事故的部位、环节进行监控，制定施工现场生产安全事故应急救援预案。实行施工总承包的，由总承包单位统一组织编制建设工程生产安全事故应急救援预案，工程总承包单位和分包单位按照应急救援预案，各自建立应急救援组织或者配备应急救援人员，配备救援器材、设备，并定期组织演练。

《安全生产法》明确规定：

生产经营单位的主要负责人员有组织制定并实施本单位的生产安全事故应急预案的职责。

生产经营单位对重大危险源应当登记建档，进行定期检测、评估、监控，并制定应急预案，告知从业人员和相关人员在紧急情况下应当采取的应急措施。

县级以上地方各级人民政府应当组织有关部门制定本行政区域内特大生产安全事故应急救援预案，建立应急救援体系。

《职业病防治法》明确规定：

用人单位应当建立、健全职业病危害事故应急救援预案。

《消防法》明确规定：

消防安全重点单位应当制定灭火和应急疏散预案，定期组织消防演练。

《关于特大安全事故行政责任追究的规定》明确规定：

市（地、州）、县（市、区）人民政府必须制定本地区特大安全事故应急处理预案。本地区特大安全事故应急处理预案经政府主要领导人签署后，报上一级人民政府备案。

《特种设备安全监察条例》明确规定：

特种设备使用单位应当制定特种设备的事故应急措施和救援预案。

2006 年建设部《使用有毒物品场所劳动保护条例》明确规定：

从事使用有毒物品作业的用人单位，应当配备应急救援预案人员和必要的应急救援器材、设备，制定事故应急救援预案，并根据实际情况变化对应急救援预案适时进行修订，定期组织演练。事故应急救援预案和演练记录应当报当地卫生行政部门、安全生产监督管理部门和公安部门备案。

生产许可证颁发管理机关应当在接到通报之日起 5 个工作日内作出暂扣安全生产许可证等行政处罚。

六、除暂扣、吊销企业安全生产许可证的行政处罚由安全生产许可证颁发管理机关实施外，其余种类的行政处罚仍由各级建设行政主管部门按照《建筑法》《建设工程安全生产管理条例》等法律法规实施（包括对在本省施工的外埠企业）。

七、施工总承包企业不得将工程分包给不具有安全生产许可证的建筑施工企业。工程监理单位应依法严格审查施工总承包企业分包工程情况和分包单位安全生产许可证具备情况。对于未取得安全生产许可证擅自进行施工活动的分包企业，依照《建筑施工企业安全生产许可证管理规定》第二十四条予以处罚。

八、各地安全生产许可证颁发管理机关应当建立健全安全生产许可证档案管理和信息发布机制，于每季度第一周通过本机关政府网站向社会公布新取得安全生产许可证的建筑施工企业情况，并及时通报暂扣、吊销建筑施工企业安全生产许可证情况。同时，要按规定及时通过网络将上述各项信息向建设部备案。

二、建筑施工公司应急救援预案编制案例

为了贯彻落实《中华人民共和国安全生产法》《安全生产许可证条例》（中华人民共和国国务院令第 397 号）《国务院关于特大安全事故行政责任追究的规定》（国务院 302 号令）《中华人民共和国建筑法》《中华人民共和国职业病防治法》《中华人民共和国消防法》《危险化学品安全管理条例》《特种设备安全监察条例》（国务院令第 373 号）《建筑设计防火规范》《使用有毒物品作业场所劳动保护条例》和《集团应急准备和响应控制程序》，指导子公司、项目部开展本区域内重特大安全生产事故应急救援工作，在集团内建立应急救援体系，努力减少重特大事故造成的人员伤亡和财产损失及对环境产生的不利影响，特制定本预案。

（一）危险源的识别评价和重特大危险源的调查

根据集团有关规定和标准对集团内的危险源进行辨识评价，集团内重大危险源和可能的突发事件如下：

（1）房建项目

1）火灾

易发生地点：仓库、职工宿舍、防水作业区、木材加工存储区、总配电箱等。

火灾类型：含碳固体可燃物，甲、乙、丙类液体（如汽油、煤油、柴油、甲醇等）燃烧的火灾，带电物体燃烧的火灾。

2）高处坠落

易发生地点：脚手架施工区、外墙施工区、塔吊安拆区等。

事故后果：人员外伤、骨折等。

3）物体打击

易发生地点：无安全通道建筑物进出入口、脚手架施工区、塔吊安拆区等。

事故后果：人员外伤、颅骨损扭等。

4）触电

易发生地点：整个施工区域。

事故后果：人员电击伤。

5）机械事故

易发生地点：钢筋加工区、木工加工区、搅拌站等。

事故后果：人员外伤、肢体缺失。

6）起重设备倾覆事故

易发生地点：吊车活动区内。

事故后果：设备严重损坏、人员外伤。

7）坍塌事故

易发生地点：基础施工区、脚手架周边等。

事故后果：人员窒息等。

（2）路桥项目

与房建项目重大危险源相同，但重点是架桥机倾覆、机械伤害、触电等。

（3）隧道项目

主要危险源是坍塌、机械伤害、触电、火灾等。

其中坍塌事故主要原因：隧道穿过不良地层时，隧道开挖引起重要建筑物不均匀沉降；竖井或明挖基坑开挖时引起周边建筑物倾斜、裂缝；爆破施工对邻近建筑物的影响；明挖基坑（桩）因涌砂流出引起支护开裂等。

（4）其他突发事件

夏季露天作业发生中暑；食用变质或受污染食品；食堂工作人员渎职，发生群体食物中毒；工地内环境卫生条件恶化，发生传染疾病；季节周期性所特有的传染疾病传入工地等原因，施工现场可能突发疫情、食物中毒、中暑等情况。

由于施工的地理位置原因、其他可能的突发事件还有台风、洪水等。

各子公司、项目部在编制事故应急救援预案前，应按集团有关规定和标准，对本单位内的重特大危险源进行辨识和评价，应明确以下重特大危险源的信息：

1）危险源的基本情况。重特大危险源存在的具体部位，发生事故时可能的时期。

2）危险源周围环境的基本情况。考虑危险源一旦发生事故对周围环境的影响，以及周边环境中危险因素对危险源的影响程度。

3）危险源周边环境情况。包括可能灾害形式、最大危险区域面积等。

4）周边情况对危险源的影响。主要考虑的危险因素是：火源、输配电装置、交通及其他。

（二）建立应急救援组织

（1）成立应急救援的独立领导小组（指挥中心）

应急预案领导小组及其人员组成：

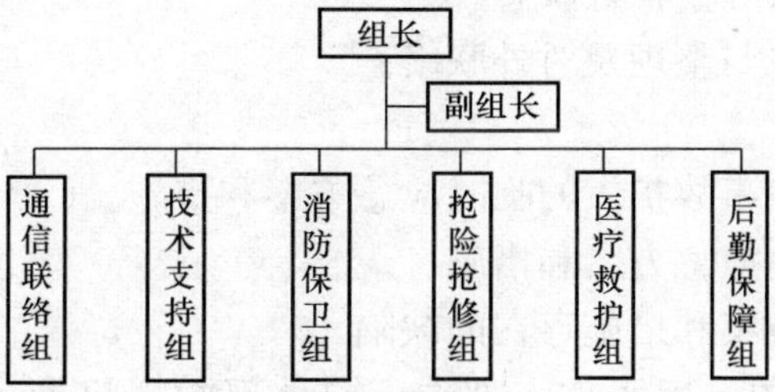

集团应急领导小组成员：

组长：×××（集团总经理）

副组长：×××（集团生产经理）

通信联络组：×××，……，×××（综合办公室相关人员及各子公司相应组织的负责人）

技术支持组：×××，……，×××（技术质量科相关人员，各子公司相应组织的负责人）

消防保卫组：×××，……，×××（义务消防队，后勤保卫相关人员，各子公司相应组织的负责人）

抢险抢修组：×××，……，×××（施工生产管理相关人员，各子公司相应组织的负责人）

医疗救护组：×××，……，×××（后勤保卫及经过医疗救护知识培训合格人员，各子公司相应组织的负责人）

后勤保障组：×××，……，×××（材料管理相关人员，各子公司相应组织的负责人）

（2）应急组织的分工职责

1）组长职责

①决定是否存在或可能存在重大紧急事故，要求应急服务机构提供帮助，并实施场外应急计划，在不受事故影响的地方进行直接操作控制。

②复查和评估事故（事件）可能发展的方向，确定其可能的发展过程。

③指导设施的部分停工，并与领导小组成员的关键人员配合指挥现场人员撤离，并确保任何伤害者都能得到足够的重视。

④与场外应急机构取得联系及对紧急情况的记录作业安排。

⑤在场（设施）内实行交通管制，协助场外应急机构开展服务工作。

⑥在紧急状态结束后，控制受影响地点的恢复，并组织人员参加事故的分析和处理。

2）副组长（现场管理者）职责

①评估事故的规模和发展态势，建立应急步骤，确保员工的安全和减少设施和财产损失。

②如有必要，在救援服务机构来之前直接参与救护活动。

③安排寻找受伤者及安排非重要人员撤离到集中地带。

④设立与应急中心的通信联络，为应急服务机构提供建议和信息。

3）通信联络组职责

①确保与最高管理者和外部联系畅通、内外信息反馈迅速。

②保持通信设施和设备处于良好状态。

③负责应急过程的记录与整理及对外联络。

4）技术支持组职责

①提出抢险抢修及避免事故扩大的临时应急方案和措施。

②指导抢险抢修组实施应急方案和措施。

③修补实施中的应急方案和措施存在的缺陷。

④绘制事故现场平面图，标明重点部位，向外部救援机构提供准确的抢险救援信息

资料。

5）消防保卫组职责

①事故引发火灾，执行防火方案中应急预案程序。

②设置事故现场警戒线、岗，维持项目部内抢险救护的正常运作。

③保持抢险救援通道的通畅，引导抢险救援人员及车辆的进入。

④保护受害人财产。

⑤抢救救援结束后，封闭事故现场，直到收到明确解除指令。

6）抢险抢修组职责

①实施抢险抢修的应急方案和措施，并不断加以改进。

②寻找受害者并转移至安全地带。

③在事故有可能扩大的情况下进行抢险抢修或救援时，高度注意避免意外伤害。

④抢险抢修或救援结束后，报告组长并对结果进行复查和评估。

7）医疗救护组职责

①在外部救援机构未到达前，对受害者进行必要的抢救（如人工呼吸、包扎止血、防止受伤部位受污染等）。

②使重度受害者优先得到外部救援机构的救护。

③协助外部救援机构转送受害者至医疗机构，并指定人员护理受害者。

8）后勤保障组职责

①保障系统内各组人员必需的防护、救护用品及生活物质的供给。

②提供合格的抢险抢修或救援的物质及设备。

（3）子公司和项目部应急救援组织成员

根据集团组织结构，一般可采用以下应急救援组织机构，子公司、项目部也可根据其实际情况对下列人员进行调整。

1）子公司应急救援组织成员

组长：子公司经理

副组长：子公司生产经理

通信联络组：综合办公室相关人员及各下属项目相应组织的负责人

技术支持组：技术质量科相关人员，各下属项目相应组织的负责人

消防保卫组：义务消防队，后勤保卫相关人员，各下属项目相应组织的负责人

抢险抢修组：施工生产管理相关人员，各下属项目相应组织的负责人

医疗救护组：后勤保卫及经过医疗救护知识培训合格人员，各下属项目相应组织的负责人

后勤保障组：材料管理相关人员，各下属项目相应组织的负责人

2）项目部应急救援组织成员

组长：项目经理

副组长：项目副经理或主管工长

技术支持组：项目部技术人员

消防保卫组：项目部义务消防队、保卫等相关人员

抢险抢修组：项目工长及相应抢险抢修队

后勤保障组：项目部材料人员

通信联络组、医疗救护组：由项目部具有相应能力的人员担任

3）生产安全事故应急救援程序

集团、子公司及项目部建立安全值班制度，设值班电话并保证 24h 轮流值班

集团值班电话：010—××××××××

××子公司值班电话：

子公司：010—××××××××

第一项目部：010—××××××××

××子公司值班电话：

子公司：010—××××××××

第一项目部：010—××××××××

××子公司值班电话：

子公司：010—××××××××

第一项目部：010—××××××××

……

如发生生产安全事故立即上报，具体上报程序如图 2-11-1 所示：

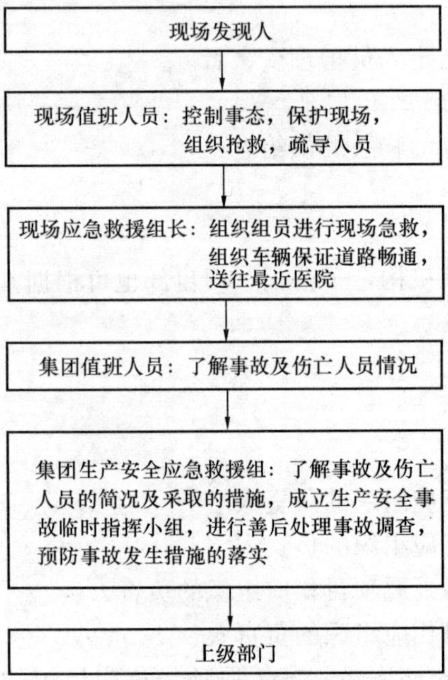

图 2-11-1　上报程序框图

4）施工现场的应急处理

①应急电话的正确使用。为合理安排施工，事先应掌握近期和中长期气候，以便采取针对性措施组织施工，既有利于生产，又有利于工程的质量和安全。工伤事故现场，重病人抢救应拨打 120 救护电话，请医疗单位急救。火警、火灾事故应拨打 119 火警电话，请消防部门急救。发生抢劫、偷盗、斗殴等情况应拨打报警电话 110，向公安部门报警。煤气管道设备急修，自来水报修、供电报修，以及向上级单位汇报情况争取支持，都可以通过应急电话，达到方便快捷的目的。在施工过程中保证通信的畅通，以及正确利用好电话通信工具，可以为现场事故应急处理发挥很大作用。

②拨打电话时要尽量说清楚以下几件事：

a. 说明伤情（病情、火情、案情）和已经采取了什么措施，以便让救护人员事先做好急救的准备；

b. 讲清楚伤者（事故）发生在什么地方，什么路几号、靠近什么路口、附近有什么特征；

c. 说明报救者单位、姓名（或事故地）、电话或传呼电话号码，以便救护车（消防车、警车）找不到所报地方时，随时通过电话联系。打完报救电话后，应问接报人员还有什么问题不清楚，如无问题才能挂断电话。通完电话后，应派人在现场外等候接应救护车，同时把救护车进施工现场路上的障碍及时予以清除，以利于救护车到达后能及时进行抢救。

（三）制定相应的应急救援技术措施

根据重特大危险源和突发事件调查的结果，由技术部门制定相应的应急救援技术措施和

步骤，技术措施要结合危险源所在部位的实际特点、具有针对性和可操作性。相应的技术措施应编入施工组织设计和专项方案中。

三、项目经理部安全应急预案案例

（一）目的

为预防或减少项目经理部各类事故灾害，减少人员伤亡和财产损失，保证本项目在出现生产安全事故时，对需要救援或撤离的人员提供援助，并使其得到及时有效的治疗，从而最大限度地降低生产安全事故给本项目施工人员所造成的损失，根据《安全生产法》《消防法》《××市建设工程重大安全事故应急救援预案》和《建设工程安全生产管理条例》，特制定本预案。

（二）适用范围

本预案适用于项目经理部在紧急情况下采取应急救援处理的全过程。

（三）工程简介

（1）介绍项目的工程概况、施工特点和内容（注：项目所在的地理位置、地形特点、工地外围的环境、居民、交通和安全注意事项、气象状况等）。

（2）施工现场的临时医务室或保健医药设施及场外医疗机构（注：要说明医务人员名单，联系电话，有哪些常用医药和抢救设施，附近医疗机构的情况介绍，位置、距离、联系电话等）。

（3）工地现场内外的消防、救助设施及人员状况（注：介绍工地消防组成机构和成员，成立义务消防队，有哪些消防、救助设施及其分布，消防通道情况等）。

（4）附施工消防平面布置图（注：如各楼层不一样，还应分层绘制。消防平面布置图中应画出消防栓、灭火器的设置位置，易燃易爆的位置，消防紧急通道，疏散路线等）。

（四）职责权限

应急救援组织为项目部非常设机构，对应公司应急救援机构设应急救援总指挥一名，应急救援副总指挥一名，下辖现场抢救组、技术处理组、善后工作组、后勤供应组、事故调查组五个非常设临时机动小组。

（1）应急救援总指挥的职能及职责

1）发布应急救援预案的启动命令。

2）分析紧急状态，确定相应报警级别，根据相关危险类型、潜在后果、现有资源，制定紧急情况的行动类型。

3）现场的指挥与协调。

4）与企业外应急反应人员、部门、组织和机构进行联络。

5）应急评估、确定升高或降低应急警报级别。

6）通报外部机构，决定请求外部援助。

7）决定应急撤离，以及事故现场外影响区域的安全性。

(2) 应急救援副总指挥的职能及职责

1) 协助总指挥组织和指挥现场应急救援操作任务。

2) 向总指挥提出采取减缓事故后果行动的应急反应对策和建议。

3) 协调、组织获取应急所需的其他资源、设备，以支援现场的应急操作。

4) 在平时，组织公司总部的相关技术和管理人员对施工场区巡查，定期检查各常设应急反应组织和部门的日常工作及应急反应准备状态。

(3) 现场抢救组的职能及职责

1) 抢救现场伤员。

2) 抢救现场物资。

3) 在必要情况下组建现场消防队。

4) 保证现场救援通道的畅通。

(4) 技术处理组的职能及职责

1) 根据各项目经理部的施工生产内容及特点，制订其可能出现而必须运用建筑工程技术解决的应急反应方案，整理归档，为事故现场提供有效的工程技术服务做好技术储备。

2) 应急预案启动后，根据事故现场的特点，及时向应急总指挥提供科学的工程技术方案和技术支持，有效地指导应急反应行动中的工程技术工作。

(5) 善后工作组的职能及职责

1) 做好伤亡人员及家属的稳定工作，确保事故发生后伤亡人员及家属思想能够稳定，大灾之后不发生大乱。

2) 做好受伤人员医疗救护的跟踪工作，协调处理医疗救护单位的相关矛盾。

3) 与保险部门一起做好伤亡人员及财产损失的理赔工作。

4) 慰问有关伤员及家属。

5) 保险理赔事宜的处理。

(6) 事故调查组的职能及职责

1) 保护事故现场。

2) 对现场的有关实物资料进行取样封存。

3) 调查了解事故发生的主要原因及相关人员的责任。

4) 按"四不放过"的原则对相关人员进行处罚、教育。

5) 对事故进行经验性的总结。

(7) 后勤供应组的职能及职责

1) 迅速调配抢险物资器材至事故发生点。

2) 提供和检查抢险人员的装备和安全防护。

3) 及时提供后续的抢险物资。

4) 迅速组织后勤必须供给的物品，并及时输送后勤物品到抢险人员手中。

应急救援总指挥由项目经理担任，应急救援副总指挥由项目副经理担任。下辖的现场抢救组、技术处理组、善后工作组、后勤供应组、事故调查组五个非常设临时机动小组分别由现场土建工长、项目工程师、水电工长、材料员、安全员任组长，并选择相关人员组成。

(五) 项目部风险分析

根据以往施工项目经验和建筑业施工特点，本项目存在的主要风险如下：

1）火灾；

2）高处坠落；

3）坍塌；

4）倾覆；

5）触电；

6）机械伤害；

7）物体打击；

8）食物中毒，传染性疾病。

（六）生产安全事故应急救援程序

公司及工地建立安全值班制度，设值班电话并保证 24h 轮流值班。如发生安全事故立即上报，具体上报程序如图 2-11-2 所示。

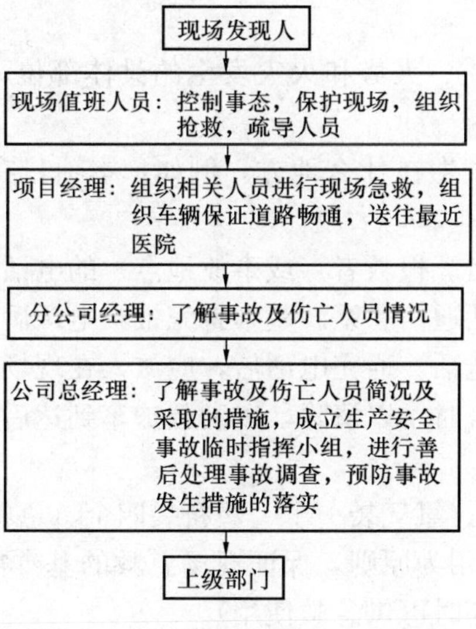

图 2-11-2　安全事故上报程序框图

（七）施工现场的应急处理设备和设施管理

（1）应急电话

1）应急电话的安装要求。工地安装有一部固定电话，项目经理、项目技术负责人配置有移动电话。固定电话安装于办公室内。在室外附近张贴“119”、“120”、“110”，电话的安全提示标志，以便现场人员都了解，在应急时能快捷地找到电话，拨打电话报警求救。电话一般应放在室内临现场通道的窗扇附近，电话机旁张贴常用紧急电话、工地主要负责人和上级单位的联络电话，以便在节假日、夜间等情况下使用，房间无人应上锁，有紧急情况无法开锁时，可击碎窗玻璃，便可以向有关部门、单位、人员拨打电话报警求救。

2）应急电话的正确使用。为合理安排施工，事先拨打气象专用电话，了解气候情况拨打电话“12121”，掌握近期和中长期气候，以便采取针对性措施组织施工，既有利于生产，又有利于工程的质量和安全。工伤事故现场重病人抢救应拨打“120”救护电话，请医疗单位急救。火警、火灾事故应拨打“119”火警电话，请消防部门急救。发生抢劫、偷盗、斗殴等情况应拨打报警电话“110”，向公安部门报警。这些都可以通过应急电话达到方便快捷的目的。在施工过程中，由××负责话机维护和及时交纳电话费，以保证通信的畅通。项目部人员应正确利用好电话通信工具，达到为现场事故应急处理发挥作用的目的。

3）电话报救须知：

救援相关部门电话

公司应急值班电话：××××××××

火警：119　　　医疗急救：120

拨打电话时要尽量说清楚以下几件事：

①针对不同的事故事件应分别说明：

a. 人员伤害。说明受伤人员数量、受伤部位、伤者症状和已经采取了什么措施，以便让救护人员事先做好急救的准备。

b. 食物中毒和传染性疾病。说明得病人员数量、症状和已经采取的措施，以便让救护人员事先做好急救的准备。

c. 火灾。说明燃烧的物质、火势和火灾发生的具体部位，以便让消防人员调配适当的足够的消防设备。

②讲清楚伤者（事故）发生在什么地方。例如：本项目在××路×号，从市政府南行200m路西即到，项目部左侧是××大厦。

③说明报救者单位、姓名、报救者（或事故地点）的电话，以便救护车（消防车）找不到所报地方时，随时通过电话通信联系。基本打完报救电话后，应问接报人员还有什么问题不清楚，如无问题才能挂断电话。通完电话后，应派人在现场外等候接应救护车，同时把救护车进工地现场的路上障碍及时予以清除，以利救护车到达后能及时进行抢救。

（2）救援器材

1）医疗器材。担架一副、氧气袋一个、塑料袋四个、急救箱一个（内有常用急救药品）（注：医疗器材应以简单和适用为原则，保证现场急救的基本需要，并可根据不同情况予以增减，定期检查补充，确保随时可供急救使用）。

2）抢救工具。一般工地常备工具，即基本满足使用，不再详细列出。

3）通信器材。固定电话一部、手机两部（项目部其他人员均自行配置有移动电话，可在应急时使用，但未列入本器材单中）、对讲机四台。

4）灭火器材。灭火器日常按要求就位（共有12台），紧急情况下集中使用。

（3）其他应急设备和设施

由于在现场经常会出现一些不安全情况，甚至发生事故，或因采光和照明情况不好，在应急处理时就需配备应急照明，现场常年库存储备有手电筒5把，相应灯泡5个，干电池20节，塔吊上部设置照明镝灯三台，单独回路供电，用于现场大面积照明。

由于现场有危险情况，在应急处理时用于危险区域隔离的警戒带50m，各类安全禁止、警告、指令、提示标志牌各一块（数量不能满足使用时可临时制作）。

有时为了安全逃生、救生需要，还配置有安全带20条、30m安全绳4条等专用应急设备和设施工具。

（八）事故后处理工作

（1）查明事故原因及责任人。

（2）遵照《企业职工伤亡事故报告和处理规定》（国务院第75号令），以书面形式向上级写出报告，包括发生事故时间、地点、受伤（死亡）人员姓名、性别、年龄、工种、伤害程度、受伤部位。

（3）制定有效的纠正/预防措施，防止此类事故再次发生。对于所有拟订的纠正/预防措施，在其实施前应先通过风险评价过程进行评审，以识别是否会产生新的风险。评价应对风险的大小、后果进行识别和评价。风险大的纠正/预防措施应坚决放弃。最终采取的措施应与问题的严重性和风险相适应，并记录措施的执行情况。

（4）组织所有人员进行事故教育，向所有人员进行事故教育，向所有人员宣读事故结果及对责任人的处理意见。

（5）善后处理。配合公司善后小组进行善后处理，避免发生不必要的冲突。

（九）应急预案的评审

应急事故发生后，或依照《××项目应急救援预案演练计划》进行演练后，应对预案的可实施性进行评审。评审内容包括：

1）预案实施过程中各机构、人员的配合程度；

2）预案中各项措施的有效性和人员熟悉情况；

3）预案中是否存在没有识别到的风险。

四、施工现场各类应急预案案例

（一）坍塌事故应急预案

坍塌事故应急预案

一、本工程坍塌事故所指范围

（1）深基坑坍塌。

（2）塔式起重机等大型机械设备倒塌。

（3）整体模板支撑体系坍塌。

（4）建筑外脚手架倒塌。

二、坍塌事故应急小组责任及组织机构图

（1）项目经理是坍塌事故应急小组第一负责人，负责事故的救援指挥工作。

（2）安全总监是坍塌事故应急救援第一执行人，具体负责事故救援组织工作和事故调查工作。

（3）现场经理是坍塌事故应急小组第二负责人，负责事故救援组织工作的配合工作和事故调查的配合工作。

（4）坍塌事故应急组织机构图（略）。

（5）应急小组下设机构及职责

1）抢险组。组长由项目经理担任，成员由安全总监、现场经理、机电经理、项目总工程师和项目班子及分包单位负责人组成。主要职责是：组织实施抢险行动方案；协调有关部门的抢险行动；及时向指挥部报告抢险进展情况。

2）安全保卫组。组长由项目书记担任，成员由项目行政部、经理组成。主要职责是：负责事故现场的警戒，阻止非抢险救援人员进入现场；负责现场车辆疏通，维持治安秩序；负责保护抢险人员的人身安全。

3）后勤保障组。组长由项目书记担任，成员由项目物资部、行政部、合约部、食堂组成。主要职责是：负责调集抢险器材、设备；负责解决全体参加抢险救援工作人员的食宿问题。

4）医疗救护组。组长由项目卫生所医生担任，成员由卫生所护士、救护车队组成。主要职责是：负责现场伤员的救护等工作。

5）善后处理组。组长由项目经理担任，成员由项目领导班子组成。主要职责是：负责做好对遇难者家属的安抚工作；协调落实遇难者家属抚恤金和受伤人员住院费问题；做好其他善后事宜。

6）事故调查组。组长由项目经理、公司责任部门领导担任，成员由项目安全总监、公司相关部门、公司有关技术专家组成。主要职责是：负责事故现场保护和图纸的测绘；查明事故原因，提出防范措施；提出对事故责任者的处理意见。

三、坍塌事故应急工作流程

坍塌事故应急工作流程如图 2-11-3 所示。

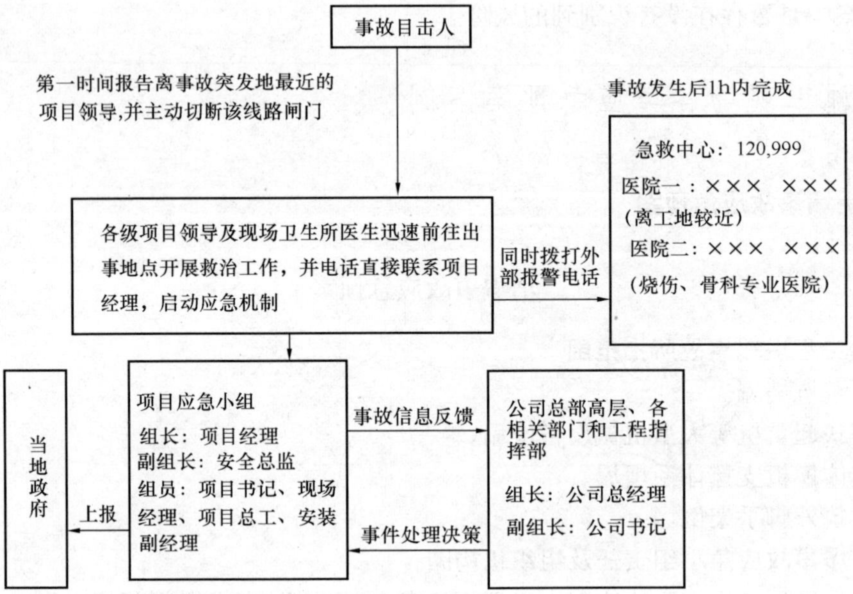

图 2-11-3　坍塌事故应急工作流程图

四、坍塌事故应急措施

（1）坍塌事故发生时，安排专人及时切断有关线路闸门，并对现场进行声像资料的收集。发生后立即组织抢险人员在 30 分钟内到达现场。根据具体情况，采取人工和机械相结合的方法，对坍塌现场进行处理。抢救中如遇到坍塌巨物，人工搬运有困难时，可调集大型吊车进行调运。在接近边坡处时，必须停止机械作业，全部改用人工扒物，防止误伤被埋人员。现场抢救中，还要安排专人对边坡、架料进行监护和清理，防止事故扩大。

（2）事故现场周围应设警戒线。

(3) 统一指挥、密切协同的原则。坍塌事故发生后，参战力量多，现场情况复杂，各种力量需在现场总指挥部的统一指挥下，积极配合、密切协同、共同完成。

(4) 以快制快、行动果断的原则。鉴于坍塌事故具有突发性，在短时间内不易处理，处置行动必须做到接警调度快、到达快、准备快、疏散救人快，达到以快制快的目的。

(5) 讲究科学、稳妥可靠的原则。解决坍塌事故要讲科学，避免急躁行动引发连续坍塌事故发生。

(6) 救人第一的原则。当现场遇有人员受到威胁时，首要任务是抢救人员。

(7) 伤员抢救，立即与急救中心和医院联系，请求出动急救车辆并做好急救准备，确保伤员得到及时医治。

(8) 事故现场取证救助行动中，安排人员同时做好事故调查取证工作，以利于事故处理，防止证据遗失。

(9) 自我保护，在救助行动中，抢救机械设备和救助人员应严格执行安全操作规程，配齐安全设施和防护工具，加强自我保护，确保抢救行动过程中的人身安全和财产安全。

(二) 物体打击事故应急和响应预案

物体打击事故应急和响应预案

一、工地潜在事故危险评估

通过对施工全过程危险因素的辨识和评价，物体打击事故发生概率较大，造成人身伤害和财产损失较严重，列为项目工程的重大危险因素。

项目部针对以上潜在的事故和紧急情况，编制应急准备及响应预案，当事故或紧急情况发生时，应保证能够迅速做出响应，最大限度地减少可能产生的事故后果。

二、应急行动小组人员组成及分工

(1) 应急领导小组成员

组长：×××

副组长：×××

成员：×××，×××，……，×××

(2) 应急小组职责

1) 全体成员牢固树立全心全意为员工服务的思想。

2) 认真学习和熟练执行应急程序。

3) 服从上级指挥调动。

4) 改造和检查应急设备和设施的安全性能及质量。

5) 组织队员搞好模拟演练。

6) 参加本范围的各种抢险救护。

三、应急行动程序通则

(1) 应急小组成员应牢记分工，按小组行动。

(2) 应急小组成员在接到报警后，10min 内各就各位。

(3) 根据事故情况报相应主管部门。

联系电话如下：

1）治安

负责人：×××

联系电话：××××××××

2）重大事故

负责人：×××

联系电话：××××××××

3）紧急医疗电话

急救电话：120

急诊电话：××××××××

4）疫情举报

5）常用电话

火警：119

匪警：110

交通肇事：112

四、物体打击事故应急程序

（1）施工区发生物体打击事故，最早发现事故的人迅速向应急领导小组报告。

（2）通信组立即召集所有成员赶赴事故现场，了解事故伤害程度。

（3）警戒组和疏散组负责组织保卫人员疏散现场闲杂人员，警戒组保护事故现场，同时避免其他人员靠近现场。

（4）急救员立即通知现场应急小组组长，说明伤者受伤情况，并根据现场实际施行必要的医疗处理，在伤情允许的情况下，抢救组负责组织人员搬运受伤人员，转移到安全地方。

（5）由组长根据汇报，决定是否拨打“120”医疗急救电话，并说明伤员情况、行车路线。

（6）通信组联系值班车到场，随时待命。

（7）通信组安排人员到入场岔口指挥救护车的行车路线。

（8）警戒组应迅速对周围环境进行确认，仍存在危险因素下，立即组织人员防护，并禁止人员进出。

五、受伤人员的急救

当施工人员发生物体打击时，急救人员应尽快赶往出事地点，并呼叫周围人员及时通知医疗部门，尽可能不要移动患者，尽量当场施救。如果处在不宜施救的场所时必须将患者搬运到能够安全施救的地方，搬运时应尽量多找一些人来搬运，观察患者呼吸和脸色的变化，如果是脊柱骨折，不要弯曲、扭动患者的颈部和身体，不要接触患者的伤口，要使患者身体放松，尽量将患者放到担架或平板上进行搬运。

六、物体打击事故预防

（1）强化安全教育，提高安全防护意识，提高工人安全操作技能。

（2）正确使用“三宝”。

（3）合理组织交叉作业，采取防护措施。

（4）拆除作业有监护措施，有施工方案，有交底。

（5）起重吊装作业制定专项安全技术措施。

（6）对起重吊装工进行安全交底，落实“十不吊”措施。

（7）安全通道口、安全防护棚搭设双层防护，符合安全规范要求。

（8）加强安全检查，严禁向下抛掷。

（9）材料堆放控制高度，特别是邻边作业。

（10）高处作业应进行交底，工具入袋，严禁抛物。

（11）模板作业有专项安全技术措施，有交底，有检查，严禁大面积撬落。

（三）机械伤害事故应急预案

机械伤害事故应急预案

一、机械伤害事故应急小组责任及组织机构图

（1）项目经理是机械伤害事故应急小组第一负责人，负责事故的救援指挥工作。

（2）安全总监是机械伤害事故应急救援第一执行人，具体负责事故救援组织工作和事故调查工作。

（3）现场经理是机械伤害事故应急小组第二负责人，负责事故救援组织工作的配合工作和事故调查的配合工作。

（4）机械伤害事故应急组织机构如图 2-11-4 所示。

（5）应急小组下设机构及职责：

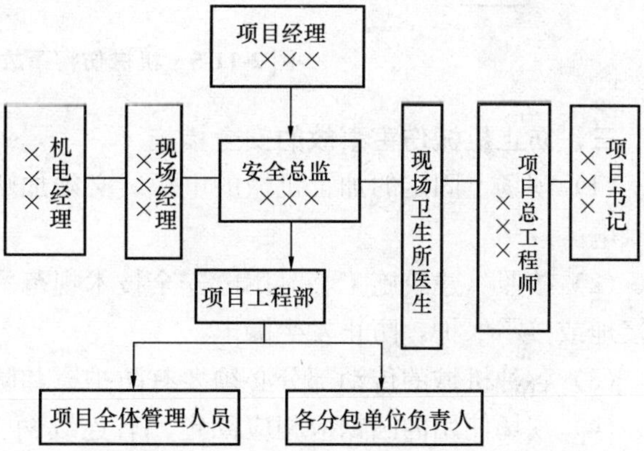

图 2-11-4　机械伤害事故应急组织机构图

1）抢险组。组长由项目经理担任，成员由安全总监、现场经理、机电经理、项目总工程师和项目班子及分包单位负责人组成。主要职责是：组织实施抢险行动方案；协调有关部门的抢险行动；及时向指挥部报告抢险进展情况。

2）安全保卫组。组长由项目书记担任，成员由项目行政部、经警组成。主要职责是：负责事故现场的警戒，阻止非抢险救援人员进入现场；负责现场车辆疏通，维持治安秩序；负责保护抢险人员的人身安全。

3）后勤保障组。组长由项目书记担任，成员由项目物资部、行政部、合约部、食堂组成。负责解决全体参加抢险救援工作人员的食宿问题。

4）医疗救护组。组长由项目卫生所医生担任，成员由卫生所护士、救护车队组成。主要职责是：负责现场伤员的救护等工作。

5）善后处理组。组长由项目经理担任，成员由项目领导班子组成。主要职责是：负责做好对遇难者家属的安抚工作；协调落实遇难者家属抚恤金和受伤人员住院费问题；做好其他善后事宜。

6）事故调查组。组长由项目经理、公司责任部门领导担任，成员由项目安全总监、公司相关部门、公司有关技术专家组成。主要职责是：负责事故现场保护和图纸的测绘；查明事故原因，提出防范措施；提出对事故责任者的处理意见。

二、机械伤害事故应急工作流程

机械伤害事故应急工作流程如图 2-11-5 所示。

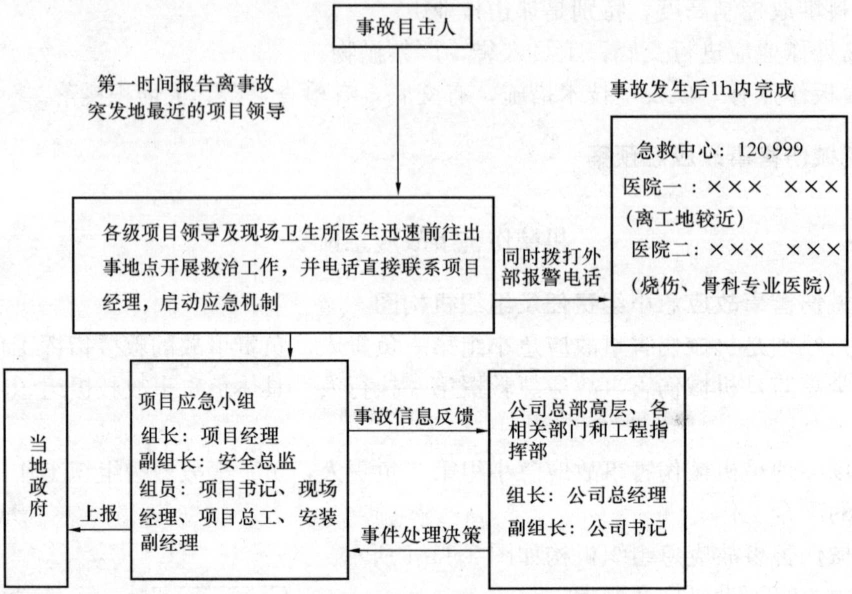

图 2-11-5　机械伤害事故应急工作流程图

三、防止机械伤害事故的安全措施

（1）现场上固定的加工机械的电源线必须加塑料套管埋地保护，以防止被加工件压破发生触电。

（2）按照《建筑施工临时用电安全技术规范》要求，做好各类电动机械和手持电动工具的接地或接零保护，防止发生漏电。

（3）各种机械的传动部分必须要有防护罩和防护套。

（4）现场使用的圆锯应相应固定。有连续两个断齿和裂纹长度超过 20cm 的不能使用，短于 50cm 的木料要用推棍，锯片上方要安装安全挡板。

（5）木工平刨口要有安全装置。木板厚度小于 30cm 严禁使用平刨。平刨和圆锯不准使用倒顺开关。

（6）使用套丝机、立式钻床、木工平刨作业等，严禁戴手套。

（7）混凝土搅拌机在运转中，严禁将头和手伸入料斗察看进料搅拌情况，也不得把铁锹伸入拌筒。清理料斗坑，要挂好保险绳。

（8）机械在运转中不得进行维修、保养、紧固、调整等作业。

（9）机械运转中操作人员不得擅离岗位或把机械交给别人操作，严禁无关人员进入作业区和操作室。作业时思想要集中，严禁酒后作业。

（10）打夯机要两人同时作业，一人埋线，操作机械要戴绝缘手套，穿绝缘鞋。严禁在机械运转中清理机上积土。

（11）使用砂轮机、切割机，操作人员必须戴防护眼镜。严禁用砂轮切割 22# 钢筋扎丝。

（12）操作钢筋切断机切长 50cm 以下短料时，手要离开切口 15cm 以上。

（13）操作起重机械、物料提升机械、混凝土搅拌机、砂浆机等必须经专业安全技术培训，持证上岗，坚持“十不吊”。

（14）加工机械周围的废料必须随时清理，保持脚下清洁，防止被废料绊倒，发生事故。

（四）高空坠落事故应急预案

高空坠落事故应急预案

一、高空坠落事故应急小组责任及组织机构图

（1）项目经理是高空坠落事故应急小组第一负责人，负责高空坠落事故的救援指挥工作。

（2）安全总监是高空坠落事故应急救援第一执行人，具体负责事故救援组织工作和事故调查工作。

（3）高空坠落事故应急组织机构如图 2-11-6 所示。

（4）应急小组下设机构及职责

1）抢险组。组长由项目经理担任，成员由安全总监、现场经理、机电经理、项目总工程师、项目班子其他成员及分包单位负责人组成。主要职责是：组织实施抢险行动方案；协调有关部门的抢险行动；及时向指挥部报告抢险进展情况。

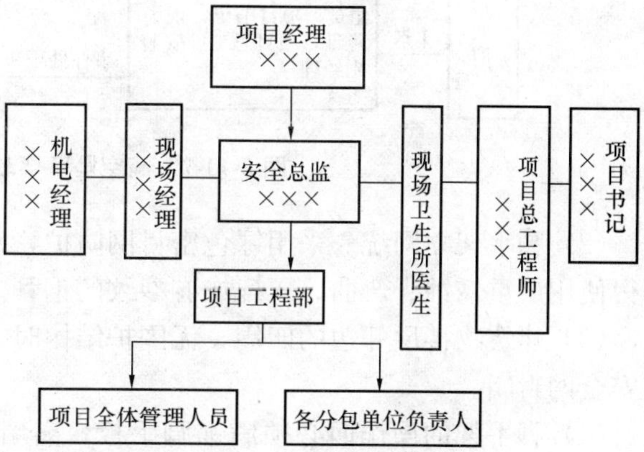

图 2-11-6 高空坠落事故应急组织机构图

2）安全保卫组。组长由项目书记担任，成员由项目行政部人员、经警组成。主要职责是：负责事故现场的警戒，阻止非抢险救援人员进入现场；负责现场车辆疏通，维持治安秩序；负责保护抢险人员的人身安全。

3）后勤保障组。组长由项目书记担任，成员由项目物资部、行政部、合约部、食堂等部门人员组成。主要职责是：负责调集抢险器材、设备；负责解决全体参加抢险救援工作人员的食宿问题。

4）医疗救护组。组长由项目卫生所医生担任，成员由卫生所护士、救护车队组成。主要职责是：负责现场伤员的救护等工作。

5）善后处理组。组长由项目经理担任，成员由项目领导班子组成，主要职责是：负责做好对遇难者家属的安抚工作；协调落实遇难者家属抚恤金和受伤人员住院费问题；做好其他善后事宜。

6）事故调查组。组长由项目经理、公司责任部门领导担任，成员由项目安全总监、公司相关部门、公司有关技术专家组成。主要职责是：负责事故现场保护和图纸的测绘，查明事故原因，提出防范措施；提出对事故责任者的处理意见。

二、高空坠落事故应急工作流程

高空坠落事故应急工作流程如图 2-11-7 所示。

三、防止高空坠落的安全措施

（1）进入施工现场的所有人必须佩戴安全帽，高空作业人员必须配备并使用安全带。

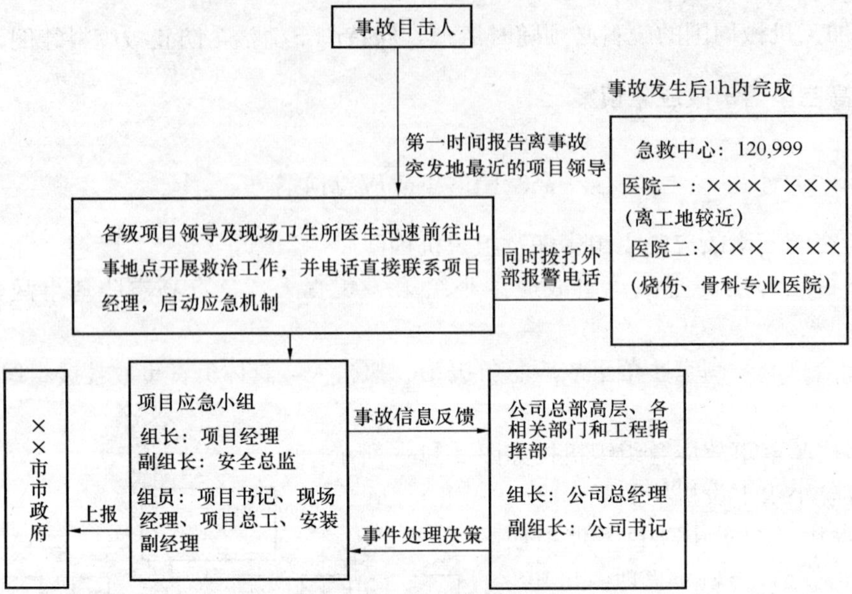

图 2-11-7 高空坠落事故应急工作流程图

(2) 脚手架立网统一采用绿色密目网防护，密目网应绷拉平直，封闭严密。钢管脚手架不得使用严重锈蚀、弯曲、压扁或有裂纹的钢管。

(3) 建筑物楼层邻边的四周，无围护结构时，必须设两道防护栏杆或一道防护栏杆并立挂安全网封闭。

(4) 脚手架的操作面必须满铺脚手板，离墙面不得大于 20cm，不得有空隙和探头板、飞跳板。施工层脚手板下一步架处兜设水平安全网。操作面外侧应设两道护身栏杆和一道挡脚板，立挂安全网，下口封严，防护高度应为 1.5m。

(5) 脚手架必须保证整体结构不变形，纵向必须设置斜撑，斜撑宽度不得超过 7 根立杆，与水平面夹角应为 45°～60°。与结构处无拉结时可加钢管斜撑，与地面的角度视实际情况而定。

(6) 在外架外立杆内侧用密目安全网封严，以防高空坠落和物体打击。网接头处必须连接紧密，不得有空隙。架子操作层下应兜大网眼，每隔两层设一道大网眼。

(7) 建筑物的出入口处应搭设长 3～6m，宽于出入通道两侧各 1m 的防护棚，棚顶应满铺不小于 5cm 厚的脚手板，非出入口和通道两侧必须封闭严密。

(8) 危险区域的隔离防护：凡是落物伤人的危险区域（如架子搭拆区、模板拆除区），均设 1.8m 高防护栏杆，加挂密目安全网进行防护，并挂禁止通行牌，以防止误入受伤。

(9) 高处作业使用的铁凳应牢固，必要时应采用铁凳脚与下面的脚手板点焊；使用的木凳宜用钢丝与脚手板固定，以防使用时出现倾倒，两凳间如需搭设脚手板，间距不得大于 2m。

(10) 对现场的预留孔洞，必须进行封闭覆盖。危险处在边沿处设置两道护身栏杆，并于夜间设红色警示标志灯。

(11) 龙门架首层进料口处应搭设长度不小于 3～6m 的防护棚，其他三个侧面必须采取封闭措施，各层卸料平台出入口处均应设有安全门，通道两侧必须设有安全防护栏杆。

(12) 结构内 1.5m×1.5m 以下的孔洞，应预埋通长钢筋网或加固定盖板。1.5m×1.5m 以上的孔洞，四周必须设两道护身栏杆，中间支挂水平安全网。

(13) 网架结构安装安全防护措施。

1) 网架墙安全保障措施。外墙网架墙宽度为 3.4m，内墙网架墙热身池处为 5.1m，戏水乐园处为 3.4m。网架墙安装中需在墙两侧搭设双排脚手架，既为安装提供操作面，同时也起到安全防护作用。网架墙中间腹杆、节点安装同墙，需搭设操作平台。操作层需满铺脚手板，操作层以下每 10m 挂一道水平安全网。

2) 网架屋面安全保障措施。网架屋面结构高度为 7.0m，网架屋面底标高为 23.4m。屋面网架安装过程中需搭设满堂碗扣脚手架，操作面满铺脚手板，在操作面之下，每 10m 挂水平安全网一道。

四、高空坠落事故的应急措施

(1) 紧急事故发生后，发现人应立即报警。一旦启动本预案，相关责任人要以处置重大紧急情况为压倒一切的首要任务，绝不能以任何理由推诿、拖延。各部门之间、各单位之间必须服从指挥、协调配合，共同做好工作。因工作不到位或玩忽职守造成严重后果的，要追究有关人员的责任。

(2) 项目在接到报警后，应立即组织由现场医生带领的自救队伍，按事先制定的应急方案立即进行自救；简单处理伤者后，立即送附近医院进行进一步抢救。

(3) 疏通事发现场道路，保证救援工作顺利进行。

(4) 安全总监为紧急事故联络员，负责紧急事故的联络工作。

(5) 紧急事故处理结束后，安全总监应填写记录，并召集相关人员研究防止事故再次发生的对策。

(6) 平日加强对施工人员的高空作业安全教育，工人每日上岗前，应在现场穿衣镜前检查自身佩戴的安全用具是否齐整、牢固。

(五) 工程施工中挖断水、电、通信光缆、煤气管道应急救援预案

工程施工中挖断水、电、通信光缆、煤气管道应急救援预案

一、应急准备和响应组织准备

(1) 目的

为了保护本企业从业人员在经营活动中的身体健康和生命安全，保证本企业在出现生产安全事故时，能够及时进行应急救援，从而最大限度地降低生产安全事故给本企业及本企业员工所造成的损失，成立公司生产安全事故应急救援小组。

(2) 适用范围

适用于所在公司内部实行生产经营活动的部门及个人。

(3) 责任

本企业建立生产安全事故应急救援指挥机构：

董事长主持全面工作；

安全科长负责应急救援协调指挥工作；

项目经理部各项目部经理负责应急救援实施工作；

设备部经理参与应急救援实施工作；

财务部经理负责安全生产及救援资金保障。

（4）施工现场生产安全应急救援小组

项目经理主持施工现场全面工作；

生产负责人负责组织应急救援协调指挥工作；

安全员负责应急救援实施工作；

技术员、质检员、材料员等参与应急救援实施工作。

（5）生产安全事故应急救援组织成员经培训，掌握并且具备现场救援救护的基本技能，施工现场生产安全应急救援小组必须配备相应的急救器材和设备。小组每年进行1～2次应急救援演习和对急救器材设备的日常维修、保养，从而保证应急救援时正常运转。

（6）生产安全事故应急救援程序

公司及工地建立安全值班制度，设值班电话并保证24h轮流值班。

如发生安全事故立即上报，具体上报程序如下：

现场第一发现人→现场值班人员→现场应急救援小组组长→公司值班人员→生产安全事故应急救援小组→向上级部门报告。

生产安全事故发生后，应急救援组织立即启动如下应急救援程序：

现场发现人：向现场值班人员报告；

现场值班人员：控制事态、保护现场、组织抢救，疏导人员；

现场应急救援小组组长：组织组员进行现场急救，组织车辆保证道路畅通，送往最佳医院；

公司值班人员：了解事故及伤亡人员情况；

公司生产安全应急救援小组：了解事故及伤亡人员情况及采取的措施，成立生产安全事故临时指挥小组，进行善后处理事故调查，预防事故发生措施的落实，并上报上级部门。

（7）应急救援小组职责

1）组织检查各施工现场及其他生产部门的安全隐患，落实各项安全生产责任制，贯彻执行各项安全防范措施及各种安全管理制度。

2）进行教育培训，使小组成员掌握应急救援的基本常识，同时具备安全生产管理相应的素质水平，小组成员定期对职工进行安全生产教育；提高职工安全生产技能和安全生产素质。

3）制定生产安全应急救援预案，制定安全技术措施并组织实施，确定企业和现场的安全防范和应急救援重点，有针对性地进行检查、验收、监控和危险预测。

二、施工现场的应急处理设备和设施管理

（一）应急电话

（1）应急电话的安装要求

工地应安装电话，无条件安装电话的工地应配置移动电话。电话可安装于办公室、值班室、警卫室内。在室外附近张贴119电话的安全提示标志，以便现场人员都了解，在应急时能快捷地找到电话拨打，报警求救。电话一般应放在室内临现场通道的窗扇附近，电话机旁应张贴常用紧急查询电话和工地主要负责人及上级单位的联络电话，以便在节假日、夜间等情况下使用，房间无人上锁，有紧急情况无法开锁时，可击碎窗玻璃，便可以向有关部门、单位、人员拨打电话报警求救。

（2）应急电话的正确使用

为合理安排施工，事先拨打气象专用电话，了解气候情况拨打电话12121，掌握近期和

中长期气候，以便采取针对性措施组织施工，既有利于生产又有利于工程的质量和安全。工伤事故现场重病人抢救应拨打120救护电话，请医疗单位急救。火警、火灾事故应拨打119火警电话，请消防部门急救。发生抢劫、偷盗、斗殴等情况应拨打报警电话110，向公安部门报警。煤气管道、设备急修，自来水报修，供电报修，以及向上级单位汇报情况争取支持，都可以通过应急电话达到方便快捷的目的。在施工过程中保证通信的畅通，以及正确利用好电话通信工具，可以为现场事故应急处理发挥很大作用。

(3) 电话报救须知

公司应急值班电话：××××××××。

火警：119；医疗急救：120；匪警：110。

拨打电话时要尽量说清楚以下几件事：

1）说明伤情（病情、火情、案情）和已经采取了什么措施，以便让救护人员事先做好急救的准备；

2）讲清楚伤者（事故）发生在什么地方，什么路几号，靠近什么路口，附近有什么特征；

3）说明报救者单位（或事故地）、姓名及电话号码，以便救护车（消防车、警车）找不到所报地方时，随时通过电话通信联系。基本打完报救电话后，应问接报人员还有什么问题不清楚，如无问题才能挂断电话。通完电话后，应派人在现场外等候接应救护车，同时把救护车进工地现场的路上障碍及时予以清除，以便救护车到达后能及时进行抢救。

（二）急救箱

(1) 急救箱的配备

急救箱的配备应以简单和适用为原则、保证现场急救的基本需要，并可根据不同情况予以增减，定期检查补充，确保随时可供急救使用。

1）器械敷料类

消毒注射器（或一次性针筒）、静脉输液器、心内注射针头、血压计、听诊器、体温计、气管切开用具（包括大、小银制气管套管）、张口器及舌钳、针灸针、止血带、止血钳、（大、小）剪刀、手术刀、氧气瓶（便携式）及流量计、无菌橡皮手套、无菌敷料、棉球、棉签、三角巾、绷带、胶布、夹板、别针、手电筒（电池）、保险刀、绷带、镊子、病史记录、处方。

2）药物

肾上腺素、异丙基肾上腺素、阿托品、慢心律、异搏定、硝酸甘油、亚硝酸戊烷、西地兰、氨茶碱、洛贝林、回苏灵、咖啡因、安定、异戊巴比妥钠、苯妥英钠、碳酸氢钠、乳酸钠、10%葡萄糖酸钙、维生素、止血敏、安洛血、10%葡萄糖、25%葡萄糖、生理盐水、氨水、乙醚、酒精、碘酒、0.1%新洁尔灭酊、高锰酸钾等。

(2) 急救箱使用注意事项

1）有专人保管，但不要上锁。

2）定期更换超过消毒期的敷料和过期药品，每次急救后要及时补充。

3）放置在合适的位置，使现场人员都知道。

（三）其他应急设备和设施

由于在现场经常会出现一些不安全情况，甚至发生事故，或因采光和照明情况不好，在应急处理时就需配备应急照明，如可充电工作灯、电筒、油灯等设备。

由于现场有危险情况，在应急处理时就需有用于危险区域隔离的警戒带、各类安全禁止、警告、指令、提示标志牌。

有时为了安全逃生、救生需要，还必须配置安全带、安全绳、担架等专用应急设备和设施工具。

三、应急响应

最先发现挖断水、电、通信光缆、煤气管道的，要立即报告单位应急负责人。

应急负责人为现场总指挥，立刻组织迅速封锁事故现场，将事故点 20m 内进行维护隔离，采取临时措施将事故的损失及影响降至最低点，并电话通报公司应急小组副组长及值班电话×××××××。

安全员立即拨打本市自来水保修中心电话，拨打本市供电急修电话，拨打本市通信光缆急修电话“112”。电话描述如下内容：单位名称、所在区域、周围显著标志性建筑物、主要路线、候车人姓名、主要特征、等候地址、所发生事故的情况及程度。随后到路口引导救援车辆。

公司应急小组副组长到达事故现场后，立即组织事故调查，并将事故的初步调查通报公司应急小组组长。

公司应急小组组长接到事故通报后，上报当地主管部门，等候调查处理。

（六）意外伤害应急救援预案

意外伤害应急救援预案

一、组织机构

（1）指挥组。负责指挥协调。

（2）联络组。负责对内、对外联络。

（3）抢救组。负责抢救。

（4）救护组。负责负伤人员救治和送治。

二、应急准备

（1）项目部根据实际情况配备足够的救援设备。

（2）项目部建立相应的意外伤害领导班子和职能班组，并进行相应的培训。

（3）项目部每半年检查一次，确保救援设备的有效性，并进行合适的补充。

（4）项目部每年举行一次意外伤害的救护演习，通过演习检验并改进意外伤害的急救救案。

三、应急响应

（1）意外伤害发生时，应确定意外伤害的类型，并立即报告意外伤害救护领导小组。意外伤害救护领导小组启动意外伤害急救预案。

（2）救护组负责负伤人员处置，根据伤情的严重程度确定是现场施救还是送医院救治或是请医护人员现场组织施救。

（3）如需送医院救治（急救电话 120）或是请医护人员现场组织施救，对外联络组负责拨打急救电话 120 通知附近医院，报 120 要讲明地点、伤情严重程度、伤害的类型和公司电话，并派人到路口接车指示通道。

（4）领导小组要负责现场的指挥、救护、通信、车辆的使用调度工作。

四、紧急救护措施

（1）应常备的急救物品

1）外伤救护所需物品

纱布、胶布、外用绷带（弹性绷带）、消毒棉球或棉棒、三角巾、创可贴。另可备云南白药、好得快、红花油、烫伤膏。

2）救护常用物品

剪子、镊子、手电筒、热水袋（可做冰袋用）、缝衣针或针灸针、火柴、一次性塑料袋。

3）消毒和保护用品

口罩、乳胶手套、一次性导气管、肥皂或洗手液、消毒纸巾、外用酒精。

（2）应了解的基本急救方法

1）常用的止血方法

①加压包扎止血　是最常用的止血方法，在外伤出血时应首先采用。

适用范围：小静脉出血、毛细血管出血，动脉出血应与止血带配合使用；头部、躯体、四肢以及身体各处的伤口均可使用。

用干净、消毒的较厚的纱布，覆盖在伤口表面，如无纱布，可用干净毛巾、手帕等替代。在纱布上方用绷带、三角巾紧紧缠绕住，加压包扎，即可达止血目的。尽量初步地清洁伤口，选用干净的替代品，减少伤口感染的机会。

②止血带止血法。用加压包扎止血法不能奏效的四肢大血管出血，应及时采用止血带止血。

适用范围：受伤肢体有大而深的伤口，血流速度快；多处受伤，出血量大；受伤同时伴有开放性骨折；肢体已完全离断或部分离断；受伤部位可见到喷泉样出血；不能用于头部和躯干部出血的止血。

止血用品：最合适的止血带是有弹性的空心皮管或橡皮条。紧急情况下，可就地取材用宽布条、三角巾、毛巾、衣襟、领带、腰带等用做止血带的替代品。

不合适的替代品：电线、铁丝、绳索。

上止血带的位置：扎止血带的位置应在伤口的上方，医学上叫做“近心端”。应距离伤口越近越好，以减少缺血的区域。

上肢出血：上臂的上部和下部。

下肢出血：大腿的上部。

在准备上止血带的位置垫一层毛巾和几层纱布或直接扎在衣物上，避免皮肤被止血带勒压而坏死。将有弹性的止血带缠绕肢体2周，然后在外侧打结（注意：别在伤口上打结）。

2）人工呼吸

人工呼吸就是用人工的方法帮助病人呼吸。一旦确定病人呼吸停止，应立即进行人工呼吸，最常见、最方便的人工呼吸手法是口对口人工呼吸。

口对口人工呼吸是由抢救者深吸一口气，然后吹入病人的口腔，经由呼吸道到肺部，这时吹入病人口腔的气体，含氧量为18%，这种氧气浓度可以维持病人最低限度的需氧量。

吹气后，口唇离开，并松开捏鼻的手指，使气体呼出。

观察病人的胸部有无起伏，如果吹气时胸部抬起，说明气道畅通，口对口吹气的操作是正确的。

每次吹气量平均900mL，吹气的频率为每分钟12～16次。

下列情况不宜做口对口人工呼吸。

口腔严重外伤、牙关紧闭时不宜做口对口人工呼吸，可采用口对鼻人工呼吸。

（3）急救车的使用

遇有紧急情况，必须及时拨打120急救电话，并简要地说明待救人的基本症状，以及报救点的准确方位。

1）必须使用急救车的几种情况：

①受严重撞击、高处坠落、重物挤压等各种意外情况造成的严重损伤和大出血；

②各种原因引起的呕血、咳血、便血等大出血；

③意外灾害事故造成人员发病、伤亡的现场，尤其是成批伤员和群体伤害。

2）救护车到达前的急救常规：

①必须保持病人的正确体位，切勿随便推动或搬运病人，以免病情加重；

②昏迷、呕吐病人头侧向一边；

③脑外伤、昏迷病人不要抱着头乱晃；

④高空坠落伤者，不要随便搬头抱脚移动；

⑤将病人移到安全、易于救护的地方。如煤气中毒病人移到通风处；

⑥选择病人适宜的体位，安静卧床休息；

⑦保持呼吸道通畅，已昏迷的病人，应将呕吐物、分泌物掏出来或头侧向一边顺位引流出来；

⑧外伤病人给予初步止血、包扎、固定；

⑨待救护车到达后，应向急救人员详细地讲述病人的病情、伤情以及发展过程、采取的初步急救措施。

（4）现场应急措施

1）塌方伤害事故

塌方伤害是由塌方、垮塌而造成的病人被土石方、瓦砾等压埋，发生掩埋窒息，土方石块埋压肢体或身体导致的人体损伤。

急救要点：

①迅速挖掘，争分夺秒救出压埋者。尽早将伤员的头部露出来，即刻清除其口腔、鼻腔内的泥土、砂石，保持呼吸道的通畅；

②救出伤员后，先迅速检查心跳和呼吸，如果呼吸心跳已停止，立即先连续进行 2 次人工呼吸；

③在搬运伤员中，防止肢体活动，不论有无骨折，都要用夹板固定，并将肢体暴露在凉爽的空气中；

④发生塌方意外事故后，必须打 120 急救电话报警；

⑤切忌对压埋伤进行热敷或按摩；

⑥必须注意以下事项：

a. 肢体出血禁止使用止血带止血，因为可加重挤压综合征；

b. 脊椎骨折或损伤固定和搬运原则，应使脊椎保持平行，不要弯曲扭动，以防止损伤脊髓神经。

2）挤压伤害事故

挤压伤害是指因暴力、重力的挤压或土块、石头等的压埋，引起的身体伤害可造成肾脏功能衰竭的严重情况。

急救要点：

①尽快解除挤压的因素，如被压埋，应先从废墟下扒救出来；

②手指和足趾的挤压伤。指（趾）甲下血肿呈黑紫色，可立即用冷水冷敷，减少出血和

减轻疼痛；

③怀疑已有内脏损伤，应密切观察有无休克先兆；

④严重的挤压伤，应呼叫120急救医生前来处理，并护送到医院进行外科手术治疗；

⑤千万不要因为受伤者当时无伤口，而忽视治疗；

⑥在转运伤员中，应减少肢体活动，不管有无骨折都要用夹板固定，并让肢体暴露在凉爽的空气中，切忌按摩和热敷，以免加重病情。

3）硬器刺伤伤害事故

硬器刺伤是指刀具、碎玻璃、铁丝、铁钉、铁棍、钢筋、木刺造成的刺伤。

急救要点：

①较轻的、浅的刺伤，只需消毒清洗后，用干净的纱布等包扎止血，或就地取材使用替代品初步包扎后，到医院去进一步治疗。

②刺伤的硬器如钢筋等仍插在胸背部、腹部、头部时，切不可立即拔出来，以免造成大出血而无法止血。应将刃器固定好，一并将病人尽快送到医院，在手术准备后，妥当地取出来。

③刃器固定方法：刃器四周以衣物或其他物品围好，再用绷带等固定住。路途中注意保护，使其不得脱出。

④刃器已被拔出，胸背部有刺伤伤口，伤员出现呼吸困难、气急、口唇发绀，这时伤口与胸腔相通，空气直接进出，称为开放性气胸，非常紧急，处理不当，呼吸很快停止。

⑤迅速按住伤口，可用消毒纱布或清洁毛巾覆盖伤口后送医院急救。纱布的最外层最好用不透气的塑料膜覆盖，以密闭伤口，减少漏气。

⑥刺中腹部后导致肠管等内脏脱出来，千万不要将脱出的肠管送回腹腔内，因为会使感染机会加大，可先包扎好。

⑦包扎方法：在脱出的肠管上覆盖消毒纱布或消毒布类，再用干净的盆或碗倒扣伤口上，用绷带或布带固定，迅速送医院抢救。

⑧双腿弯曲，严禁喝水、进食。

⑨刺伤应注意预防破伤风。轻的、细小的刺伤，伤口深，尤其是铁钉、铁丝、木刺等刺伤，如不彻底清洗，容易引起破伤风。

4）高处坠落伤害事故

高处坠落伤害是指从高处坠落而导致受伤。

急救要点：

①坠落在地的伤员，应初步检查伤情，不乱搬动摇晃，应立即呼叫120急救医生前来救治；

②采取初步救护措施：止血、包扎、固定；

③怀疑脊柱骨折，按脊柱骨折的搬运原则。切忌一人抱胸，一人扶腿搬运；伤员上下担架应由3～4人分别抱住头、胸、臀、腿，保持动作一致平稳，避免脊柱弯曲扭动，加重伤情。

5）烧伤事故

急救要点：

①防止烧伤：身体已经着火可就地打滚或用厚湿的衣物覆盖以压灭火苗，或者尽快脱去燃烧衣物，如果衣物与皮肤粘连在一起，应用冷水浇湿或浸湿后，轻轻脱去或剪去；

②冷却烧伤部位，用冷水冲洗、冷敷或浸泡肢体，降低皮肤温度；

③用干净纱布或被单覆盖和包裹烧伤创面，切忌在烧伤处涂各种药水和药膏，如紫药水、红药水等，以免掩盖病情；

④为防止烧伤休克，烧伤伤员可口服自制烧伤饮料糖盐水，如在500mL开水中放入白糖50g左右、食盐1.5g左右制成。但是，切忌给烧伤伤员喝白开水；

⑤搬运烧伤伤员，动作要轻柔、平稳，尽量不要拖拉、滚动，以免加重皮肤损伤。

6）化学烧伤事故

①强酸烧伤

急救要点：

a. 立即用大量温水或大量清水反复冲洗皮肤上的强酸，冲洗得越早越干净越彻底越好，一点儿残留也会使烧伤越来越重；

b. 切忌不经冲洗，急急忙忙地将病人送往医院；

c. 用水冲洗干净后，用清洁纱布轻轻覆盖创面，送往医院处理。

②强碱烧伤

急救要点：

a. 立即用大量清水反复冲洗，至少20min；碱性化学烧伤也可用食醋来清洗，以中和皮肤的碱液；

b. 用水冲洗干净后，用清洁纱布轻轻覆盖创面，送往医院处理。

③生石灰烧伤

急救要点：

a. 应先用手绢、毛巾揩净皮肤上的生石灰颗粒，再用大量清水冲洗；

b. 切忌先用水洗，因为生石灰遇水会发生化学反应，产生大量热量灼伤皮肤；

c. 冲洗彻底后快速送医院救治。

7）触电伤害事故

急救要点：

①迅速关闭开关，切断电源，使触电者尽快脱离电源。确认自己无触电危险再进行救护。

②用绝缘物品挑开或切断触电者身上的电线、灯、插座等带电物品。

绝缘物品：干燥的竹竿、木棍、扁担、擀面杖、塑料棒等，带木柄的铲子、电工用绝缘钳子。抢救者可站在绝缘物体上，如胶垫、木板；穿着绝缘的鞋：塑料鞋、胶底鞋等。

③触电者脱离电源后，立即将其抬至通风较好的地方，解开病人衣扣、裤带。轻型触电者在脱离电源后，应就地休息1～2h再活动。

④如果呼吸、心跳停止，必须争分夺秒进行口对口人工呼吸和胸外心脏按压。

触电者必须坚持长时间的人工呼吸和心脏按压。

⑤立即呼叫120，急救医生到现场救护。并在不间断抢救的情况下护送至医院进一步急救。

8）煤气中毒伤害事故

急救要点：

①在有可能发生煤气中毒的环境中，感到头晕、头痛，应想到煤气中毒的可能，立即打

开门窗通风，并尽快离开中毒室。在封闭的室内或车中有人昏倒，必须打开门窗通风，有时需砸碎门窗玻璃。

②及早向附近的人求助或打 120 电话呼救。

③神志不清的中毒病人必须尽快抬出中毒环境。平放在地上，将其头转向一侧。

④轻度中毒患者应安静休息，避免活动后加重心、肺负担及增加氧的消耗量。

⑤病情稳定后，将病人护送到医院进一步检查治疗。

9）食物中毒伤害事故

急救要点：

①立即停止食用可疑中毒食物。

②强酸、强碱物质引起的食物中毒，应先饮蛋清、牛奶、豆浆或植物油 200mL 保护胃黏膜。

③封存可疑食物，留取呕吐物、尿液、粪便标本，以备化验。

④采取催吐的方法，尽快排出毒物。一次饮 600mL 清水或1∶2000的高锰酸钾溶液，然后用筷子等物刺激咽后壁，造成呕吐的动作，将胃内食物吐出来，反复进行多次，直到吐出的为清水为止。已经发生呕吐的病人不要再催吐。

⑤将病人送医院进一步检查。

10）铁钉扎脚伤害事故

急救要点：

①将铁钉拔出后，马上用双手拇指用力挤压伤口，使伤口内的污染物随血液流出，如果当时不挤，伤口很快封上，污染物留在伤口内形成感染源。

②洗净伤脚，有条件者用酒精消毒后包扎。伤后 12h 内到医院注射破伤风抗毒素，预防破伤风。

11）火灾现场的逃生

遇有火警发生时，应迅速准确地打“119”报警并积极参与扑救初期火灾，防止火势蔓延。当火势难以控制时，要镇定情绪，设法逃生。

火灾逃生要点：

①不要惊慌，要尽可能做到沉着、冷静，更不要大吵大闹，互相拥挤。

②正确判断火源、火势和蔓延方向，以便选择合适的逃生路线。

③回忆和判断安全出口的方向、位置，以便能在最短时间内找到安全出口。

④要有互助友爱的精神，听从指挥，有秩序地撤离火场。

⑤当被烟火包围时，要用湿毛巾捂住口鼻，低姿势行走或匍匐穿出现场。当逃生通道被烟火封住，可用湿棉被等披在身上弯腰冲过火场。

⑥当逃生通道被堵死时，可通过阳台排水管等处逃生，或在固定的物体上拴绳子，顺绳子逃离火场。如果上述措施行不通，则应退回室内，关闭通往火区的门窗，并向门窗上浇水延缓火势蔓延，同时向窗外发出求救的信号。

⑦高层建筑着火时，应按照安全出口的指示标志，尽快地从安全通道和室外消防楼梯安全撤出，切勿盲目乱窜或奔向电梯。如果情况危急，可利用阳台之间的空隙、下水管或自救绳等滑行到没有起火的楼层或地面上，但千万不要跳楼。如果确实无力或没有条件用上述方法自救时，可紧闭房门，减少烟气、火焰的侵入，躲入窗户下或到阳台避烟，单元式高楼也可沿通道至屋顶的楼梯进入楼顶，等待到达火场的消防人员解救。

（七）防台风、暴雨应急救援预案

防台风、暴雨应急救援预案

一、组织机构

（1）指挥组：指挥协调。

（2）联络组：负责对内、对外联络、巡逻。

（3）抢救组：负责抢救。

（4）疏散组：负责人员疏散、逃生。

（5）救护组：负责负伤人员救治和送治。

（6）环保组：负责环境污染和控制。

二、应急准备

（1）项目部根据实际情况配备足够的防汛、消防器材，并将标明防汛、消防器材布置点、安全通道的区域平面图张贴在显眼位置。

（2）项目部建立相应的防台风、暴雨领导班子和防台风、暴雨职能班组并进行相应的培训。

（3）项目部每月检查一次，确保防汛、消防器材的完好性，并进行合理的维护保养。

（4）台风易发季节，联络组注意收听天气预报，如有台风、暴雨来临，要发布紧急通知，6级以上台风要停止施工，8级以上进入紧急防台风、暴雨准备。

（5）台风、暴雨来临之前，防台风、暴雨领导班子和防台风、暴雨职能班组要做好防台风、暴雨准备：现场容易扬尘的物质要遮盖，易被风吹走的物质要收拢固定；脚手架要加固，脚手架上不能放物件；检查水体排放管道的畅通，清除易堵塞物，周边环境杂物要清除；活动房、机械设备防护棚、塔吊井架要加固，塔吊头部要放下，不能放下的，头部要顺风放置，旋转方向刹车要放开；施工现场电源要切断，备用照明设备要准备好。

（6）项目部所在区域要保持防火通道、安全通道的畅通。办公室门窗要关闭好。各级防台风、暴雨领导班子和防台风、暴雨职能班组通信要畅通。

（7）项目部每年举行一次防台风、暴雨演习，通过演习检验并改进防台风、暴雨预案。

三、应急响应

（1）台风、暴雨发生后，防台风、暴雨领导小组启动防台风、暴雨紧急预案。

（2）值班人员要进入紧急状态，要巡视现场周边情况，发现异常要及时向领导小组报告。

（3）因台风引发火灾，防台风、暴雨抢救组立即组织扑救并报告领导小组启动防火紧急预案。

（4）因台风引发倒塌事故，如有人员被困，疏散组根据现场情况确定疏散、逃生通道，组织逃生疏散，并负责维持秩序和清点人数。如有人员伤害。救护小组应立即组织抢救，并报告领导小组后启动意外伤害急救预案。如果暴雨造成水体排放管道的堵塞或环境污染，环保组应立即组织疏通和控制。如有物质需抢救，应立即组织物质抢救，控制损失。

（5）环保组负责采取措施控制环境污染。

（6）防台风、暴雨领导小组要负责现场的指挥、救护、通信、车辆的使用调度工作。

（7）台风、暴雨发生所引起的事故应立即向上级部门值班人报告。

对外联络电话：火警 119；急救 120；天气 12121；公安 110。

（八）食物中毒应急救援预案

食物中毒应急救援预案

一、组织机构

（1）指挥组：负责指挥协调。

（2）联络组：负责对内、对外联络。

（3）救护组：负责食物中毒人员救治和送治。

二、应急准备

（1）项目部根据实际情况配备足够的救护设施。

（2）项目部建立相应的食物中毒领导班子和职能班组，并进行相应的培训。

（3）项目部每半年检查一次，确保救护设备的有效性，并进行合适的补充。

（4）项目部每半年举行一次食物中毒的救护演习，通过演习检验并改进中毒的急救预案。

三、应急响应

（1）食物中毒发生时，应确定食物中毒的类型，并立即报告食物中毒救护领导小组。食物中毒救护领导小组启动食物中毒急救预案。

（2）救护组负责食物中毒人员处置，根据食物中毒严重程度确定是现场施救还是送医院救治或是请医护人员现场组织施救。

（3）如急需医院救治（急救电话 120）或是请医护人员现场组织施救，对外联络组负责拨打急救电话 120 通知附近医院，报 120 时要讲明地点、食物中毒严重程度、食物中毒的类型和公司电话，并派人到路口接车指示通道。

（4）领导小组要负责现场的指挥、救护、通信、车辆的使用调度工作。

四、现场急救措施

食物中毒急救要点：

（1）立即停止食用可疑中毒食物；

（2）强酸、强碱物质引起的食物中毒，应先饮蛋清、牛奶、豆浆或植物油 200mL 保护胃黏膜；

（3）封存可疑食物，留取呕吐物、尿液、粪便标本，以备化验；

（4）采取催吐的方法，尽快排出毒物。一次饮 600mL 清水或1∶2000的高锰酸钾溶液，然后用筷子等物刺激咽后壁，造成呕吐的动作，将胃内食物吐出来，反复进行多次，直到吐出的为清水为止。已经发生呕吐的病人不要再催吐；

（5）将病人送医院进一步检查。

（九）触电伤害应急救援预案

触电伤害应急救援预案

一、组织机构

（1）指挥组：负责指挥协调。

（2）联络组：负责对内、对外联络。

(3) 救护组：负责负伤人员救治和送治。

二、应急准备

(1) 建立相应的领导班子及职能班组，并进行相应的培训。

(2) 每三个月进行一次演习，调整并改进预案。

三、应急响应

(1) 触电事故发生时，就立即报告触电伤害救护领导小组，并立即启动触电伤害应急抢救预案。

(2) 联络组根据触电伤害严重程度确定是现场施救还是送医院救治或是请医护人到现场组织抢救，做好与医院的联络，并向上级有关部门报告。

(3) 救护组应确定触电伤害的程度，并立即进行现场抢救，同时根据伤害的严重程度，做出是否边抢救边送医院的决定。

(4) 如需送医院救治（急救电话 120）或是请医护人员现场组织施救，对外联络组负责拨打急救电话 120 通知附近医院，报 120 时要讲明地点、触电伤害严重程度和现场地点、联络电话，并派人到路口接车指示通道。

(5) 领导小组要负责现场的指挥、救护、通信，车辆的使用调度工作，并保护好事故现场。

四、受伤人员急救措施

急救要点：

(1) 迅速关闭开关，切断电源，使触电者尽快脱离电源。确认自己无触电危险再进行救护；

(2) 用绝缘物品挑开或切断触电者身上的电线、灯、插座等带电物品；

绝缘物品：干燥的竹竿、木棍、扁担、擀面杖、塑料棒等，带木柄的铲子、电工用绝缘钳子。抢救者可站在绝缘物体上，如胶垫、木板；穿着绝缘的鞋：塑料鞋、胶底鞋等。

(3) 触电者脱离电源后，立即将其抬至通风较好的地方，解开病人衣扣、裤带。轻型触电者在脱离电源后，应就地休息 1～2h 再活动；

(4) 如果呼吸、心跳停止，必须争分夺秒进行口对口人工呼吸和胸外心脏按压；

触电者必须坚持长时间的人工呼吸和心脏按压。

(5) 立即呼叫 120，急救医生到现场救护。并在不间断抢救的情况下护送到医院进一步急救。

(十) 消防应急救援预案

消防应急救援预案

一、组织机构

(1) 指挥长：主要负责火灾发生后消防指挥工作，第一时间向消防部门报告火灾情况请求救援，同时负责调集人员、物资等立即抢险，把人员和物质损失控制在最小限度。并立即报告项目部经理，调查事故原因制定整改措施。

(2) 抢救组：负责灾情发生后立即准备伤员搜寻、救护工作，在医疗人员到来前将伤员运离火场妥善安置并对受伤部位作必要处理，在医疗人员抵达后辅助搬运伤员。

(3) 疏散组：主要负责避免火灾发生后工人因恐慌而无序逃生造成消防通道拥堵扩大人员伤亡，以及火场浓烟使人员迷失方向。火灾发生时疏散组成员立即奔赴各个安全通道，维持秩序，引导人员从通道撤离火场。

（4）灭火组：负责第一时间组织人员控制火势。配合消防人员进行灭火。

（5）车辆引导员：负责引导场内车辆为灭火腾出有效空间，同时引导消防和救护车辆进入场地合理布局、有效作业。

（6）联络组：负责对内、外联络。

（7）保卫组：负责现场维护秩序。

二、应急准备

（1）项目部根据实际情况配备足够的消防器材，并将标明消防器材布置点、安全通道的区域平面图张贴在显眼位置。对外联络电话：火警119，急救120。

（2）项目部建立相应的防火领导班子和防火职能班组并进行相应的培训。

（3）项目部每月检查一次，确保消防器材的完好性，并进行合理的维护保养。

（4）项目部每一季度一次对易燃物储存环境及电线线路进行检查，消除隐患，并保持防火通道、安全通道的畅通。

（5）项目部每年举行一次防火演习，通过演习检验并改进防火预案。

三、应急响应

（1）火灾事故发生后，现场人员要立即发出警报，报告火灾类型和火势大小，启动防火紧急预案。

（2）抢救组首先要询问知情者火场情况以及伤员数量和轻重，然后依情况分组组织救护。

（3）疏散组立即在组长指挥下奔赴通往火灾地点的通道，指挥人员有序撤离，并为方便灭火组前往火场维持人员撤离。

（4）灭火组得到火灾信息立即分别组织人员用手持灭火器和水龙带进行灭火，消防人员到来后听从统一指挥，进行灭火。火灭后要立即关掉阀门并清理地上的积水。

（5）车辆引导员要时刻注意场内消防部署，及时引导对灭火和人员撤离有影响的车辆转移到妥善地点，在消防车和救护车赶到现场时引导员指引车辆进入现场。

（6）保安组自始至终要维持好现场秩序，禁止无关人员靠近火场及消防场地，保护消防设施，制止一切对消防活动起消极作用的行为。

（7）联络组随时进行上传下达，保持信息畅通。

四、受伤人员急救措施

（1）防止烧伤：身体已经着火可就地打滚或用厚湿的衣物覆盖以压灭火苗，或者尽快脱去燃烧衣物，如果衣物与皮肤粘连在一起，应用冷水稍湿或浸湿后，轻轻脱去或剪去。

（2）冷却烧伤部位，用冷水冲洗、冷敷或浸泡肢体，降低皮肤温度。

（3）用干净纱布或被单覆盖和包裹烧伤创面，切忌在烧伤处涂各种药水和药膏，如紫药水、红药水等，以免掩盖病情。

（4）为防止烧伤休克，烧伤伤员可口服自制烧伤饮料糖盐水，如在500mL开水中放入白糖50g左右、食盐1.5g左右制成。但是，切忌给烧伤伤员喝白开水。

（5）搬运烧伤伤员，动作要轻柔、平稳，尽量不要拖拉、滚动，以免加重皮肤损伤。

五、伤害事故防范预案

(一) 高空坠落防范预案（见表 2-11-1）

表 2-11-1　高空坠落防范预案

常见形式	1. 从脚手架或垂直运输设施坠落； 2. 从洞口、楼梯口、电梯口、天井口和坑口坠落； 3. 从楼面、屋顶、高台边缘坠落； 4. 从施工安装中的工程结构上坠落； 5. 从机械设备上坠落
引发因素	1. 脚手架或作业区的外立面无护栏和架面未满铺脚手架； 2. 高空作业未佩挂安全带； 3. “四口”未加设盖板或其他覆盖物； 4. 失控坠落的梯笼和其他载人设备； 5. 由于操作不当或其他原因造成失稳、倾倒、掉落并拖带施工人员发生高空坠落的手推车和其他器物
管理方案	脚手架工程： 1. 参加外脚手架搭设的架子工必须是取得特种作业操作证书合格证的上岗人员，安全员负责资格审验及架子工个人技能评定； 2. 外脚手架搭设前，负责此项工作的工长向参加搭设的架子工进行安全技术交底，确保每个架子工知道在操作过程中应注意的安全事项； 3. 由专、兼职安全员检查架子工的劳动保护装置是否齐全有效，特别检查安全带是否合格； 4. 架子工在操作过程中，专、兼职安全员旁站检查架子工是否有违规操作现象，及时纠正违规操作 临边洞口： 1. 向施工人员强调安全防护的作用与地位，制定规章制度； 2. 安全员及时检查“五边”“四口”的安全防范到位率，填写检查记录表，并及时通知，责令整改； 3. 专、兼职安全员检查工人的劳动保护装备是否齐全、有效； 4. 专、兼职安全员旁站检查是否有违规操作现象，及时纠正违规操作
防范措施	1. 加强防误踩意识 (1) 防止因踩空而坠落； (2) 防止因踩翻而坠落； (3) 防止因踩穿而坠落； (4) 防止因踩滑而坠落。 2. 防止用力失控坠落 (1) 防止拉力失控坠落； (2) 防止撬力失控坠落； (3) 防止拔力失控坠落。 3. 加强自我保护意识 (1) 退步时注意身后环境； (2) 高处作业无可靠保护设施须系安全带； (3) 高处作业时不要穿易滑鞋。 4. 防脚手板上引发坠落伤害 (1) 防止脚手板单位面积超重； (2) 警惕不规范脚手板引发坠落伤害。 5. 防止拆除工程中引发坠落 (1) 别踩在腐蚀顶面上进行拆除作业； (2) 不要违反拆除程序施工

(二) 机具伤害防范预案 (见表 2-11-2)

表 2-11-2 机具伤害防范预案

常见形式	1. 机械转动部分的绞入、碾压和拖带伤害； 2. 机械工作部分的钻、刨、削、锯、击、撞、挤、砸、轧等的伤害； 3. 滑入、误入机械容器和运转部分的伤害； 4. 机械部件的飞出伤害； 5. 机械失稳和倾翻事故的伤害； 6. 其他因机械安全保护设施欠缺、失灵和违章操作所引起的伤害； 7. 起重机械设备的折臂、断绳、失稳和倾翻事故的伤害； 8. 吊物失衡、脱钩、倾翻、变形和折断事故的伤害； 9. 操作失控、违章操作和载人事故的伤害； 10. 加固、翻身、支承、临时固定等措施不当事故的伤害； 11. 其他起重作业中出现的砸、碰、撞、挤、压、拖作用的伤害
引发因素	1. 没有、拆去或质量与装设不符合要求的安全罩； 2. 机械进行车、刨、钻、铣、锻、磨、镗加工的工作部件； 3. 加工件的不牢靠夹持件； 4. 起重的吊物； 5. 软弱和不平衡的地基、支垫； 6. 破断、松脱、失控的索具； 7. 变形或破坏的吊架； 8. 失控或失效的限控（控速、控重、控角度、控行程、控停、控开闭等）、保险（断绳、超速、停靠、冒顶等）和操作装置，滑脱、折断的撬棍（杠）； 9. 失稳、破坏的支架； 10. 启闭失控的料笼、容器； 11. 拴挂不平衡的吊索； 12. 失控的回转和控速机构
管理方案	1. 首先，大型设备安装用专业安装人员实施安装并且出示资质证明； 2. 负责设备使用的人员均需是取得特种作业操作证书合格证的上岗人员，安全员负责资格审验； 3. 在工作前，负责此项工作的工长向机械工进行安全技术交底、确保每个机械工知道在操作过程中应注意的安全事项； 4. 由专、兼职安全员检查机械工的劳动保护装备是否齐全、有效； 电工在操作过程中，专、兼职安全员旁站检查机械工是否有违规操作现象，及时纠正违规操作
防范措施	1. 保养与操作设备必须相互联系； 2. 维护检修设备时必须切断电源； 3. 不要违章登机； 4. 设备传动部位必须有防护罩； 5. 操作机械设备着装要规范； 6. 不可违反劳动纪律上岗

（三）坍塌事故防范预案（见表 2-11-3）

表 2-11-3　坍塌事故防范预案

常见形式	1. 沟壁、坑壁、边坡、洞室等的土石方坍塌； 2. 因基础掏空、沉降、滑移或地基不牢等引起其上墙体和建（构）筑物的坍塌； 3. 施工中的建（构）筑物的坍塌； 4. 堆置物的坍塌； 5. 脚手架、井架、支撑架的倾倒和坍塌； 6. 强力自然因素引起的坍塌； 7. 支承物不牢引起其上物体的坍塌
引发因素	1. 流砂、涌水、水冲、滑坡引起的坍方； 2. 停靠在坑、槽边的机械、车辆和过重的堆物； 3. 没有或不符合要求的降水和支护措施； 4. 受坑槽开挖伤害的建筑物的基础和地基； 5. 设计不安全或施工有问题的工程建筑和临时设施； 6. 不均匀沉降的地基； 7. 附近有强烈的震动、冲击源； 8. 强劲自然力（风、雨、雪、地震）； 9. 拆除的部分结构杆件或首先出现破坏的局部杆件与结构； 10. 承载后发生变形、失稳或破坏的支撑杆件或支承架； 11. 堆置过高、过陡或地基不牢的堆置物
管理方案	1. 首先编写施工方案，涉及深基坑、地下暗挖工程的施工方案应当组织专家论证； 2. 施工前由安全员对工人进行安全教育； 3. 由工长进行安全技术交底，使每个工人熟知应注意的安全事项； 4. 施工过程中，专、兼职安全员检查是否有违规现象
防范措施	1. 防止土方作业坍塌 （1）挖槽、坑、沟至规定深度要有保护措施； （2）槽、坑、沟边堆土必须符合规范要求； （3）不可从下部掏采挖土； （4）开挖现场不具备放坡条件应加直立壁支撑。 2. 防止施工中墙体坍塌 （1）防止侧压力破坏墙体平衡； （2）不要在未凝固墙体上载重； （3）不可在围墙边近距离挖土施工。 3. 防止平台坍塌 避免平台超载。 4. 防止拆除工程坍塌 必须按施工方案进行作业。 5. 防止脚手架坍塌 （1）脚手架设计安装必须符合规范； （2）检查出不合格脚手架必须停用； （3）拆除脚手架应按规定程序进行

（四）物体打击防范预案（见表 2-11-4）

表 2-11-4　物体打击防范预案

常见形式	1. 空中落物、崩块和滚动物体的砸伤； 2. 触及固定或运动中的硬物、反弹物的碰伤、撞伤； 3. 器具、硬物的击伤； 4. 碎屑、破片的飞溅伤害
引发因素	由各种原因引起的落物、崩块、冲击物、滚动体，以及其他足以引发打击伤害的运动状态硬物
管理方案	1. 进行进场安全教育，严格技术安全交底； 2. 起重机的管理、保养、维修，必须严格遵守说明书和安全操作规程； 3. 起重机在夜间工作时，施工现场必须有足够的照明设备； 4. 起重机在停工、休息或中途停电时，应放松抱闸，将重物卸下，松钩，不得使重物悬在空中； 5. 捆扎不牢或物料装放过满不准吊； 6. 加强监督检查，及时纠正
防范措施	1. 防止高位物落 （1）小心移物失慎落下； （2）小心传递物失手落下； （3）小心拆模板物料坠落； （4）高层备料不可超量； （5）小心浮置物失落。 2. 防止机械设备弹打伤人

（五）触电防范预案（见表 2-11-5）

表 2-11-5　触电防范预案

常见形式	1. 起重机械臂杆或其他导电物体搭碰高压线事故伤害； 2. 带电电线（缆）断头、破口的触电伤害； 3. 挖掘作业损坏埋地电缆的触电伤害； 4. 电动设备漏电伤害； 5. 雷击伤害； 6. 拖带电线机具电线绞断、破皮伤害； 7. 电闸箱、控制箱漏电和误触伤害； 8. 强力自然因素致断电线伤害
引发因素	1. 未加可靠保护，破皮损坏的电线、电缆； 2. 架空高压裸线； 3. 未予设置或不合格的接零（地）、漏电保护设施； 4. 未设门或未上锁的电闸箱
管理方案	1. 首先由技术人员编写用电施工组织设计或方案； 2. 参加用电设置电工均需是取得特种作业操作证书合格证的上岗人员，综合办负责人员负责资格审验及架子工个人技能评定； 3. 负责此项工作的工长向电工进行安全技术交底，确保每个电工知道在操作过程中应注意的安全事项； 4. 由专、兼职安全员检查电工的劳动保护装备是否齐全、有效； 5. 电工在操作过程中，专、兼职安全员旁站检查电工是否有违规操作现象，及时纠正违规操作

续表

防范措施	1. 防止电气设备工具漏电触电 （1）防止电源线触及设备外壳金属漏电； （2）防止设备电源线破损漏电； （3）防止电气设备受潮漏电； （4）防止使用不规范用电装置漏电。 2. 防止长件金属物触及高压线触电 （1）防止抬运钢筋触及高压线； （2）防止拆除钢管架触及高压线。 3. 严禁高压线下违章作业 （1）禁止在高压线下搞建筑； （2）高压线下作业要有保护措施。 4. 防止架设临时电源线不规范触电 （1）不可乱拉临时照明电线； （2）现场临时电缆设施应向工人交底； （3）架设临时电源线要防范作业损坏。 5. 防止其他违章行为触电 （1）禁止使用报废的电气设备； （2）非电工不可违章操作

附表　应急救援预案常用表格

附表 1-1　应急救援预案演练计划表

序号	演练应急预案名称	计划演练时间	主持人	备　　注
1	意外伤害急救预案			与大型机械意外事故紧急预案一道演练
2	防台风、暴雨紧急预案			
3	防突然停电预案			
4	防火紧急预案			
5	大型机械意外事故紧急预案			与意外伤害急救预案一道演练
6	环境污染事故应急准备与响应预案			
7	食物中毒的急救预案			
8	触电伤害的应急抢救预案			
9	急性传染病应急预案			

附表 1-2　应急救援演练记录表

工程名称		演练日期	年　　月　　日
演练内容			
演练步骤			
参加人员签名			
对此次应急救援的演练是否可行		是否对应急救援预案进行修订	

附表.1-3　应急救援预案修订记录表

<table>
<tr><td>工程名称</td><td></td><td>修订日期</td><td>年　月　日</td></tr>
<tr><td>修订预案名称</td><td colspan="3"></td></tr>
<tr><td>修订预案补充内容</td><td colspan="3"></td></tr>
<tr><td>对应急救援预案进行修订的确定</td><td colspan="3">确定人签名</td></tr>
</table>

附表 1-4　项目部应急救援物资清单表

序　号	应急救援物资名称及数量	备　注
1	担架	专人保管
2	消防器材	按要求配备
3	强光电筒	专人保管
4	电话及其他通信设置	保证完好畅通
5	急救医药箱	药品不断补充
6	止血带	定期检查，不断补充
7	消炎粉	定期检查，不断补充
8	酒精棉	定期检查，不断补充
9	创可贴	定期检查，不断补充
10	双氧水	定期检查，不断补充
11	药棉	定期检查，不断补充
12	药棉签	定期检查，不断补充

附表 1-5　工伤事故急救特色医院清单表

医疗专长	医院名称	地　址	电　话
骨科			
断肢再植			
手外科			
脑外科			
心内外科			
烧伤外科			
电击抢救			
一氧化碳中毒急救			
眼科			
工地就近医院			

参 考 文 献

1. 施工企业安全生产评价标准 JGJ/T 77—2010
2. 建筑施工安全检查标准 JGJ 59—2011
3. 建筑施工现场环境与卫生标准 JGJ 146—2004
4. 建设工程施工现场消防安全技术规范 GB 50720—2011
5. 企业安全生产标准化基本规范 AQT 9006—2010
6. 建筑施工作业劳动防护用品配备及使用标准 JGJ 184—2009
7. 建筑施工组织设计规范 GB/T 50502—2009
8. 建设工程施工现场安全资料管理规程 CECS266：2009
9. 施工现场临时建筑物技术规范 JGJ/T 188—2009
10. 安全标志及其使用导则 GB 2894—2008